智能手机维修
从入门到精通

韩雪涛 主编 吴 瑛 韩广兴 副主编

U0222799

化学工业出版社

·北京·

本书采用全彩图解的形式，全面系统地介绍了智能手机维修的基础知识及实操技能。本书共分成四篇：维修入门篇、技能提高篇、电路检修篇、品牌手机维修篇。具体内容包括：智能手机的结构与工作原理、智能手机的维修工具与检测仪表、智能手机的故障特点与基本检修方法、智能手机的操作系统与工具软件、智能手机的优化与日常维护、智能手机的软故障修复、智能手机的拆卸、智能手机功能部件的检测代换、智能手机射频电路的检修方法、智能手机语音电路的检修方法、智能手机微处理器及数据处理电路的检修方法、智能手机电源及充电电路的检修方法、智能手机操作及屏显电路的检修方法、华为智能手机的综合检修案例、iPhone 智能手机的综合检修案例、OPPO、红米智能手机的综合检修案例等。

本书内容由浅入深，全面实用，图文讲解相互对应，理论知识和实践操作紧密结合，力求让读者在短时间内掌握智能手机的基本知识和维修技能。

为了方便读者的学习，本书还对重要的知识和技能配置了视频资源，读者只需要用手机扫描二维码就可以进行视频学习，帮助读者更好地理解本书内容。

本书可供手机维修人员学习使用，也可供职业学校、培训学校作为教材使用。

图书在版编目（CIP）数据

智能手机维修从入门到精通 / 韩雪涛主编． —北京：化学工业出版社，2018.12（2024.2 重印）
　　ISBN 978-7-122- 33114-4

　　Ⅰ．①智… Ⅱ．①韩… Ⅲ．①移动电话机 - 维修 - 图解 Ⅳ．① TN929.53-64

中国版本图书馆 CIP 数据核字（2018）第 230387 号

责任编辑：李军亮　万忻欣　　　　　　装帧设计：刘丽华
责任校对：王素芹

出版发行：化学工业出版社（北京市东城区青年湖南街 13 号　邮政编码 100011）
印　　装：北京天宇星印刷厂
787mm×1092mm　1/16　印张 23¾　字数 600 千字　2024 年 2 月北京第 1 版第 9 次印刷

购书咨询：010-64518888　　售后服务：010-64518899
网　　址：http://www.cip.com.cn

凡购买本书，如有缺损质量问题，本社销售中心负责调换。

定　　价：99.00 元

前言

随着电子和通信技术的发展，智能手机作为重要的通信工具得到了广泛的使用。智能手机的生产、销售、维修等都需要大量的专业技术人员，因此庞大的市场保有量提供了广阔的就业空间。要成为一名合格的手机维修技术人员，需要掌握智能手机的专业知识和调试维修技能，才能应用于实际的工作。因此我们从初学者的角度出发，根据实际岗位的技能需求，组织相关专家编写了本书，全面地介绍智能手机维修的专业知识和实操技能。

本书在表现形式上采用彩色印刷，突出重点。其内容由浅入深，语言通俗易懂，初学者可以通过对本书的学习建立系统的知识架构。为了使读者能够在短时间内掌握智能手机维修的知识技能，本书在知识技能的讲解中充分发挥图解的特色，将智能手机的知识及维修技能以最直观的方式呈现给读者。本书内容以行业标准为依托，理论知识和实践操作相结合，帮助读者将所学内容真正运用到工作中。

本书由数码维修工程师鉴定指导中心组织编写，由全国电子行业专家韩广兴教授亲自指导，编写人员有行业工程师、高级技师和一线教师，使读者在学习过程中如同有一群专家在身边指导，将学习和实践中需要注意的重点、难点一一化解，大大提升学习效果。另外，本书充分结合多媒体教学的特点，图书不仅充分发挥图解的特色，还在重点难点处附印二维码，学习者可以通过手机扫描书中的二维码，通过观看教学视频同步实时学习对应知识点。数字媒体教学资源与书中知识点相互补充，帮助读者轻松理解复杂难懂的专业知识，确保学习者在短时间内获得最佳的学习效果。另外，读者可登录数码维修工程师的官方网站（www.chinadse.org）获得超值技术服务。

特别说明的是，本书中第 4 篇的检修电路图均采用各品牌的实际电路图，图中各电路符号与实际电路板相对应，为避免出现实际电路板与书中电路图出现不对应的情况，第 14 章到第 16 章的部分电路符号未采用国际标准符号，保留厂家原始电路符号，方便读者学习。

本书由韩雪涛任主编，吴瑛、韩广兴任副主编，参加本书编写的还有张丽梅、宋明芳、朱勇、吴玮、吴惠英、张湘萍、高瑞征、韩雪冬、周文静、吴鹏飞、唐秀鸯、王新霞、马梦霞、张义伟、冯晓茸。

编 者

读者通过学习与实践还可参加相关资质的国家职业资格或工程师资格认证，可获得相应等级的国家职业资格或数码维修工程师资格证书。如果读者在学习和考核认证方面有什么问题，可通过以下方式与我们联系：
数码维修工程师鉴定指导中心
网址：http://www.chinadse.org
联系电话：022-83718162/83715667/13114807267
E-mail:chinadse@163.com
地址：天津市南开区榕苑路 4 号天发科技园 8-1-401
邮编：300384

智能手机维修从入门到精通

目录

第 8 章　智能手机功能部件的检测代换（P164）

第3篇　电路检修篇

第1篇
维修入门篇

第1章

智能手机的结构与
工作原理

1.1 智能手机的结构

1.1.1 智能手机的整机特点

智能手机是一种具有独立操作系统，可通过移动通信网络或其他方式接入无线网络，能够安装多种由第三方提供的应用程序，来对智能手机功能进行扩充的现代化移动通信设备。图1-1为典型智能手机的整机结构。

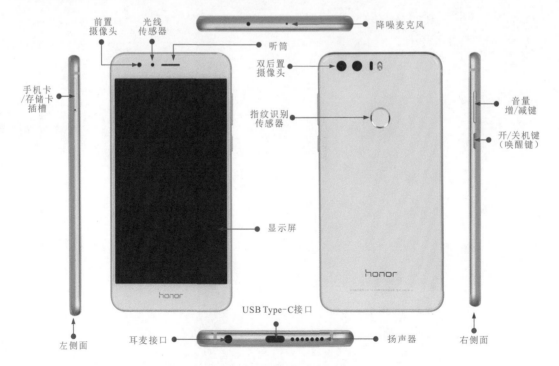

图1-1　典型智能手机的整机结构（一）

从智能手机的正面可以看到显示屏；在背面可看到后置摄像头等；在侧面可以看到操作按键；在底部设有耳麦接口、USB 接口等；拿起智能手机自然贴近耳朵的部位是手机的听筒；智能手机底部成孔状的部位是话筒；背部或底面为孔状或网状的镂空式部位是扬声器。

如图 1-2 所示，不同品牌、型号的智能手机其外形也有所区别。通过对比，不难发现，不论智能手机的设计如何独特，外形如何变化，我们都可以在智能手机上找到显示屏、按键、摄像头、听筒、话筒、扬声器各种接口等。

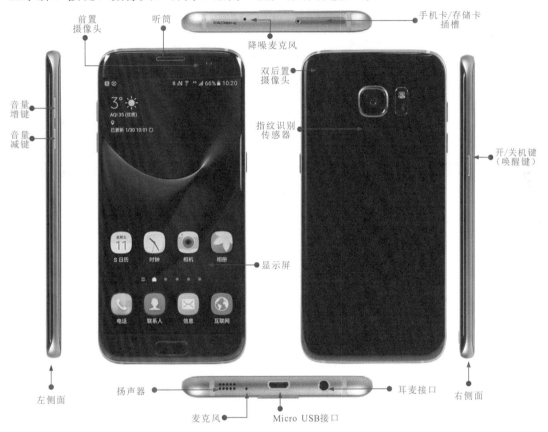

图 1-2 典型智能手机的整机结构（二）

如图 1-3 所示，智能手机功能强大、种类多样，不同手机的外形设计各具特色。

图 1-3 不同品牌智能手机的外形特点

1.1.2 智能手机的内部结构

　　将智能手机的后机壳和显示屏分开后，就可看到内部的主电路板、屏蔽罩以及其他组成部件，如图1-4所示。从图中可以看出，将外壳打开后，可看到智能手机的内部构造，如主电路板、中框、电池、显示屏组件等。

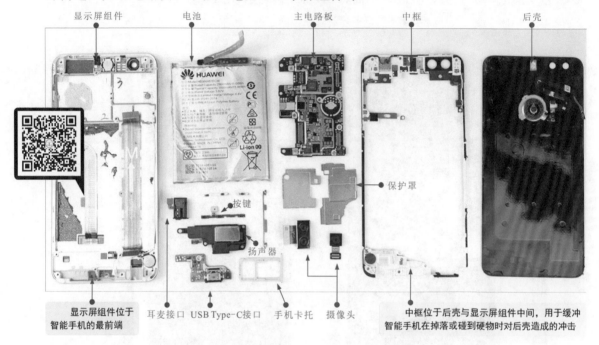

图1-4　典型智能手机的内部结构

　　如图1-5所示，不同品牌、型号的智能手机其内部结构形式或布局设计可能会有所区别，但大致功能部件类型和功能基本相同。

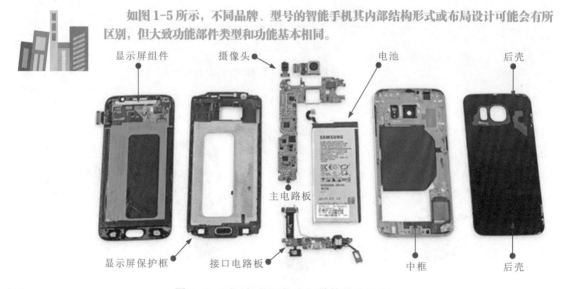

图1-5　不同智能手机内部结构设计对照

1 显示屏组件

显示屏是智能手机显示当前工作状态（例如电量、信号强度、时间日期、工作模式等状态信息）或输入人工指令的重要部件，位于智能手机正面的中央位置，是人机交互最直接的窗口。

如图1-6所示，智能手机的显示屏组件一般包括四个部分，即保护玻璃层、触摸板层、显示层（安装滤光片，生成图像）和背光层。

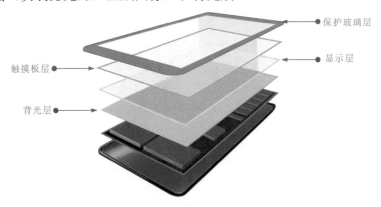

图1-6　智能手机中的显示屏组件

如图1-7所示，目前，智能手机显示屏组件中的触摸板层多为电容式触摸屏，它是利用人体的电流感应原理实现屏幕交互功能的。

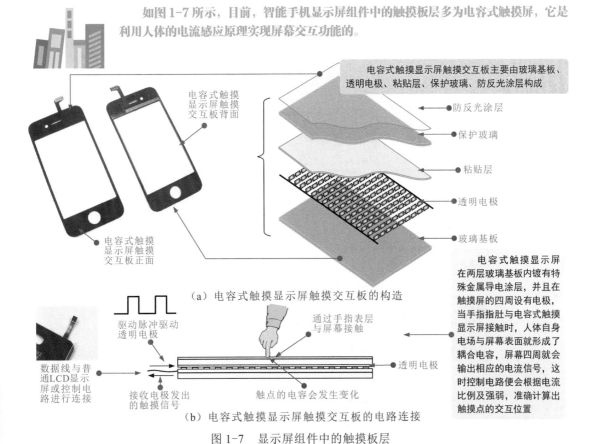

（a）电容式触摸显示屏触摸交互板的构造

（b）电容式触摸显示屏触摸交互板的电路连接

图1-7　显示屏组件中的触摸板层

2 主电路板

　　智能手机的主电路板是非常重要的部件，它位于智能手机的内部，与各部件之间通过排线或触点相连接，几乎所有的部件都需要通过主电路板承载或连接。

　　如图1-8所示，智能手机的主电路板结构复杂，手机信号的输入、输出、处理、发送以及整机的供电、控制等工作都需要主电路板来完成。

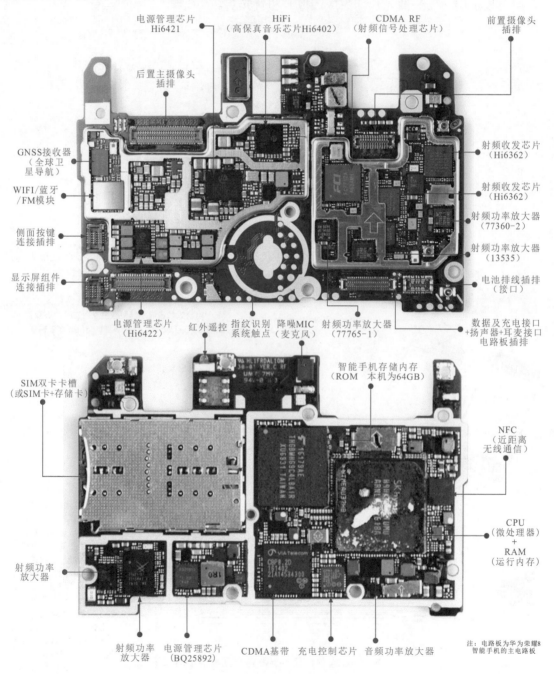

图1-8　智能手机中的主电路板

如图 1-9 所示，典型智能手机中除了主电路板外，还设有一个独立的接口电路板，即数据及充电接口电路板，该电路板还连接有振动器、耳麦接口、扬声器等。

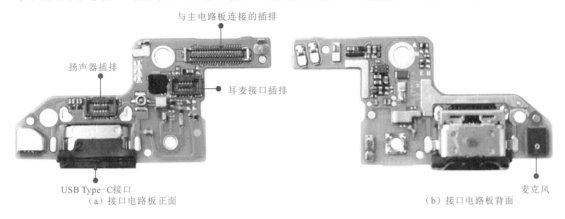

图 1-9　智能手机中的接口电路板

如图 1-10 所示，不同品牌和型号的智能手机中，主电路板的结构布局设计也不同，电路板上主要功能部件相同，但一些功能性的部件会根据智能手机的参数配置有所不同。

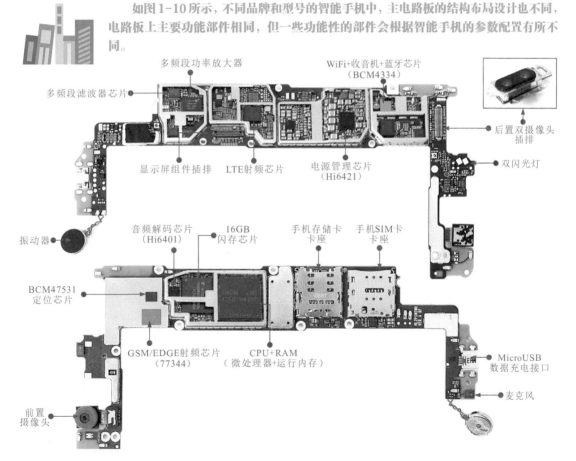

图 1-10　不同型号智能手机中的主电路板结构不同

如图 1-11 所示，根据智能手机信号处理的功能特点，可将整个电路划分成不同的电路单元，即射频电路、语音电路、微处理器及数据信号处理电路、电源及充电电路、操作及屏显电路、接口电路以及其他功能电路，如蓝牙、无线、收音、传感器、振动器、摄像头电路等。

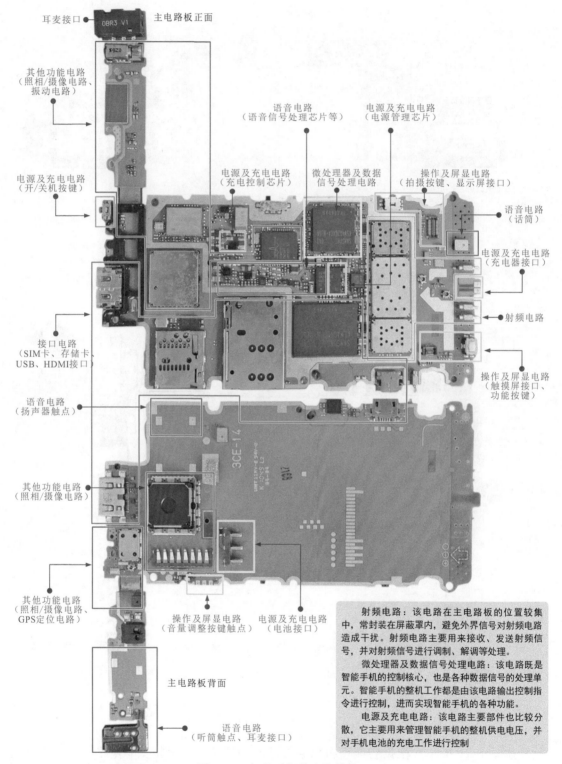

耳麦接口

主电路板正面

其他功能电路
（照相/摄像电路、
振动电路）

语音电路
（语音信号处理芯片等）

电源及充电电路
（电源管理芯片）

电源及充电电路
（开/关机按键）

电源及充电电路
（充电控制芯片）

微处理器及数据
信号处理电路

操作及屏显电路
（拍摄按键、显示屏接口）

语音电路
（话筒）

电源及充电电路
（充电器接口）

射频电路

接口电路
（SIM卡、存储卡、
USB、HDMI接口）

操作及屏显电路
（触摸屏接口、
功能按键）

语音电路
（扬声器触点）

其他功能电路
（照相/摄像电路）

其他功能电路
（照相/摄像电路、
GPS定位电路）

操作及屏显电路
（音量调整按键触点）

电源及充电电路
（电池接口）

主电路板背面

语音电路
（听筒触点、耳麦接口）

射频电路：该电路在主电路板的位置较集中，常封装在屏蔽罩内，避免外界信号对射频电路造成干扰。射频电路主要用来接收、发送射频信号，并对射频信号进行调制、解调等处理。

微处理器及数据信号处理电路：该电路既是智能手机的控制核心，也是各种数据信号的处理单元。智能手机的整机工作都是由该电路输出控制指令进行控制，进而实现智能手机的各种功能。

电源及充电电路：该电路主要部件也比较分散，它主要用来管理智能手机的整机供电电压，并对手机电池的充电工作进行控制

图 1-11　智能手机的电路结构

3 主要功能部件

智能手机中的功能部件是指在以独立状态存在于智能手机中，通过接口或触点压接的形式与电路板连接，形成供电和控制关系，配合主电路实现智能手机的各项功能的电子器件。

不同品牌和型号的智能手机中，具体功能特性不同，所设有的功能部件的数量、类型和参数配置也不同。

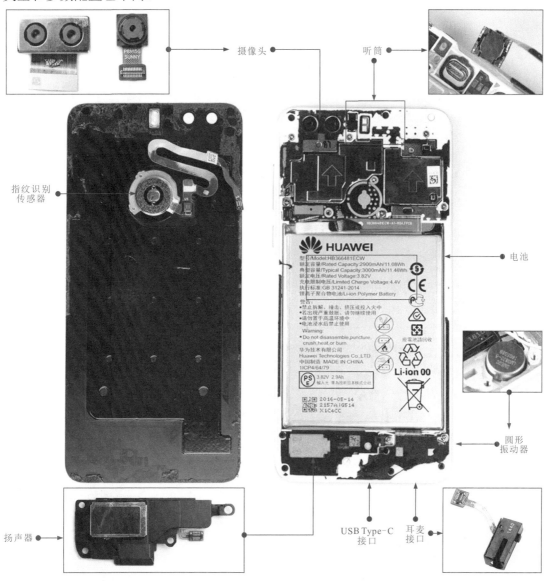

图 1-12　智能手机中常见的功能部件

如图 1-12 所示，目前，较常见的功能部件主要有：摄像头、扬声器、振动器、电池、听筒 / 话筒、按键、接口和插槽、天线等。各功能部件都不能独立工作，均需要通过插排或压接触点与主电路板关联，受主电路板控制，且由主电路板分配和供给电源，最终实现各自功能。

（1）摄像头　如图1-13所示，智能手机通过内置摄像头，可实现拍照或摄像功能，目前智能手机所采用的摄像头像素可达百万或千万，且具有数码变焦等功能。

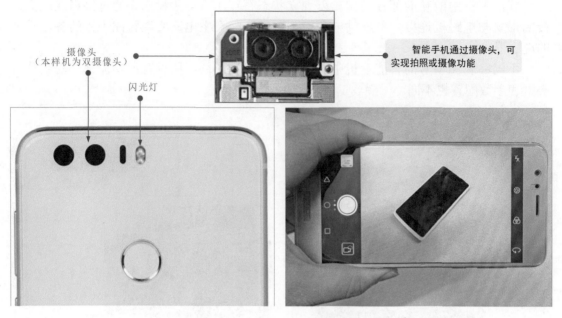

图1-13　智能手机中的摄像头

（2）扬声器　如图1-14所示，智能手机通过扬声器可实现播放音乐、电影以及通话免提功能，智能手机中的扬声器十分小巧，但音质很好。也有部分智能手机采用双声道扬声器，可呈现出立体声效果。

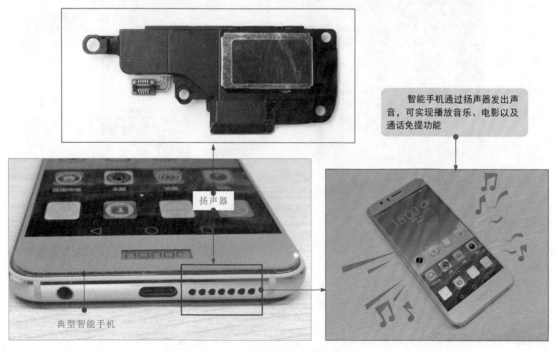

图1-14　智能手机中的扬声器

（3）振动器 如图 1-15 所示，智能手机振动提醒功能是通过振动器实现的，振动器实际上是一个小型电动机。

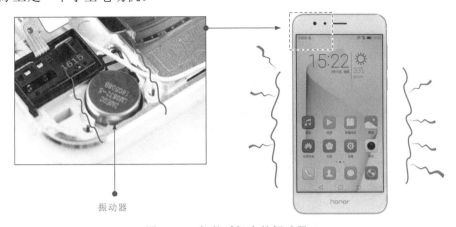

振动器

图 1-15 智能手机中的振动器

（4）电池 如图 1-16 所示，智能手机中的电池是整机的电能供给部件。电池的规格参数也是决定智能手机整体性能参数的重要依据之一。

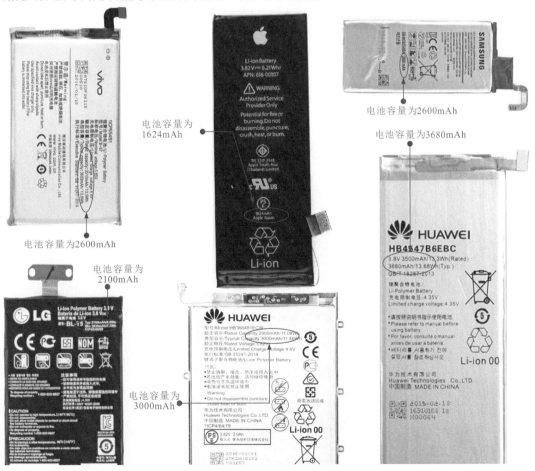

图 1-16 智能手机中的电池

（5）话筒/听筒　如图1-17所示，话筒（麦克风）与听筒是智能手机的重要传声部件，听筒用来发声，话筒用来接收使用者的声音，实现移动通话功能，通常情况下，听筒位于智能手机上方，话筒位于智能手机下方。

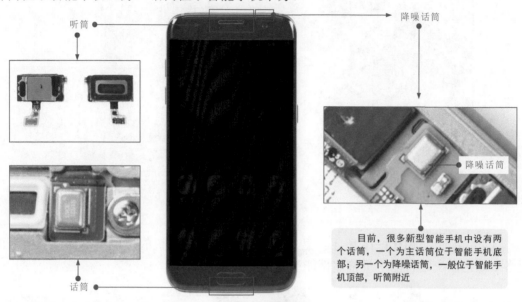

目前，很多新型智能手机中设有两个话筒，一个为主话筒位于智能手机底部；另一个为降噪话筒，一般位于智能手机顶部，听筒附近

图 1-17　智能手机中的话筒/听筒

（6）触摸屏　如图1-18所示，智能手机的大部分指令都是由触摸屏提供的，因此机身上只留有少量的操作按键，包括开/关机键、音量增/减键等。

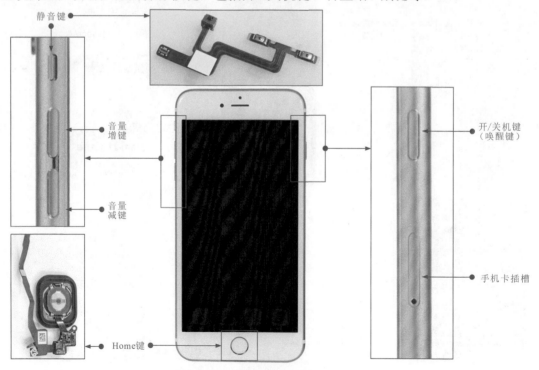

图 1-18　智能手机中的操作按键

（7）接口和插槽　智能手机上通常设置有多种接口和插槽，例如常见的耳麦接口、数据及充电接口、手机卡及存储卡插槽等，如图1-19所示。部分支持高清播放的智能手机还设置有HDMI接口。

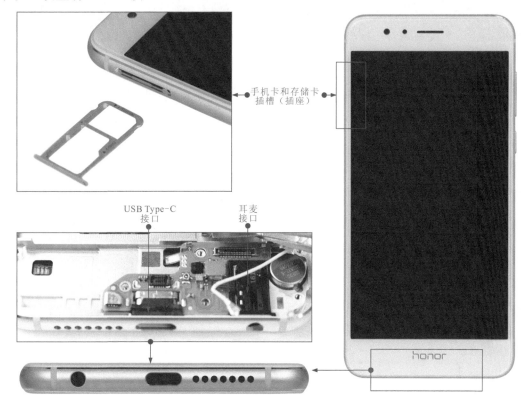

图1-19　智能手机中的接口和插槽

（8）天线　智能手机采用隐藏式天线，即手机内部设置有内置天线模块，如图1-20所示，既保证信号的接收质量，又可保证手机的整体外观不受影响。

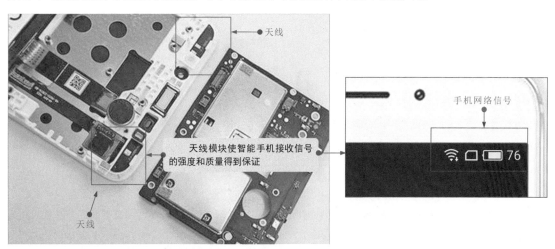

图1-20　智能手机中的天线

1.2 智能手机的工作原理

1.2.1 智能手机的控制过程

智能手机的控制过程是指在智能手机内微处理器及操作系统的控制下，各功能电路协同工作，实现智能手机通话、上网、视频/影音播放等功能的过程。

如图 1-21 所示，智能手机的控制过程主要分为手机信号接收的控制过程、手机信号发送的控制过程和手机其他功能的控制过程。

电磁波传输

手机基站构建的通信网络

手机基站1

通信网络传输

拨打手机

1 在向对方手机发送信号时，用户讲话的声音由话筒变成电信号，电信号经语音电路、射频电路、微处理器及数据处理电路进行处理（各个单元电路进行协同工作），最后由天线将处理后的用户讲话的声音信号发射到附近基站并由通信网络传输

2 远端基站接收到信号后，接听手机接收附近基站天线发射的电磁波。电磁波经射频电路、语音电路、微处理器及数据处理电路进行处理（各个单元电路进行协同工作），向听简输送话音信号

接听手机

手机基站n

图 1-21　智能手机的控制过程

智能手机之间的通信即信号的转换、传输和还原的过程。这一过程是通过手机基站构建的通信网络实现的。

当拨打电话时，智能手机将语音转化成信号，然后通过电磁波的形式，发送到距离最近的基站，基站接收到信号之后，再通过通信网络传输到覆盖对方智能手机信号的基站，然后再由基站把信号发送给对方智能手机，智能手机接收到信号之后再把信号转换成语音，从而实现双方通话。

1.2.2 智能手机的控制关系

智能手机是由各单元电路协同工作，完成手机信号的接收、手机信号的发送以及其他功能的控制。各单元电路之间存在一定控制关系，从而实现协调作用。

如图 1-22 所示，为了便于理解智能手机的控制关系，通常根据电路的功能特点，将智能手机划分成 7 个单元电路模块，各单元电路之间相互配合，协同工作。

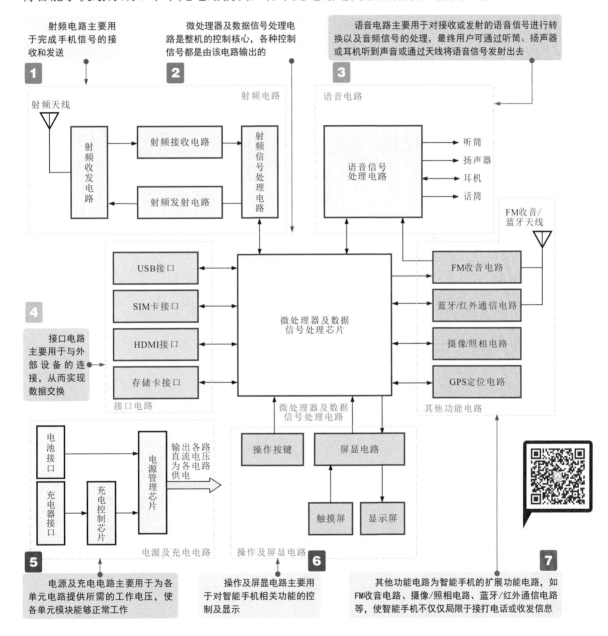

图 1-22　智能手机的控制关系

如图 1-23 所示，以信号的接收和发送过程作为主线，深入探究各单元电路之间是如何配合工作的。

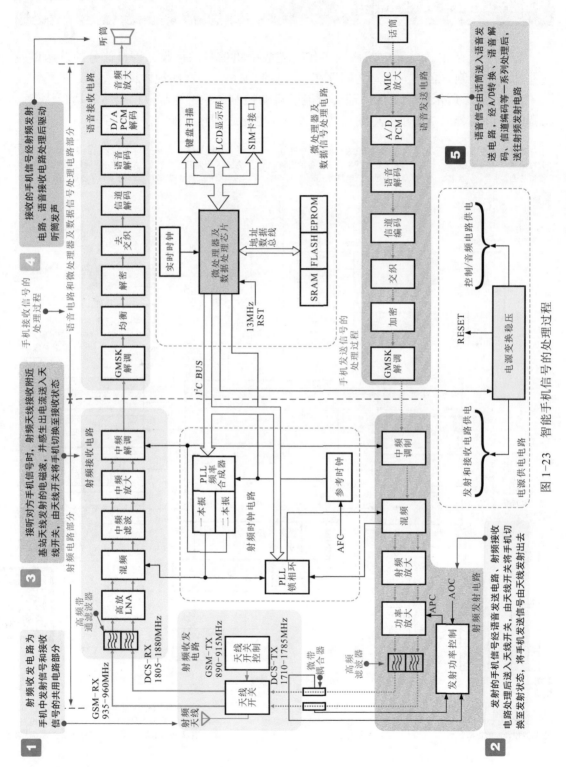

图 1-23　智能手机信号的处理过程

1 射频电路、语音电路、微处理器及数据信号处理电路之间的关系

智能手机的主要功能之一是接听或拨打电话，整个信号的传输过程都是在微处理器及数据信号处理芯片的控制下进行的。

如图1-24所示，智能手机的射频电路、语音电路、微处理器及数据处理电路之间在接收和发送信号时都产生一定的关系。

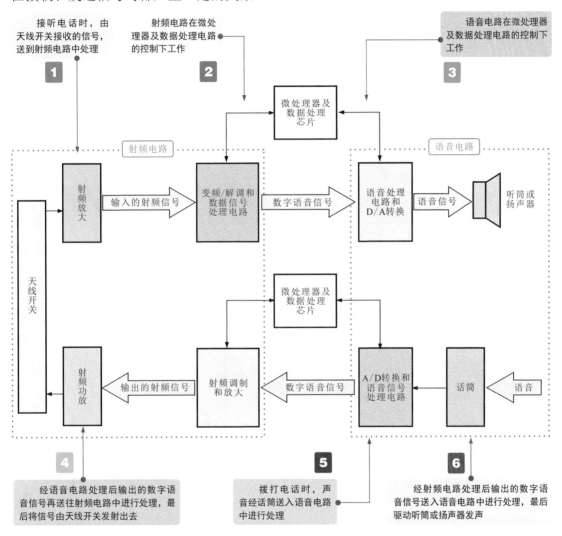

图1-24　射频电路、语音电路、微处理器及数据处理电路之间的关系

2 接口电路与微处理器及数据信号处理电路之间的关系

接口电路主要是由USB接口电路、电源接口电路、耳机接口电路、电池接口电路、SIM卡接口电路、存储卡接口电路等组成，其主要功能是将所连接设备的数据信号或电压等通过接口传输到手机中，然后再经微处理器及数据处理电路进行处理，发出相应的控制信号。

图1-25为典型智能手机的接口电路与微处理器及数据信号处理电路之间的关系。

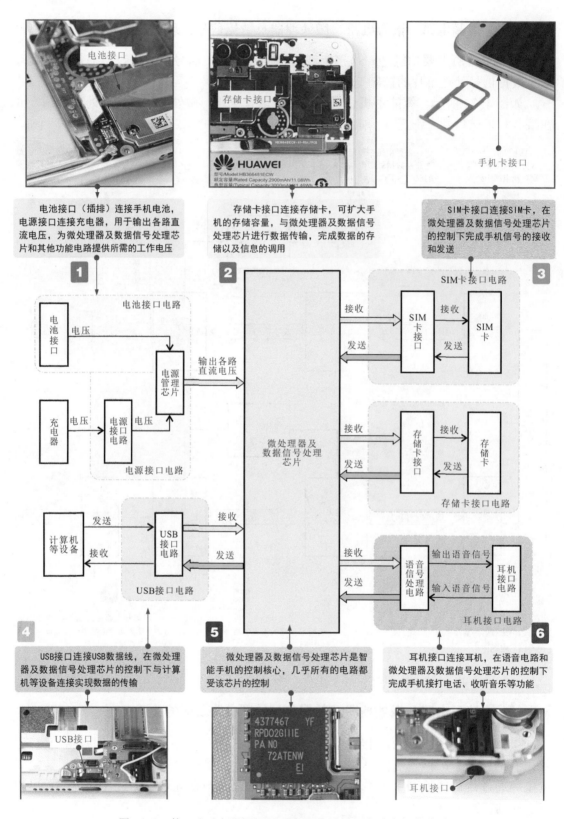

图1-25 接口电路与微处理器及数据信号处理电路之间的关系

3 电源电路和各单元电路的关系

智能手机电源电路与其他各单元电路具有基本的供电关系。整机均由电源电路供电，保证智能手机可以正常开机。

如图1-26所示，典型智能手机电源电路与各单元电路的供电关系。

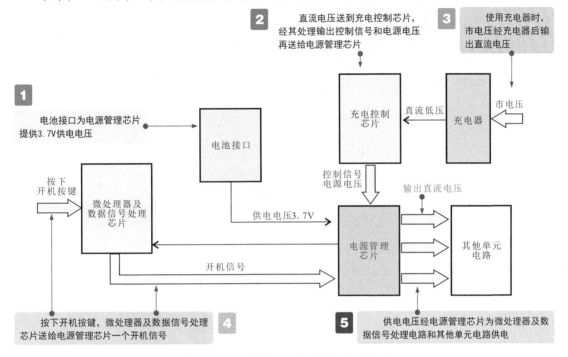

图1-26 电源电路和各单元电路的关系

4 辅助功能电路与各电路之间的关系

辅助功能电路是用来实现智能手机一些附加功能的电路，例如FM收音、照相/摄像、蓝牙/红外数据传输、GPS定位等。这些功能都是通过智能手机中的辅助功能电路模块与主电路部分配合工作来实现的。

如图1-27所示，FM收音电路通过语音电路传递信号，在微处理器控制下工作。

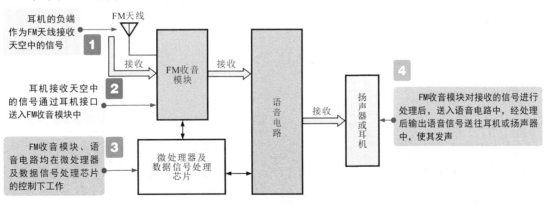

图1-27 FM收音电路与微处理器及数据信号处理电路、语音电路之间的关系

如图 1-28 所示，摄像／照相电路在微处理器及数据信号处理电路的控制下实现电路功能。

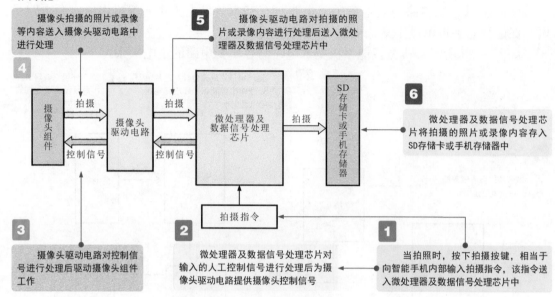

图 1-28　摄像／照相电路与微处理器及数据信号处理电路之间的关系

如图 1-29 所示，蓝牙／红外通信电路在微处理器及数据信号处理电路的控制下实现电路功能。

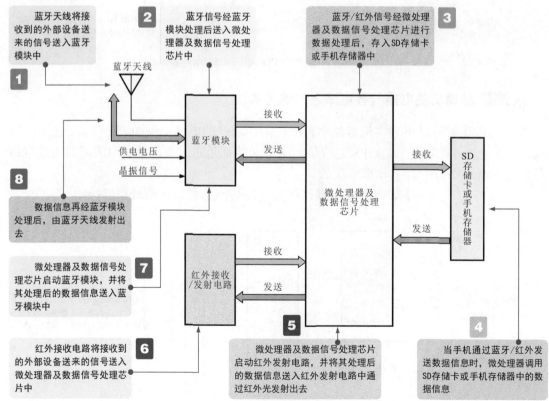

图 1-29　蓝牙／红外通信电路与微处理器及数据信号处理电路之间的关系

第2章

智能手机的维修工具 与检测仪表

　　智能手机有别于其他电子产品，由于它的内部元件较小且密集，致使在维修手机时需要特殊的专用维修工具和设备仪表。在智能手机维修之前，需要先整理和准备好必备的工具和仪表。

　　智能手机维修工作不能贸然实施，具体维修操作前需要清点工具和仪表，做好准备。图 2-1 为智能手机维修中常用的工具与检测仪表。

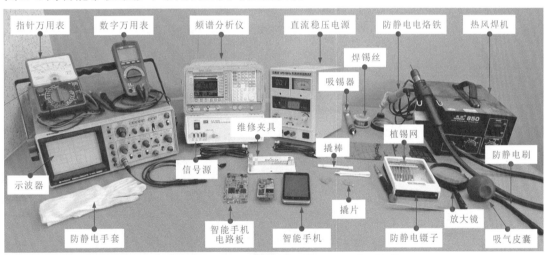

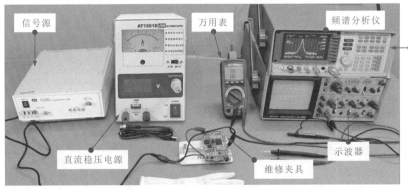

　　准备好智能手机的检修工具和仪表，最终搭建起智能手机维修环境。智能手机维修环境的搭建需要各工具和设备之间配合，满足基本的拆装、检测和维修条件，保证维修工作顺利进行

图 2-1　智能手机维修中常用的工具与检测仪表

智能手机的常用检修工具和仪表根据功能用途大致可分为拆装工具、焊接工具、专用检测仪表和辅助维修工具几类。不同类工具的功能特点不同，各工具之间配合使用，完成对智能手机的细致维修工作。

2.1 拆装工具

拆装工具是智能手机维修人员常用的基础工具，在智能手机维修中，无论是外壳的拆卸，还是显示屏的分离，功能部件的代换，都需要借助拆装工具实现。

常用的拆装工具包括螺钉旋具、撬棒、撬片、吸盘、显示屏分离器、显示屏分离机以及辅助拆装工具等。

2.1.1 螺钉旋具

螺钉旋具主要用来拆装智能手机外壳、显示屏及电路板上的固定螺钉，由于智能手机的固定螺钉尺寸较小。因此，用于智能手机拆卸的螺钉旋具多为小尺寸螺钉旋具，且刀头可根据实际拆卸需要进行更换。

图 2-2 为智能手机拆卸用螺钉旋具的功能与应用。

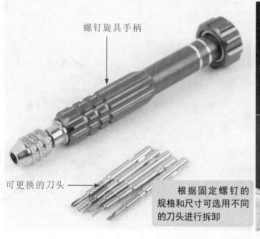

螺钉旋具手柄

可更换的刀头

根据固定螺钉的规格和尺寸可选用不同的刀头进行拆卸

图 2-2　智能手机拆卸用螺钉旋具的功能与应用

提示说明

在对智能手机拆卸时，要尽量采用合适规格的螺钉旋具来拆卸螺钉，螺钉旋具的大小尺寸不合适会损坏螺钉，给拆卸带来困难。需注意的是，尽量采用带有磁性的螺钉旋具，以便于在拆卸和安装螺钉时方便使用。

2.1.2 助撬工具

一般智能手机的前后壳均采用塑料材质，在拆卸过程中不能直接用一字槽螺钉旋具强行掰撬，否则容易在外壳上留下划痕，影响美观，甚至会造成外壳开裂损坏。建议维修者可以先观察一下卡扣或暗扣卡紧方向，再使用助撬工具，从一定角度插到前后壳之间的缝隙，即可将外壳分离。

图 2-3 为助撬工具的功能与应用。

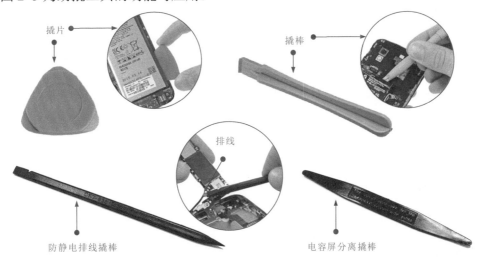

图 2-3　助撬工具的功能与应用

2.1.3　吸盘和显示屏分离器

吸盘和显示屏分离器是智能手机显示屏或后壳拆卸的必备工具。显示屏分离器实际是将普通吸盘加以升级制作成的具有一定力矩作用的专用工具，其核心部件仍是吸盘，操作更为方便、实用。

图 2-4 为吸盘和显示屏分离器的实物外形。

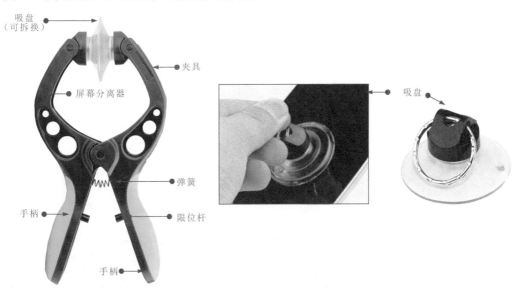

图 2-4　智能手机拆装常用的吸盘和显示屏分离器

图 2-5 为显示屏分离器的功能应用。可以看到，将显示屏分离器吸盘放置到待拆屏幕和后壳上，适当用力按压手柄部分即可实现屏幕分离。

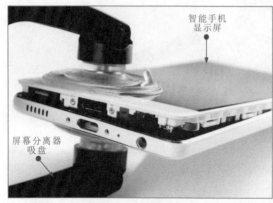

图 2-5　显示屏分离器的使用方法

使用显示屏分离器分离智能手机显示屏时需要注意，吸盘吸稳后，按压手柄时注意要用力适当、均匀，避免拆卸时，显示屏与电路板之间排线断裂。

2.1.4　显示屏分离机

显示屏分离机是智能手机显示屏拆卸时的一种专用工具。图 2-6 为显示屏分离机。该工具能够将显示屏均匀加热，使显示屏黏合剂受热后，借助分离机配套的分离棒及金属丝分离显示屏。

2.1.5　镊子

在拆装智能手机时，由于内部结构精密、部件之间的空隙较小，对一些较小的拆装、屏线的焊接都需要镊子来帮助，例如，在拆装元器件时，常使用镊子来夹取元器件，以便于装配和安装。或者夹住蘸有酒精的棉球对焊接部位进行清洁。

图 2-7 为智能手机拆装常用的镊子。

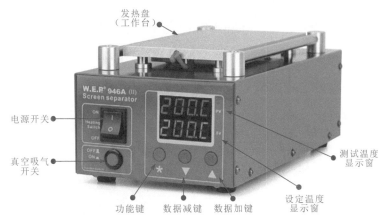

发热盘
（工作台）

电源开关

真空吸气
开关

功能键　数据减键　数据加键

测试温度
显示窗

设定温度
显示窗

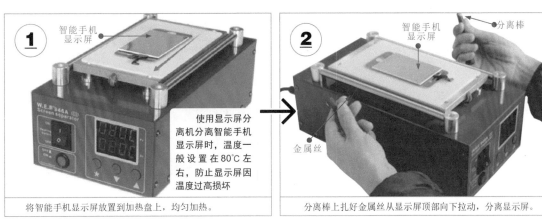

智能手机
显示屏

使用显示屏分
离机分离智能手机
显示屏时，温度一
般设置在80℃左
右，防止显示屏因
温度过高损坏

将智能手机显示屏放置到加热盘上，均匀加热。

智能手机
显示屏

分离棒

金属丝

分离棒上扎好金属丝从显示屏顶部向下拉动，分离显示屏。

图 2-6　智能手机拆装专用显示屏分离机

不同类型的镊子

镊子有多种规格，使
用时根据需求选择

使用镊子夹取智能手
机中细小元件或引线

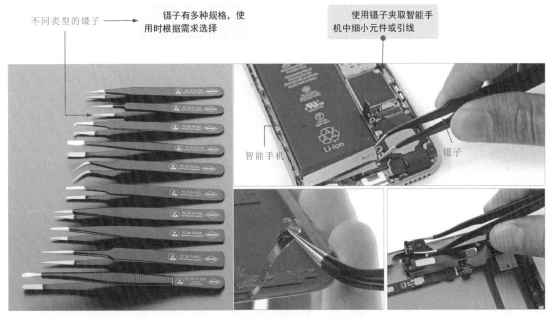

智能手机

镊子

图 2-7　智能手机拆装常用的镊子

2.1.6 其他辅助拆装工具

在智能手机拆装操作中，还常常用到热风焊机或电吹风机，用于辅助显示屏拆卸脱胶；还有防静电手套、防静电手环等，在无法满足整个防静电操作环境时，必须配戴防静电手套或手环进行拆装操作，避免静电击穿。

图 2-8 为智能手机拆装操作中常用的一些其他辅助拆装工具。

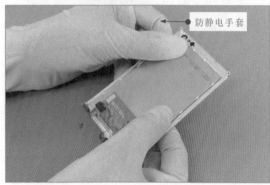
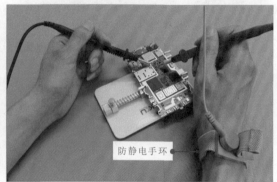

图 2-8　智能手机拆装常用辅助拆装工具

2.2　焊接工具

焊接工具是智能手机维修人员必备的维修工具。其中，常用的焊接工具主要包括热风焊机、防静电电烙铁及焊接辅助工具和材料等。使用时，这些工具可配合使用，遇元器件拆装、代换的场合，焊接工具必不可少。

2.2.1 热风焊机

热风焊机是拆焊、焊接贴片元件和贴片集成电路的专用焊接工具，它主要由主机和焊枪等部分构成，焊枪配有不同形状的喷嘴，在进行元件的拆卸时根据焊接部位的大小选择适合的喷嘴即可。

图 2-9 为智能手机焊接用的热风焊机。

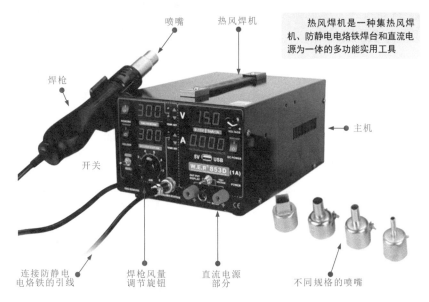

图 2-9　智能手机焊接用的热风焊机

图 2-10 为热风焊机的功能应用。

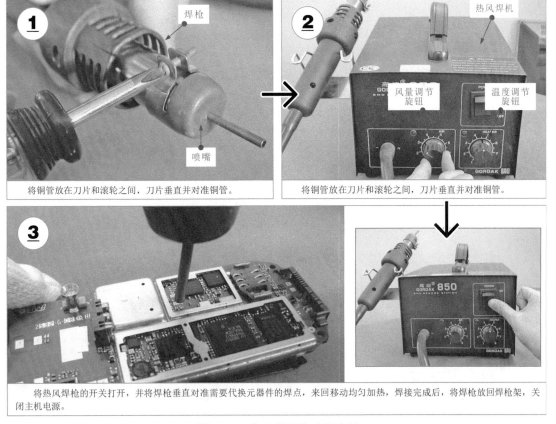

图 2-10　热风焊机的功能应用

2.2.2 防静电电烙铁

智能手机内部电路板元器件进行拆焊或焊接操作时，防静电电烙铁是最常使用到的焊接工具。目前，焊接智能手机多选用防静电焊台，即电烙铁、烙铁支架、可调电源等构成的焊接工具。图2-11为智能手机焊接用的防静电电烙铁。

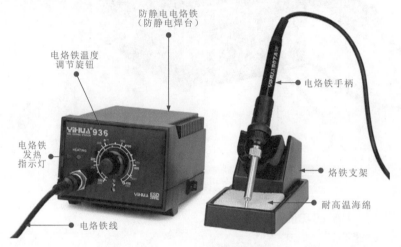

图2-11　智能手机焊接用的防静电电烙铁

在使用电烙铁时，电烙铁会进行预加热，在此过程中，最好将电烙铁放置到烙铁架上，以防烫伤或火灾事故的发生。当电烙铁达到工作温度后，要右手握住电烙铁的握柄处，对需要焊接的部位进行焊接。注意右手不要过于靠近烙铁头，以防烫伤手指。

图2-12为防静电电烙铁的功能与应用。

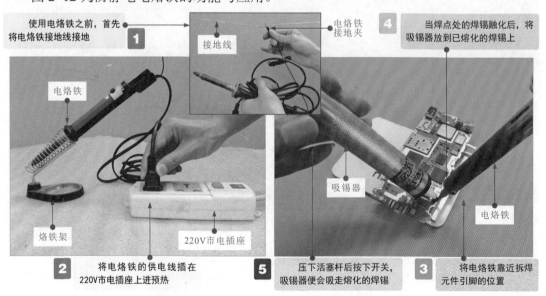

图2-12　防静电电烙铁的功能与应用

防静电电烙铁使用完毕后，切忌不要随意乱放。因为即使已经切断电源，防静电电烙铁头的温度还是很高，随意乱放，极易引发烫伤或火灾等事故。防静电电烙铁在使用后，要立即切断电源，并将其放置于专用的电烙铁架上，自然冷却，如图 2-13 所示。

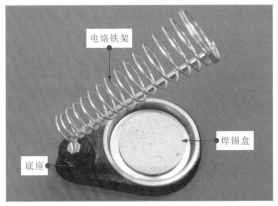

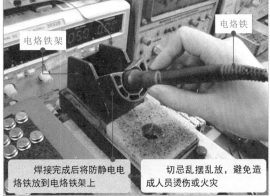

图 2-13　电烙铁架实物外形及应用

使用热风焊机或防静电电烙铁进行拆焊或焊接操作时，往往需要与吸锡器、焊锡丝、助焊剂等配合使用，辅助拆焊或助焊。

图 2-14 为智能手机焊接操作中常用的辅助工具及材料。

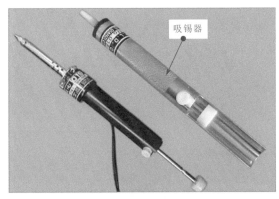

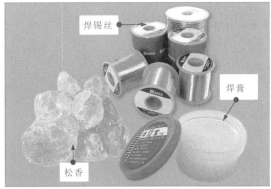

图 2-14　智能手机焊接操作中其他常用的辅助工具及材料

2.2.3　焊接夹具

在维修智能手机时，通常需要对智能手机的电路部分进行测试、焊接等操作，而由于智能手机电路板较小，重量较轻，测试或焊接时为了防止电路板滑动，通常需要将智能手机的电路板固定到专用的焊接夹具上，以确保测量或焊接过程的稳定性和正确性。

图 2-15 为焊接夹具的实物外形。

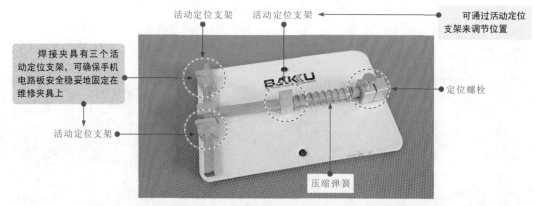

活动定位支架　　活动定位支架　　　　　可通过活动定位
支架来调节位置

焊接夹具有三个活
动定位支架,可确保手机
电路板安全稳妥地固定在
维修夹具上

活动定位支架

定位螺栓

压缩弹簧

图 2-15　焊接夹具的实物外形

智能手机与焊接夹具的连接操作,如图 2-16 所示。

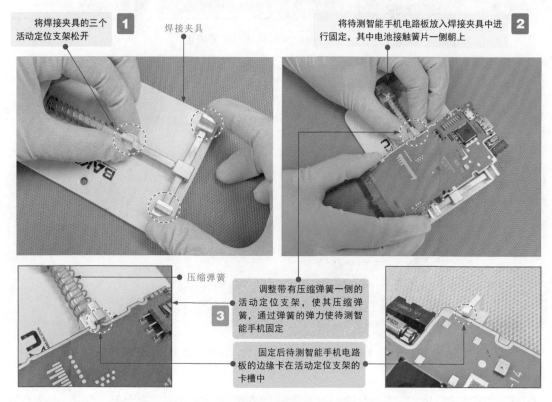

1 将焊接夹具的三个
活动定位支架松开　　　焊接夹具

2 将待测智能手机电路板放入焊接夹具中进
行固定,其中电池接触簧片一侧朝上

压缩弹簧

3 调整带有压缩弹簧一侧的
活动定位支架,使其压缩弹
簧,通过弹簧的弹力使待测智
能手机固定

固定后待测智能手机电路
板的边缘卡在活动定位支架的
卡槽中

图 2-16　智能手机与焊接夹具的连接操作

2.3　专用维修仪表

　　专用维修仪表是维修智能手机时的必备工具,智能手机的大多故障无法从表面直接判断,需要借助一些专用维修仪表对怀疑故障部位进行检测来获取一些信息,进而判断出好坏。其中,在维修智能手机时,最常用的维修仪表主要有直流稳压电源、万用表、示波器、射频信号发生器、频谱分析仪、射频分析仪、软件维修仪等。

2.3.1 直流稳压电源

直流稳压电源是一种供电设备。在维修智能手机的过程中，部分检测需要在通电状态下进行，直流稳压电源起到了电池的作用，图 2-17 为智能手机维修中常用的直流稳压电源。

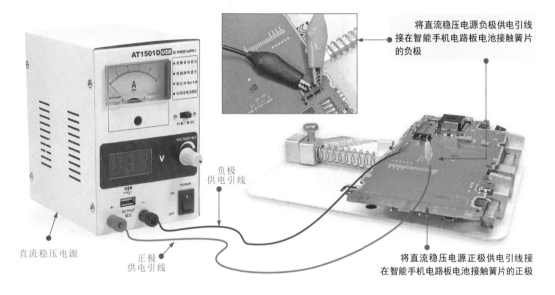

图 2-17　智能手机维修中常用的直流稳压电源

◇ 不同类型的智能手机额定工作电压也不同，因此在调节直流稳压电源的电压值时，应根据手机标称额定电压值进行操作。

◇ 通常情况下，应先调整稳压电源电压，再将电源线接到手机上，以免烧坏手机。

◇ 不同类型的智能手机采用的接口也不同，因此要选用符合手机类型的电源接口。

◇ 连接电源时，应先接电源负极，后接正极；在取下电源时，应先取下电源正极，后取负极。

2.3.2 万用表

万用表是维修智能手机的必备仪表，主要用来检测电路的电压值、元器件的电阻值，从而确定元器件的好坏。常用的万用表主要有指针式万用表和数字式万用表，其实物外形如图 2-18 所示。

图 2-19 为使用万用表检测智能手机元器件的电阻值。

一般情况下，使用万用表在测量电压或电流时，要先对万用表进行挡位和量程的调整设置（测量值不要超过所选择的量程，以免损坏万用表），然后再进行实际测量。习惯上，先将万用表的黑表笔搭在负极端，再将红表笔搭在正极端。

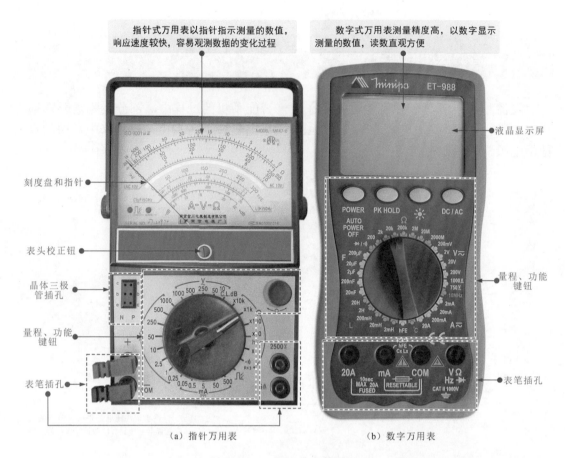

指针式万用表以指针指示测量的数值，响应速度较快，容易观测数据的变化过程

数字式万用表测量精度高，以数字显示测量的数值，读数直观方便

刻度盘和指针

液晶显示屏

表头校正钮

晶体三极管插孔

量程、功能键钮

量程、功能键钮

表笔插孔

表笔插孔

（a）指针万用表　　　　　　　　　（b）数字万用表

图 2-18　万用表的实物外形

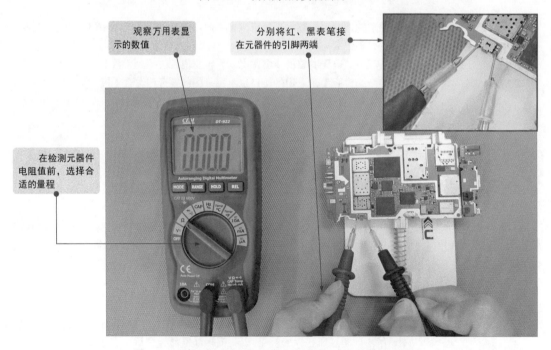

观察万用表显示的数值

分别将红、黑表笔接在元器件的引脚两端

在检测元器件电阻值前，选择合适的量程

图 2-19　使用万用表检测智能手机中元器件的电阻值

提示说明

智能手机电路板的集成度较高，元器件体积小，且分布比较密集，检测比较困难。使用万用表检测时，可将红、黑表笔的检测端连接上"测试延长针"，以避免检测中同时搭接到不同元器件引脚上，影响检测结果，如图 2-20 所示。

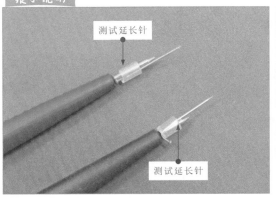
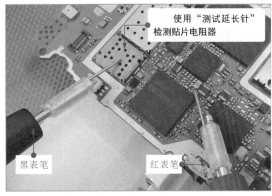

图 2-20　万用表表笔连接"测试延长针"

2.3.3　示波器

示波器是一种用来展示和观测信号波形及相关参数的电子仪器，它可以观测和直接测量信号波形的形状、幅度和周期。

在智能手机的检修中，使用示波器可以方便、快捷、准确地检测出各关键测试点的相关信号波形。通过观测各种信号波形即可判断出故障点或故障范围，这也是检修智能手机时最常用的检修方法之一。

常用的示波器主要有模拟示波器和数字示波器两种，其实物外形如图 2-21 所示。

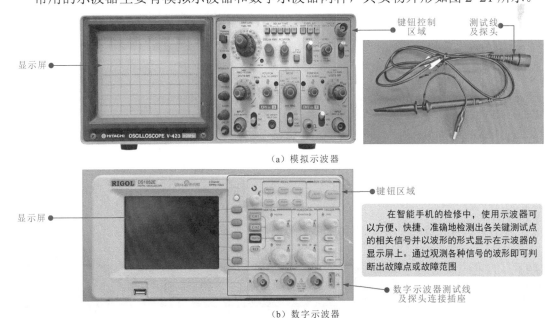

图 2-21　示波器实物外形

示波器也是维修智能手机的必备仪表，它可以将电路中的信号以波形的方式直观地显现出米，方便检修人员查找故障线索。

图2-22为示波器在智能手机维修中的应用。

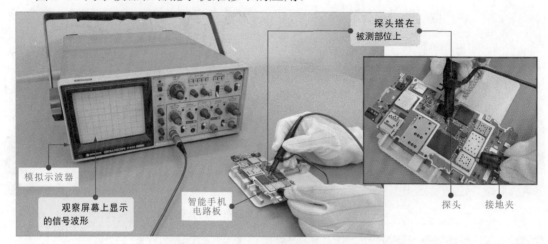

图2-22　示波器在智能手机维修中的应用

在智能手机电路板中有些集成电路的引脚较多其较细，检测比较困难。此时可将示波器探头也进行简单的改造，加装检测针头，如图2-23所示。

图2-23　改造的示波器探头

2.3.4　射频信号发生器

射频信号发生器也称射频信号源，主要是在维修智能手机、平板电脑的过程中能为其提供信号，以便于维修人员在维修时能够更准确地对智能手机进行电压、波形等参数的测试。

图2-24为射频信号发生器的功能与应用。

2.3.5　频谱分析仪

频谱分析仪简称频谱仪，是测量在一定的频段范围内有多少信号，每种信号的强

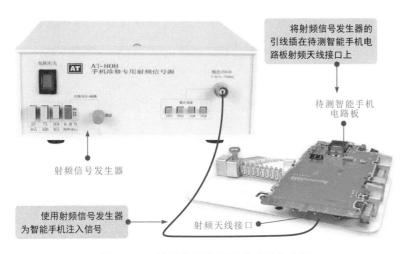

图 2-24　射频信号发生器的功能与应用

度以及所占的带宽有多少，并可进行全景显示。可用来测量智能手机中的信号电平、谐波失真、载波功率、频率、调制系数、频率稳定度和纯度等，主要用于分析信号的频谱分布。

图 2-25 为频谱分析仪的功能与应用。

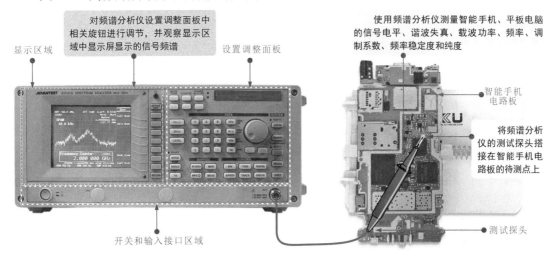

图 2-25　频谱分析仪的功能与应用

2.3.6　软件维修仪

随着智能手机智能化程度的提高，其功能越来越丰富和完善，而这些功能的实现都是在各种软件程序的控制下完成的，如开机程序、接收和发射程序、数据处理程序以及各种应用软件程序等，这些程序中任何一个数据丢失或指令出错，都会引起智能手机某种或整机功能失常。因此，在智能手机维修中，使用软件维修仪对智能手机的检修也十分必要。使用软件维修仪是针对智能手机中的软件故障而实施的一种检修方法，它是指借助软件维修仪对智能手机中的软件数据进行修复的方法。

图 2-26 为软件维修仪的功能与应用。

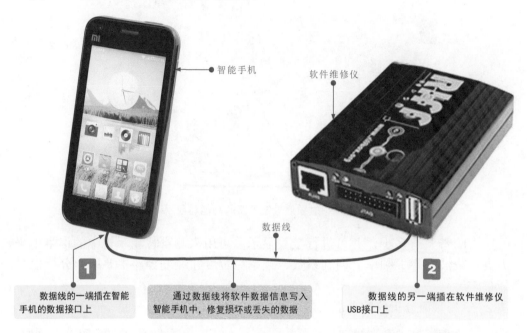

图 2-26　软件维修仪的功能与应用

使用软件维修仪修复时，还可以将智能手机中出现故障的模块从电路板上拆解下来，然后放入软件维修仪中，再由软件维修仪与计算机建立连接，由计算机重新写好程序后，再将故障模块装回机器中。该方法的操作难度较高，对维修人员的焊接技能要求较高。

2.4　辅助维修工具

在进行智能手机维修操作前，需要准备的工具除了上述工具外，一些基本的辅助工具也需要提前准备好，以备不时之需。这其中，计算机、BGA 植锡板、清洁工具、超声波清洗机都是智能手机维修人员必备工具，在维修时这些辅助工具也会起到很大的作用。

2.4.1　计算机

计算机在维修智能手机中是使用最多辅助设备，可以将智能手机的外部数据线接口与计算机 USB 接口建立连接，将计算机中的数据通过数据线传送到智能手机。该方法具有简单易操作的特点。

图 2-27 为计算机在智能手机维修操作中的功能及应用。

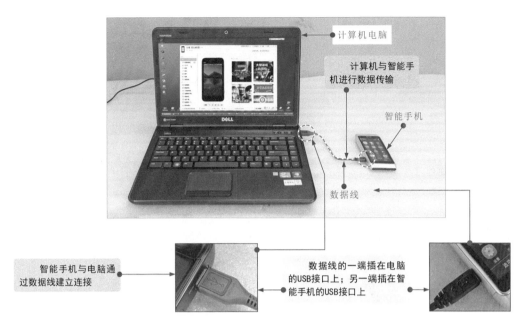

图 2-27　计算机在智能手机维修操作中的功能及应用

2.4.2　BGA 植锡板

　　BGA 植锡板也称植锡网，根据植锡方式的不同分为两种：一种是把所有手机芯片的型号都做在一块大的连体植锡板上；另一种是以每种 IC 集成电路（BGA 元器件）为一块板，图 2-28 为植锡板的实物外形。

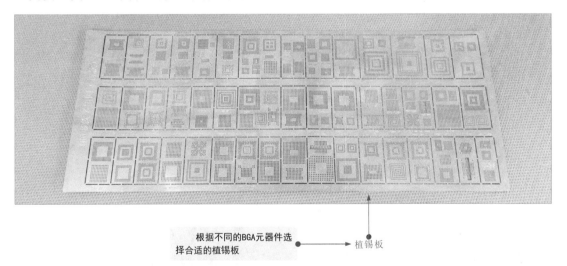

图 2-28　植锡板的实物外形

　　图 2-29 为 BGA 植锡板的功能与典型应用。

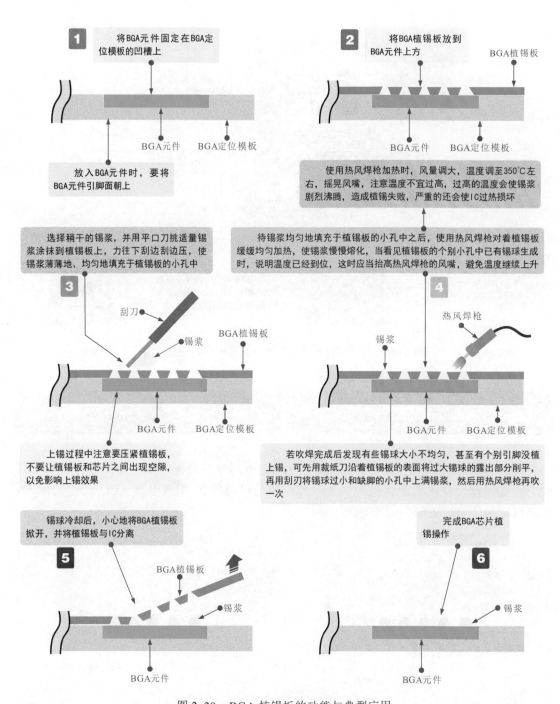

图 2-29　BGA 植锡板的功能与典型应用

2.4.3　清洁工具

　　智能手机使用时间过长，难免出现有灰尘、脏污的情况，遇此情况，就需使用清洁工具对智能手机进行清洁，保证其可以正常使用。

1 清洁刷和吹气皮囊

清洁刷和吹气皮囊主要是用于清理智能手机内部轻微的灰尘，便于对内部的器件或电路进行检修。

图 2-30 为清洁刷和吹气皮囊的实物外形及使用场合。

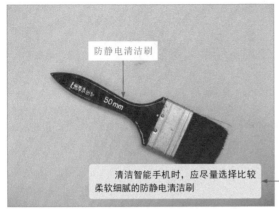

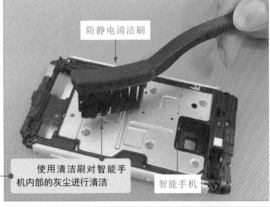

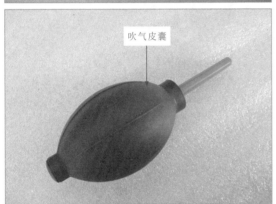

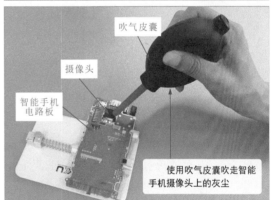

图 2-30　清洁刷和吹气皮囊的实物外形及使用场合

2 清洁剂和酒精

清洁剂和酒精则主要用于清洁智能手机显示屏、内部器件的触点等。

图 2-31 为清洁剂和酒精的功能与应用。

2.4.4　超声波清洗机

维修智能手机的过程中，有一个很重要的环节，就是使用超声波清洗机清洗零部件，零件的清洁将直接影响手机性能，尤其是摄像头。这使超声波清洗机在智能手机维修中起到重要作用。

图 2-32 为超声波清洗机的功能与应用。使用超声波清洗机清洗智能手机是利用超声波的空化作用对物体表面上的污物进行撞击、剥离，以达到清洗目的。具有清洗洁

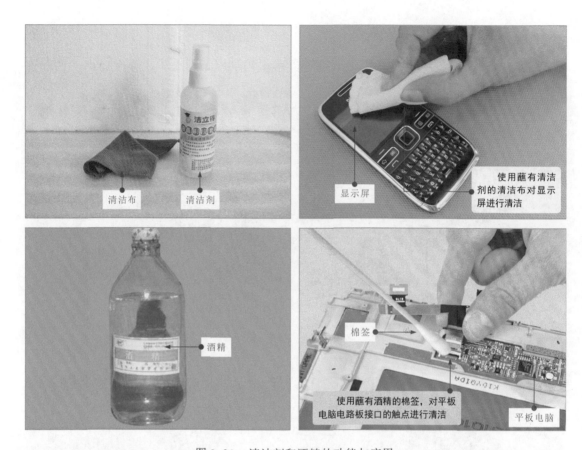

图 2-31　清洁剂和酒精的功能与应用

净度高、清洗速度快等特点。特别是对盲孔和各种几何状物体，独有其他清洗手段所无法达到的洗净效果。

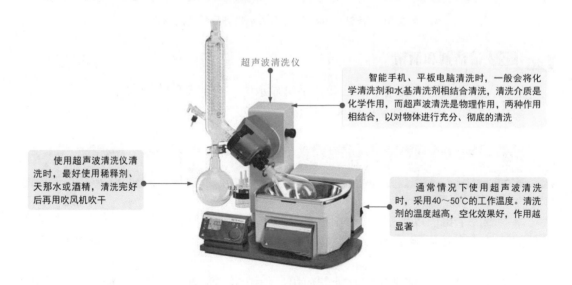

图 2-32　超声波清洗机的功能与应用

第3章

智能手机的故障特点与基本检修方法

3.1 智能手机的故障特点

智能手机的普及率很高，其主要功能是实现移动通信（电话、短信等）或视频通讯，此外智能手机还具有多种强大功能，使其成为集视听、上网、娱乐、办公等多种功能于一体的移动数码通信产品，智能手机的故障特点也比较多样，且明显区别于其他电子产品。

掌握智能手机的故障特点，辨别不同故障的表现，并能够根据故障对产生故障的原因进行分析，制定合理、正确的检修流程十分关键。无论机型如何变化，无论电路之间存在何种差异，都可以非常准确地完成故障的分析和判别，最终指导我们完成检修。

本节主要了解由硬件引发的智能手机故障，即智能手机中组成核心配件本身损坏或配件中的元器件老化或失效、印制电路板短路、断线、引脚焊点虚焊、脱焊等引起的智能手机无法正常工作的故障。主要故障表现有"开/关机异常"、"充电异常"、"信号异常"、"通信异常"和"部分功能失常"5个方面，如图3-1所示。

图3-1 智能手机的主要故障表现

3.1.1 开/关机异常的故障表现和检修分析

1 开/关机异常的故障表现

开/关机异常的故障主要表现为按下开/关机按键，无任何反应，即没有出现开机画面，仍处于关机状态；或在没有按下开/关机按键，即在没有关机请求的情况下，出现关机画面，自动关机。

图3-2为智能手机开/关机异常的常见故障表现。

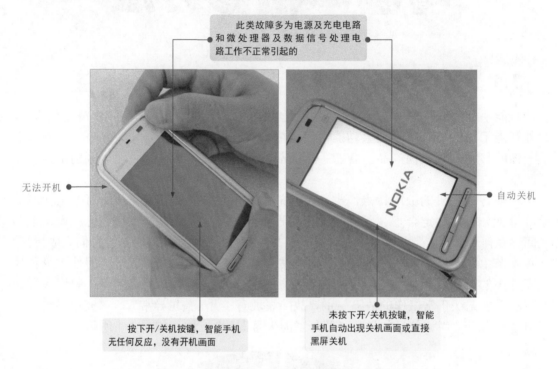

此类故障多为电源及充电电路和微处理器及数据信号处理电路工作不正常引起的

无法开机

自动关机

按下开/关机按键，智能手机无任何反应，没有开机画面

未按下开/关机按键，智能手机自动出现关机画面或直接黑屏关机

图3-2　智能手机开/关机异常的常见故障表现

智能手机不开机，显示屏没有出现开机画面，说明其电源电路无法启动，多为电源及充电电路和微处理器及数据信号处理电路工作不正常。

另外，智能手机的自动关机的情况有多种形式，如用力按手机各部位自动关机、振动关机、开机后只要按键即关机、来电/去电关机、放入SIM卡后开机搜到网络自动关机、显示屏灭关机、开机一段时间后无原因自动关机等。

2 开/关机异常的检修分析

智能手机出现开/关机异常的故障主要为不开机或自动关机。智能手机不开机时，电源及充电电路、微处理器及数据信号处理电路出现故障是最为常见的两个原因，需认真检查。

图3-3为不开机故障的基本检修分析。

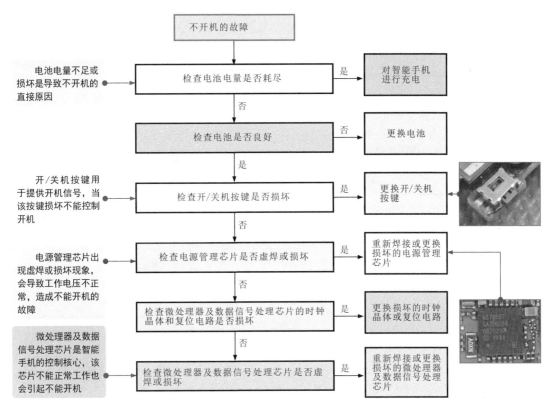

图 3-3　不开机故障的基本检修分析

智能手机或平板电脑出现自动关机的故障时，首先应排除电池供电不良的因素，然后，根据具体的关机情况查找出现故障的原因。

图 3-4 为自动关机故障的基本检修分析。

3.1.2　充电异常的故障表现和检修分析

1　充电异常的故障表现

充电异常的故障主要表现为开机、操作软件、接收电话或数据信息均正常，但插上充电器进行充电时，无充电响应；或插上充电器进行充电时，能够正常充电，但充电时电池发热严重。

图 3-5 为智能手机充电异常的故障表现。

智能手机开机、操作软件、接收电话或数据信息均正常，表明电源电路、射频电路、语音电路、操作及屏显电路和微处理器及数据处理电路基本正常；而充电时无充电响应，则多为电池老化和充电电路不良引起的。

若能够正常充电，说明充电电路正常；而在充电时电池发热严重通常是由于电池老化、充电电流过大、轻微短路等引起的。

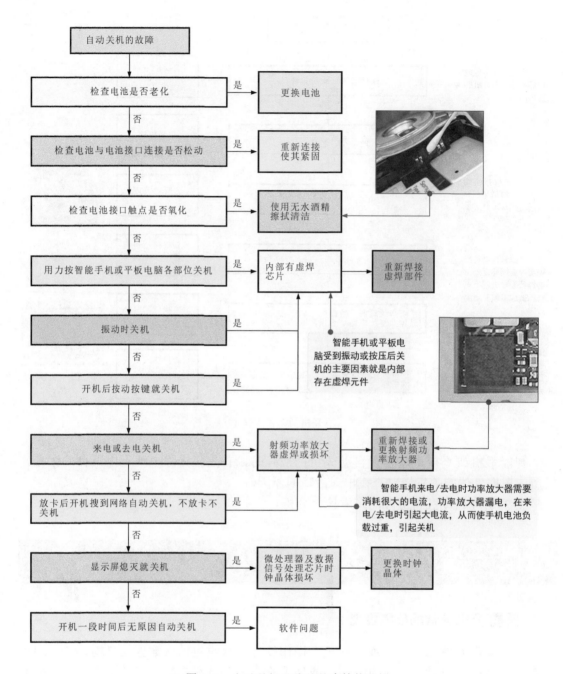

图 3-4　自动关机故障的基本检修分析

2　充电异常的检修分析

　　智能手机充电异常主要包括不充电、充电过热等。当智能手机出现不充电的故障时，应首先排除充电器与电源接口或 USB 接口连接不良的因素，然后重点对充电器、电池、电源接口、电流检测电阻、充电控制芯片等进行检查，排除故障。

　　图 3-6 为智能手机不充电故障的基本检修分析。

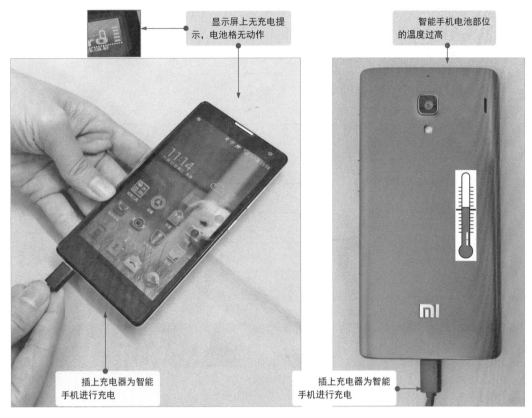

图 3-5 智能手机充电异常的故障表现

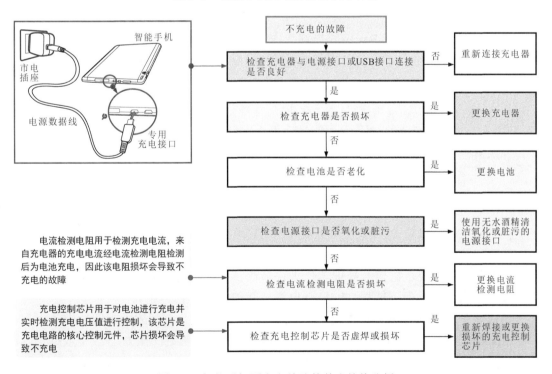

图 3-6 智能手机不充电故障的基本检修分析

智能手机或平板电脑出现充电过热的故障时，以电池老化、充电器损坏、电源接口腐蚀引起的故障最为常见，检修时应重点检查。

图3-7为充电过热故障的基本检修分析。

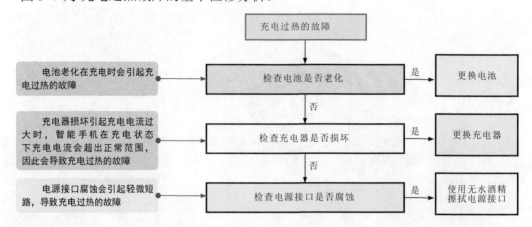

图3-7 充电过热故障的检修分析

3.1.3 信号异常的故障表现和检修分析

1 信号异常的故障表现

信号异常的故障主要表现为基站信号强度正常，但智能手机显示屏上显示"无信号"或"无网络"字样，且无信号塔标志，不能够接收手机基站信号；或信号格显示正常，但拨出电话时，显示"网络无应答"或"呼叫失败"等字样；而对方打入电话时，语音提示"您所拨打的电话已关机"或"您所拨打的电话暂时无法接通"等。图3-8为智能手机无信号的故障表现。

在基站信号强度正常的情况下，智能手机或平板电脑无信号通常是由射频接收电路和微处理器及数据信号处理电路元件不良所引起的。

若有信号说明SIM卡接口电路正常，而智能手机不能拨打或接听电话则说明射频电路中相关元件不良。

2 信号异常的故障检修分析

智能手机信号异常主要包括有信号但不能拨打或接听电话、无信号等情况。其中，当智能手机出现有信号但不能拨打或接听电话的故障时，应首先排除射频电路故障，然后再对微处理器及数据信号处理芯片进行检修。

图3-9为有信号但不能拨打或接听电话故障的基本检修分析。

当智能手机出现无信号的故障时，应首先排除SIM卡卡座故障，然后重点对射频电路中的相关元件进行检测排除，若均正常再将故障点锁定在微处理器及数据信号处理芯片上。

图3-10为智能手机无信号故障的检修分析。

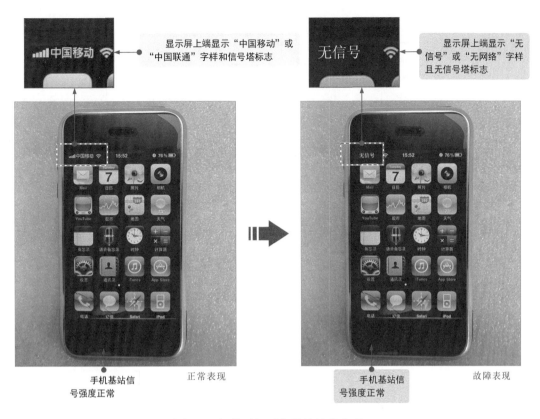

显示屏上端显示"中国移动"或"中国联通"字样和信号塔标志

显示屏上端显示"无信号"或"无网络"字样且无信号塔标志

手机基站信号强度正常   正常表现

手机基站信号强度正常   故障表现

图 3-8 智能手机无信号的故障表现

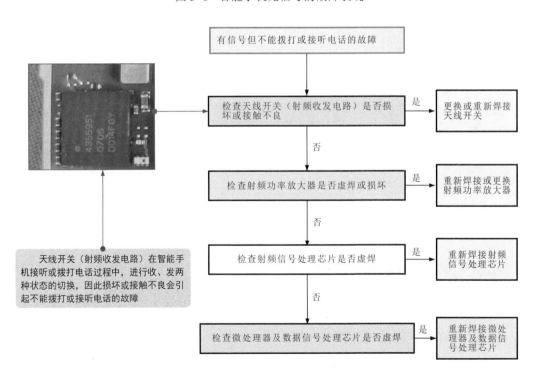

有信号但不能拨打或接听电话的故障

检查天线开关（射频收发电路）是否损坏或接触不良　→是→　更换或重新焊接天线开关

否

检查射频功率放大器是否虚焊或损坏　→是→　重新焊接或更换射频功率放大器

否

检查射频信号处理芯片是否虚焊　→是→　重新焊接射频信号处理芯片

否

检查微处理器及数据信号处理芯片是否虚焊　→是→　重新焊接微处理器及数据信号处理芯片

天线开关（射频收发电路）在智能手机接听或拨打电话过程中，进行收、发两种状态的切换，因此损坏或接触不良会引起不能拨打或接听电话的故障

图 3-9 有信号但不能拨打或接听电话故障的基本检修分析

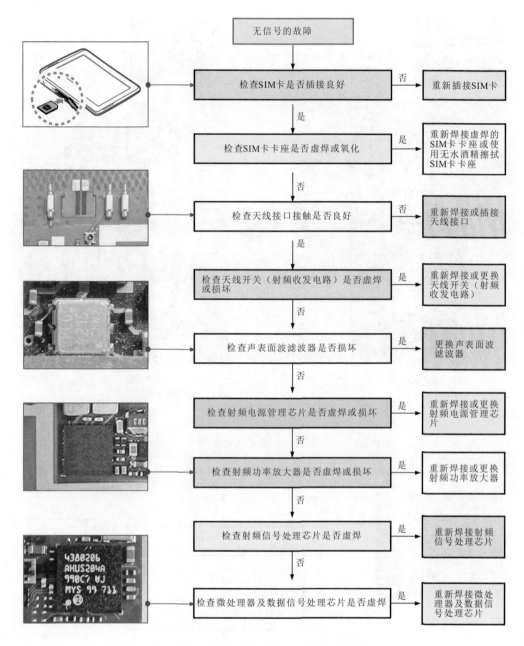

图 3-10　智能手机无信号故障的检修分析

3.1.4　通信异常的故障表现和检修分析

1　通信异常的故障表现

通信异常的故障主要表现为在设置为非静音模式的状态下，听筒（扬声器或耳机）无音，不能听到对方的声音，但送话正常，对方可听到发射出去的声音；或通话时不送话，对方听不到声音，但受话正常，能听到对方送来的声音。

图 3-11 为智能手机通信异常的故障表现。

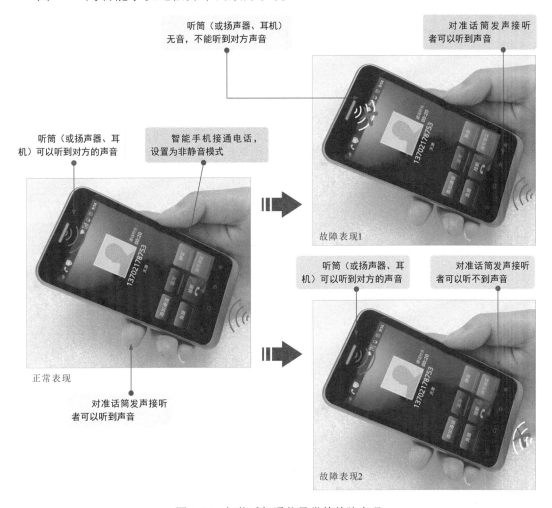

图 3-11　智能手机通信异常的故障表现

　　　　智能手机软件设置正常，送话正常，说明语音电路中的发射电路部分正常；而受话无音，则多为语音电路中的接收部分引起的，出现该类故障时，应根据三种情况进行测试，即听筒接听、扬声器接听和耳机接听，将故障范围缩小，从而找出引起故障的具体部位。

　　　　智能手机软件设置正常，受话正常，说明语音电路的接收部分正常；而送话无音，则多为语音电路中的发射部分引起的，出现该类故障时，应根据两种情况进行测试，即主话筒送话和耳机送话，将故障范围缩小，从而找到引起故障的具体部位。

❷ 通信异常的故障检修分析

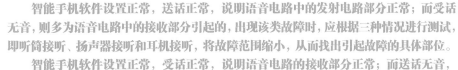

智能手机出现受话无音、送话正常的故障时，应根据听筒接听、扬声器接听和耳机接听三种情况进行测试，将故障范围缩小，然后再对损坏部分中的元器件进行检测，排除故障。

图 3-12 为受话无音、送话正常故障的检修分析。

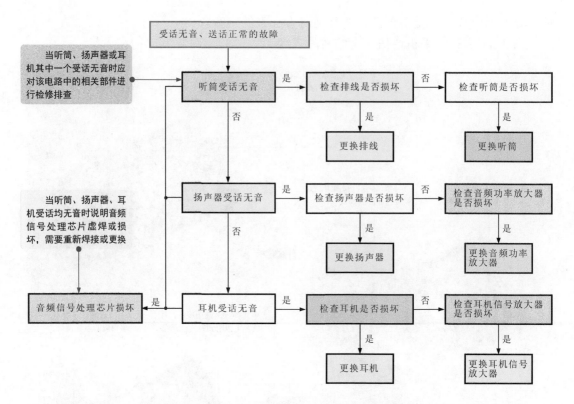

图 3-12　受话无音、送话正常故障的检修分析

智能手机出现送话无音、受话正常的故障时，应根据主话筒送话、耳机送话两种种情况进行测试，将故障范围缩小，然后再对损坏部分中的元件进行检测，排除故障。图 3-13 为送话无音、受话正常故障的检修分析。

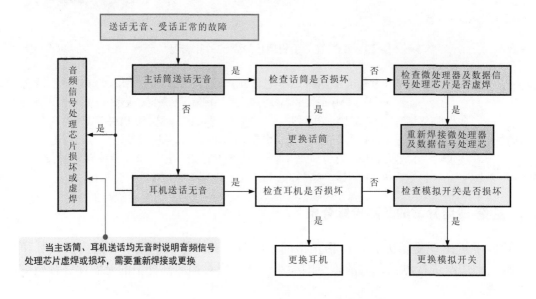

图 3-13　送话无音、受话正常故障的检修分析

3.1.5　部分功能失常的故障表现和检修分析

1　部分功能失常的故障表现

部分功能失常的故障是指智能手机能够进行基本的操作和使用，只是在某一方面功能失效或异常，如屏幕无显示、触摸不准、检测不到卡等。

屏幕无显示的故障表现为智能手机屏幕黑屏，不能显示任何信息或显示信息不全。图 3-14 为典型智能手机屏幕黑屏故障表现。

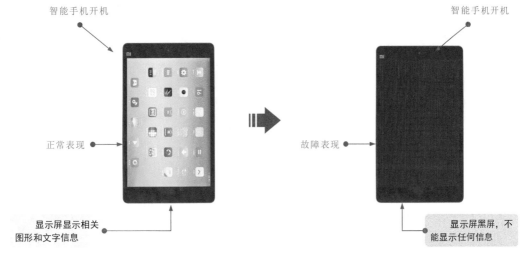

智能手机开机

智能手机开机

正常表现

故障表现

显示屏显示相关
图形和文字信息

显示屏黑屏，不
能显示任何信息

图 3-14　典型智能手机屏幕黑屏的故障表现

智能手机开机后，出现显示屏无显示故障，多为排线、显示屏本身、屏显电路等损坏引起的。

触摸不准的故障主要表现为通过触摸显示屏上的相关图标不能准确地进入相关功能界面，而触摸图标的某侧却能进入指定界面。

图 3-15 为典型智能手机触摸不准的故障表现。

智能手机或平板电脑出现触摸不准的故障，多是由于触摸屏组件引起的，如触摸屏损坏、屏显电路有故障元器件等。

检测不到卡的故障主要表现为智能手机开机后，提示"请插入 SIM 卡""没有 SIM 卡"或"SIM 卡错误"等字样，重新插入 SIM 卡后，手机仍无法检测到 SIM 卡。

图 3-16 为典型智能手机检测不到卡的故障表现。

智能手机开机正常，说明智能手机控制及供电部分的电路基本正常，而不能识别 SIM 卡，则故障多为 SIM 卡接口电路中存在故障元件，如 SIM 卡本身、SIM 卡卡座以及其他部件等。

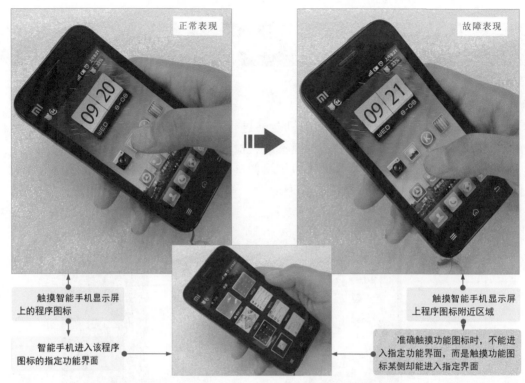

图 3-15　典型智能手机触摸不准的故障表现

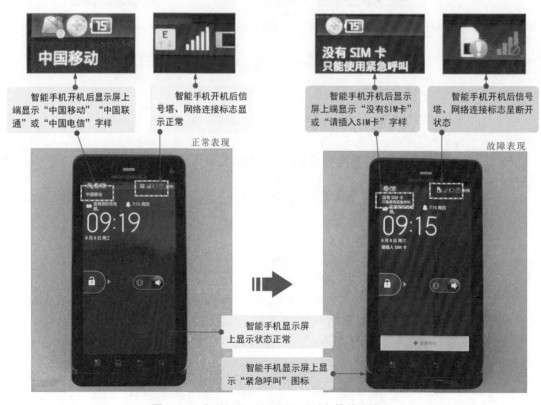

图 3-16　典型智能手机检测不到卡的故障表现

2 部分功能失常的故障检修流程

智能手机出现屏幕无显示的故障时，应首先排除显示屏与主电路板的连接或排线松动等因素，然后再对显示屏的供电、显示屏本身、屏显电路以及微处理器及数据信号处理芯片进行检查。

图 3-17 为智能手机屏幕无显示故障的检修分析。

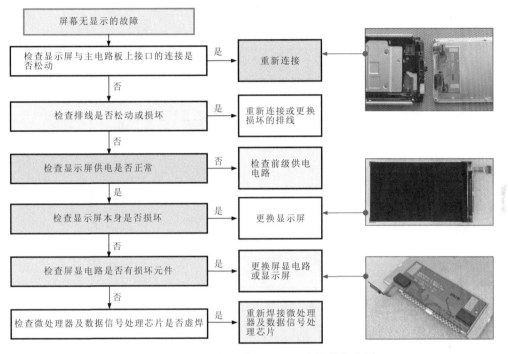

图 3-17　智能手机屏幕无显示故障的检修分析

智能手机出现触摸不准的故障时，应先排除触摸屏与主电路板连接不良的因素，然后重点对触摸屏和屏显电路进行检查。

图 3-18 为智能手机触摸不准故障的检修分析。

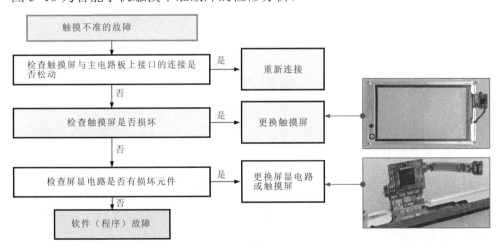

图 3-18　智能手机触摸不准故障的检修分析

　　智能手机或平板电脑出现检测不到卡的故障时，应重点对其 SIM 卡本身、SIM 卡卡座、SIM 卡接口电路等进行检查，若均正常，再将故障锁定在微处理器及数据信号处理芯片上。

　　图 3-19 为智能手机检测不到卡故障的检修分析。

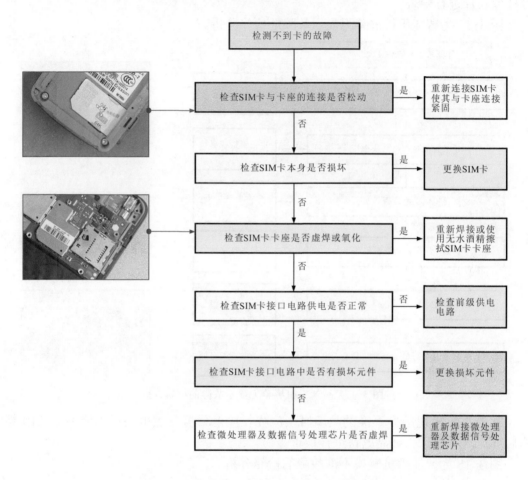

图 3-19　智能手机检测不到卡故障的检修分析

3.2　智能手机的基本检修方法

　　智能手机的故障表现是多种多样的。在维修智能手机时，首先可以借助相应的维修软件对智能手机进行系统设置、病毒防治、数据信息安全处理、数据恢复、系统升级、刷机、软件修复等处理，即可解决软件引起的故障。

　　如果怀疑是硬件系统的故障。除了依据丰富的经验进行判别外，还可以通过一些常规的检测方法找出故障。其中，基本的检测方法主要有观察检测法、电阻检测法、电压检测法、电容量检测法、信号波形检测法、信号频谱检测法、直流稳压电源监测法、清洗维修法、补焊维修法、替换维修法和飞线维修法等。

3.2.1 观察检测法

观察检测法是判别智能手机、平板电脑故障最简单、直观的方法。维修人员可直接观察智能手机外壳、主要部位、工作状态，以发现一些比较明显的故障，如显示屏有裂痕、机身损坏、接口或触片被氧化等现象。

如图 3-20 所示，智能手机出现故障后，不可盲目进行拆卸或代换检修操作，应首先使用观察法检查整体外观及主要部位是否正常。

图 3-20 采用观察检测法观察智能手机的外观及主要部位是否正常

观察工作状态在智能手机检修过程中十分关键。由于智能手机所执行的大部分功能，都能够从显示屏上显示、从声音上体现、从操作中感知，因此观察工作状态可以从显示、声音、控制三个方面入手。

图 3-21 为采用观察检测法观察典型智能手机的工作状态。

通过观察可以确定智能手机不入网,应为接收电路有故障

观察显示屏显示信息判断故障

通过观察可以分析和推断出智能手机的电池或充电电路部分故障

显示屏显示"无信号接收条指示"

无信号

接入充电器后显示屏无充电显示

已插入耳机,但显示屏仍显示"请插入耳机",通过观察分析为耳机接口或FM收音电路有故障

请插入有线耳机
确定

已插入SIM卡,仍显示"没有SIM卡"

通过观察可以推断出智能手机SIM卡卡座、接口电路或SIM卡本身可能存在故障

显示屏显示"软件出错",通过观察可以确定智能手机软件出现故障

软件出错,即将关闭!
确定

来电时无振铃,则可以初步判断为智能手机的振铃电路出现故障

接听电话时,从听筒听不到来电方声音,则可以初步判断为手机的听筒、听筒电路、音频处理电路等故障

操作按键或触屏判断故障

听声音判断故障

拨打电话时,对方听到不声音,则可以初步判断为手机的话筒、话筒电路、音频信号处理电路等故障

用手按动某一按键无反应,则可以确定相应的按键出故障

触屏操作不灵敏,则可能为触屏电路异常

拨打电话通信正常,显示屏无任何显示,则可能为显示屏故障或显示驱动电路异常

图 3-21　采用观察检测法观察典型智能手机的工作状态

3.2.2　电阻检测法

　　电阻检测法简单易操作,是维修智能手机时最常采用的一种方法。电阻检测法主要是指在断电的状态下使用万用表电阻挡测量故障机各元件或部件的阻值、线路的通断,然后将实测值与标准值进行比较,从而确定所测元器件或功能部件的性能有无异常或损坏。

　　如图3-22所示,以检测听筒为例。利用万用表的电阻挡测量智能手机中听筒的好坏,若实际测量结果与标准值相同或相近(一般应有十几欧姆的固定阻值),则说明听筒正常;否则可能是听筒引线断路或短路,需要更换排除故障。

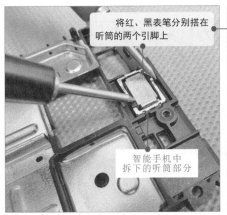
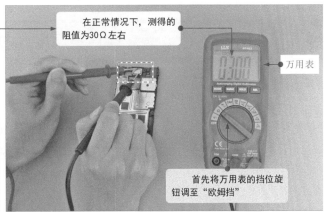

将红、黑表笔分别搭在听筒的两个引脚上

在正常情况下，测得的阻值为30Ω左右

万用表

智能手机中拆下的听筒部分

首先将万用表的挡位旋钮调至"欧姆挡"

图 3-22 电阻检测法检测听筒

3.2.3 电压检测法

电压检测法是智能手机维修中使用较多的一个测试方法，该方法是指在通电的状态下，使用万用表测量智能手机中关键点的电压，然后将实测值与标准值比较，锁定故障范围，然后再对该范围的元器件进行检测，最终确定故障点。

如图 3-23 所示，以检测电源输出电压为例。利用万用表直流电压挡测量电源电路中输出的电压或元器件供电电压，若电压正常，则说明该电源电路无故障；若测量不正常或无电压，则说明供电异常，需维修电源电路部分。

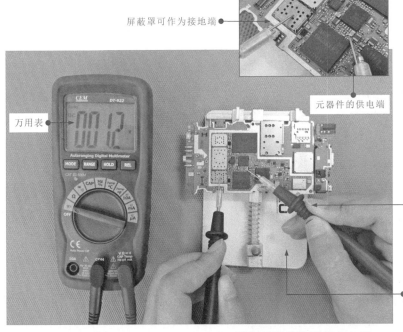

屏蔽罩可作为接地端

元器件的供电端

万用表

将万用表的挡位旋钮调至直流电压挡，黑表笔搭在待测点接地端或负端，红表笔搭接在待测检测点处，识读万用表表盘显示的结果，并根据检测结果判断所测电压是否正常

注意：检测电路板中的电压测试点时，需要向智能手机供电（可采用直流稳压电源或改装的手机电池为手机电路板供电）

图 3-23 电压检测法检测电源输出电压

3.2.4 电容量检测法

电容量检测法是指利用万用表的电容量测量挡检测智能手机中滤波电容的电容量，从而判断滤波电容的好坏。该方法在智能手机电源电路的检测中比较常用。

如图 3-24 所示，用万用表的电容量测量挡检测电源电路中的滤波电容，若实测电容量与该机型图纸资料上的标识相差很大，则说明该电容器存在漏电故障，应进行更换排除故障。

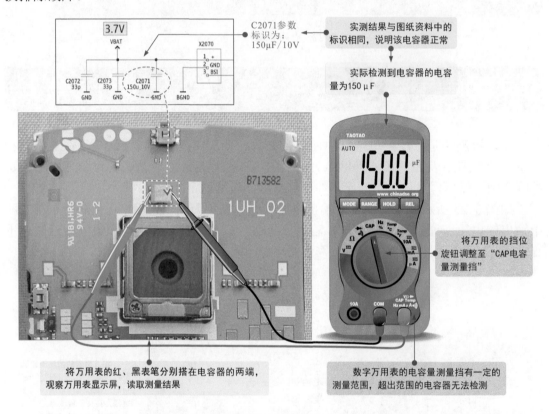

图 3-24　电容量检测法检测电源电路中的滤波电容

3.2.5 信号波形检测法

信号波形检测法主要是通过示波器直接观察有关电路的信号波形，并与正常波形相比较，来分析和判断空调器电路部分出现故障的部位。

如图 3-25 所示，借助示波器检测典型智能手机控制电路部分的时钟信号，通过观察示波器显示屏上显示出的信号波形，识别波形是否正常，从而判断控制电路的时钟信号是否满足需求，锁定故障部位。

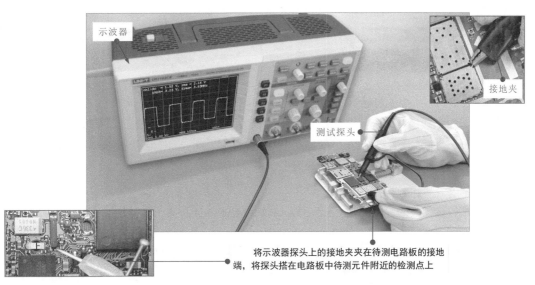

图 3-25　借助示波器进行的信号波形检测法

使用示波器检测智能手机、平板电脑电路部分十分关键，可通过对电路中关键部分信号波形的检测，直观地判断测试部位是否正常。

智能手机中关键信号的信号波形如图 3-26 所示，通过观察示波器显示波形便能够直截了当地判断出相关的电路是否正常。

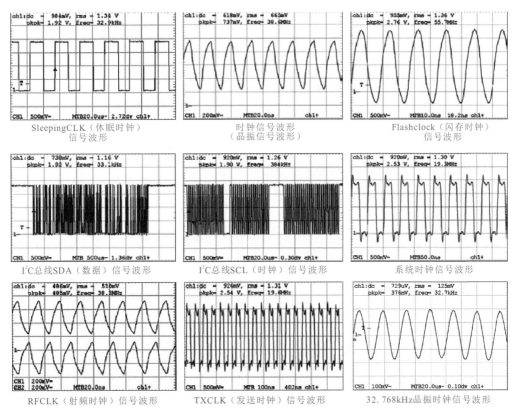

图 3-26　智能手机中关键信号的信号波形

3.2.6 信号频谱检测法

借助频谱分析仪检测信号频谱是检修智能手机时最科学最准确的一种检测方法，将检测出的信号频谱，并与正常频谱相比较，从而判断电路出现故障的部位。

如图 3-27 所示，用频谱分析仪检测智能手机射频电路部分的接收射频信号（RX），通过观察频谱分析仪显示屏上显示出的信号频谱，可以很方便地识别出频谱是否正常，从而判断射频电路是否正常。

频谱分析仪

将频谱分析仪的测试探头搭接在电路板的待测点上，通过对频谱分析仪相关旋钮的调节，频谱分析仪上即可显示清晰的信号频谱

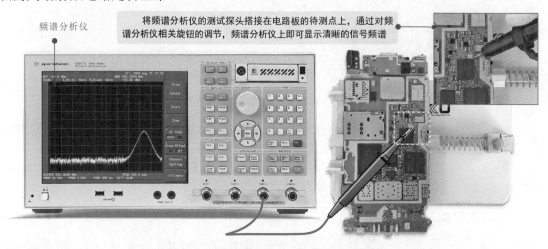

图 3-27　信号频谱检测法检测射频信号

如图 3-28 所示，智能手机中中频以上的信号，包括中频本振、射频本振等信号（如射频电路发射的 900MHz/1800MHz 信号），这些信号的频率非常高，信号电平又较小，用万用表、示波器均无法测量，均需使用频谱分析仪检测。

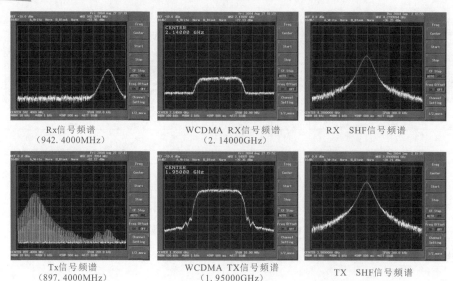

Rx信号频谱　　　　WCDMA RX信号频谱　　　RX　SHF信号频谱
（942.4000MHz）　　　（2.14000GHz）

Tx信号频谱　　　　WCDMA TX信号频谱　　　TX　SHF信号频谱
（897.4000MHz）　　　（1.95000GHz）

图 3-28　智能手机中主要检测点的信号频谱

3.2.7 直流稳压电源监测法

直流稳压电源监测法是指通过直流稳压电源上的电流显示窗口监测智能手机整机供电电流变化规律的方法，通过实测变化规律与正常供电电流变化规律相比较，可有效判断出故障的大致范围。

如图 3-29 所示，直流稳压电源按照待测智能手机电池参数调整好输出电压值后，将其接到待测智能手机的供电端况。

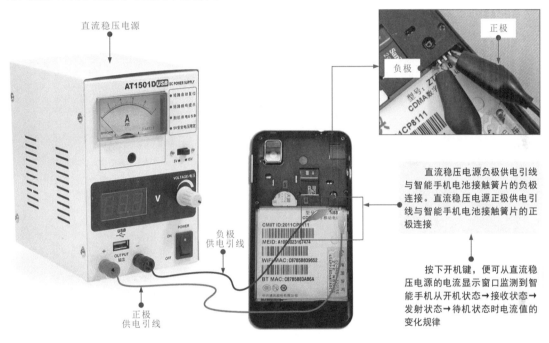

图 3-29　直流稳压电源监测法

如图 3-30 所示，将直流稳压电源与待测智能手机电池端连接后，利用直流稳压电源电流显示窗口检测智能手机整机供电电流的变化规律。

有经验的维修高手往往可通过观察智能手机不同工作状态下的电流变化规律来判断故障可能发生的范围，即若实际监测发现待测智能手机不符合上述变化规律，则说明手机出现故障。例如：

若接入直流稳压电源后，还未开机，电流指示窗口便有较大电流指示，多为智能手机存在漏电故障；

若按下手机开机按键后，电流表显示窗口无电流变化，则多为智能手机电源电路中存在故障；

若开机后能上升至 50mA 左右，但一直无法上升到 120mA 左右，则多为智能手机射频接收（RX）电路出现故障。

另外，大多智能手机的电流变化规律基本相同，只是在不同工作状态时的工作电流大小有所不同。维修人员在维修实践中，应注意掌握和归纳总结各种智能手机整机电源供电电流的变化规律及电流值，然后再根据实测故障机电流变化规律与正常变化规律相比较，根据差异可以很快判断出故障的大体部位，有效缩小故障范围。

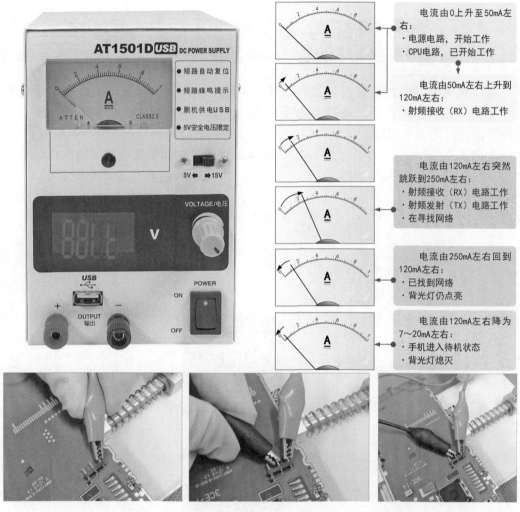

图 3-30 利用直流稳压电源电流显示窗口检测智能手机整机供电电流的变化规律

3.2.8 清洗维修法

清洗维修法是维修智能手机时较常采用且简单有效的维修方法，如图 3-31 所示。该方法主要是通过使用专用的清洁剂（如无水酒精或天那水）或清洁设备对智能手机进行清洁处理。智能手机、平板电脑内部的触片、接触簧片、电路板元件引脚很容易受到外界水汽、灰尘、腐蚀性气体的影响，出现焊点氧化或接触不良的情况。

3.2.9 补焊维修法

补焊维修法是指用尖头防静电电烙铁或热风焊枪对怀疑出现虚焊故障范围内的元器件、集成电路、功能部件的焊点进行补充焊接的方法。

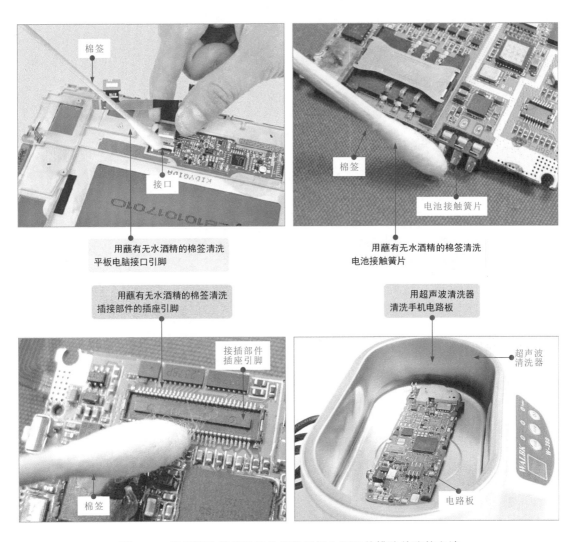

图 3-31 利用清洗维修法清洗智能手机主要部件排除故障的方法

如图 3-32 所示，智能手机因虚焊造成的故障率很高，例如，智能手机出现时而无法开机，时而开机正常等故障多由于虚焊引起，因此可采用对相关的、可疑的焊接点进行补焊的方法来排除故障。

3.2.10 替换维修法

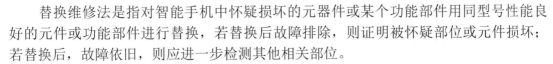

替换维修法是指对智能手机中怀疑损坏的元器件或某个功能部件用同型号性能良好的元件或功能部件进行替换，若替换后故障排除，则证明被怀疑部位或元件损坏；若替换后，故障依旧，则应进一步检测其他相关部位。

如图 3-33 所示，智能手机侧键按动失灵，怀疑可能是侧键损坏或控制部分失常，此时，可找到与故障机相匹配的替换配件进行替换。若替换后故障排除，说明原按键组件确实损坏；若替换后故障依旧，则需要对相关的控制部分进行检测。

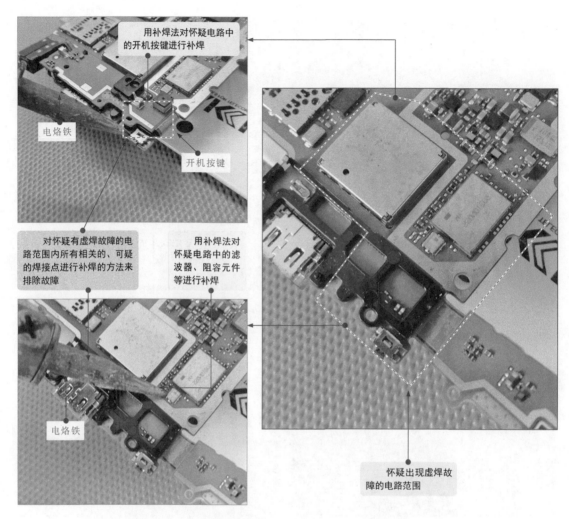

用补焊法对怀疑电路中的开机按键进行补焊

电烙铁

开机按键

对怀疑有虚焊故障的电路范围内所有相关的、可疑的焊接点进行补焊的方法来排除故障

用补焊法对怀疑电路中的滤波器、阻容元件等进行补焊

电烙铁

怀疑出现虚焊故障的电路范围

图 3-32 利用补焊法对智能手机开机电路中的元件进行补焊

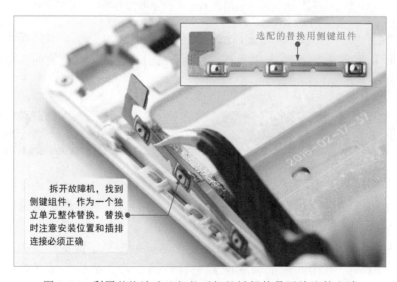

选配的替换用侧键组件

拆开故障机，找到侧键组件，作为一个独立单元整体替换。替换时注意安装位置和插排连接必须正确

图 3-33 利用替换法确认智能手机按键组件是否故障的方法

替换法维修智能手机比较适用于相对独立的或较易进行拆装操作的压接或插排连接的部件，如显示屏、电池、主 / 副摄像头、开 / 关机按键组件、听筒、话筒、扬声器、振动器、耳麦接口、数据传输及充电接口组件等。

3.2.11 飞线维修法

飞线维修法是指用特定的导线跨越智能手机、平板电脑电路中的某一元件或某一断线部分，以达到判断被跨接元件是否故障或修复断线目的的方法。

如图 3-34 所示，典型智能手机屏幕显示无接收信号，怀疑接收电路中的滤波器损坏，此时，可用一根漆包线将该滤波器的两端短接，若短接后接收电路恢复正常，则说明被短接的滤波电容损坏，需更换。

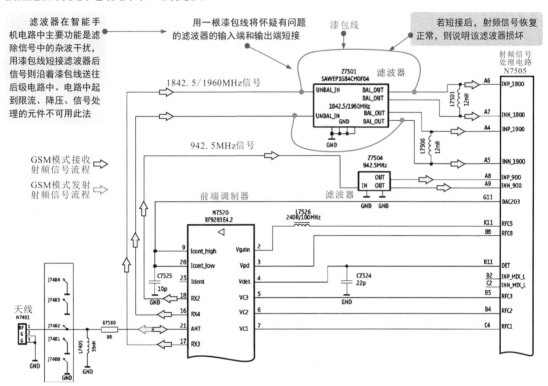

图 3-34　利用飞线维修法判断智能手机接收电路中滤波器好坏的操作方法

在智能手机维修中，飞线维修法所用的导线可为直径为 0.1mm 的高强度细漆包线，可用于跨越 0Ω 电阻、滤波器、某一单元、铜箔断线等；也可用 100pF 的电容代替导线跨越滤波器（SAW）等。例如：

◇ 智能手机电路板铜箔腐蚀严重出现断路或智能手机使用中受到强烈震动导致电路板部分断路时，可采用飞线维修法将导线跨接在发生断路的两个元件之间，使断路的铜箔接通。

◇ 当怀疑智能手机电路中的普通滤波器故障时，也可用导线或 100pF 的电容短接滤波器的输入端和输出端，使信号不经滤波器，直接经导线或经电容耦合至后级电路中，用以判断滤波器的好坏。

◇ 当用万用表、示波器或频谱分析仪测量智能手机中一些不容易测量到的信号时，如测量开机瞬间或开机短时间内的一些信号，由于既要操作开机，又要短时间内将测量仪表的探头或表笔测量测试点，不容易捕捉到信息，此时可采用飞线维修法，先用飞线用的导线一端焊接在智能手机电路板测试点上，另一端直接绑在测量仪表的探头或表笔上，然后操作开机，很容易测量信号，并得到测量结果。

3.2.12 软件维修法

　　智能手机功能的实现都是在各种软件程序的控制下完成的，如开机程序、接收和发射程序、数据处理程序以及各种应用软件程序等，这些程序中任何一个数据丢失或指令出错，都会引起智能手机部分或整机功能失常。

　　软件修复法就是针对智能手机中的软件故障而实施的一种检修方法。它是指借助计算机或编程器对智能手机中的软件数据进行修复的方法。

　　如图 3-35 所示，将智能手机的外部数据线接口与计算机 USB 接口建立连接，将计算机中的修复数据或软件通过数据线传送到智能手机中，实现借助计算机对智能手机的软件修复。

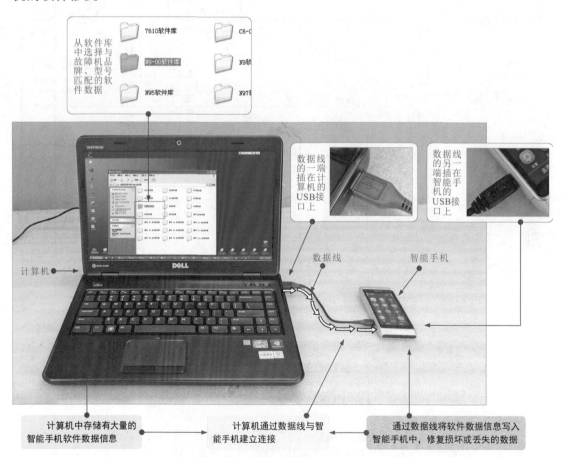

图 3-35　借助计算机对智能手机进行软件修复的操作方法

第 **4** 章

智能手机的操作系统 与工具软件

4.1 智能手机的操作系统

智能手机的操作系统是指管理和控制智能手机硬件与软件资源的手机程序，是直接运行在智能手机中最基本的系统软件，任何其他软件都必须在操作系统的支持下才能运行。

智能手机通过操作系统实现对手机硬件和软件资源的管理。可以说，智能手机的操作系统为用户提供了一个交互操作平台，用于管理手机的硬件资源、控制手机中软件程序的运行。

当用户通过操作系统的用户界面输入命令时，操作系统对命令进行运算、控制、解释后，驱动智能手机中的软件程序及相关硬件设备，从而实现相应的功能，满足用户需求。

不同品牌的智能手机所应用的操作系统也不相同，通过对市场上流行品牌智能手机进行归纳，Android（安卓）、iOS（iPhone 手机系统）、Windows Phone、MIUI（米柚）、Symbian（塞班）等是目前智能手机常用的几种操作系统。

下面，我们就具体了解一下不同操作系统的使用特点，这对掌握智能手机软件维护技能很有帮助。

4.1.1 Android（安卓）操作系统

Android（安卓）操作系统是基于 Linux 系统开发的一款智能手机操作系统，图 4-1 为 Android 操作系统的操作界面。

Android 操作系统的界面非常友好，十分易于操控。在待机时，手机界面为锁屏界面，此时手机处于锁死状态，各按键图标都不能点击，主要防止手机的误操作。只有当用户需要使用手机时，按锁屏界面的提示进行解锁操作，之后手机即可进入 Android 操作系统的个性化操作界面。

图 4-1　Android 操作系统的操作界面

Android 操作系统在使用上非常注重个性化，用户在个性化操作界面可以根据个人需要对个性化操作界面中的程序图标进行编辑设置。用户可以将个人使用频率较高的程序软件放置到个性化操作界面中，也可将一些不常用的程序图标从个性化操作界面中删除。

若用户点击位于个性化操作界面下方位置的"⊞"图标，便可进入应用程序选单界面。在应用程序选单界面中，整齐摆放着当前智能手机中安装的所有应用程序图标，用户可以通过滑屏方式浏览，选择需要运行的程序操作。

可以看出，Android 操作系统的操作非常简便，由于是基于 Linux 系统开发，Android 操作系统具有完全开放性，用户可以自动安装或卸载各种免费的程序软件，并可以在手机中执行多任务运行。此外，Android 操作系统还具有内存管理优秀、联网简单快捷等特点。

目前，采用 Android 操作系统的手机品牌主要有：联想、HTC、华为、小米、OPPO、vivo、酷派、中兴、摩托罗拉（MOTOROLA）、索尼爱立信（Sony Ericsson）、三星（Samsung）、LG 等。其中，很多手机品牌也基于 Android 操作系统，开发了更适合本品牌特色的操作系统，比如，华为的 EMUI 系统，小米的 MIUI 系统、OPPO 的 Color OS 系统，vivo 的 Funtouch OS 系统等。

　　Android 操作系统是由 Google 公司于 2007 年发布，操作系统从正式发布到现在已经经历多个版本，有意思的是，Google 采用不同的甜点名称为 Android 操作系统各个时期的版本进行命名。例如，Android 1.5 命名为纸杯蛋糕，Android 1.6 命名为甜甜圈，Android 2.0/2.1 命名为松饼，Android 2.2 命名为冻酸奶，Android 2.3 命名为姜饼，Android 3.0 命名为蜂巢，Android 4.0 命名为冰激凌三明治，Android4.1、4.2 命名为果冻豆，Android 4.4 命名为奇巧，Android5.0 命名为棒棒糖，Android6.0 命名为棉花糖，Android 7.0 命名为牛轧糖等。

4.1.2　iOS 操作系统（苹果）

　　iOS 操作系统（又称 MAC OS）是由苹果公司专为 iPhone 手机开发的操作系统，图 4-2 所示为 iOS 操作系统的操作界面。

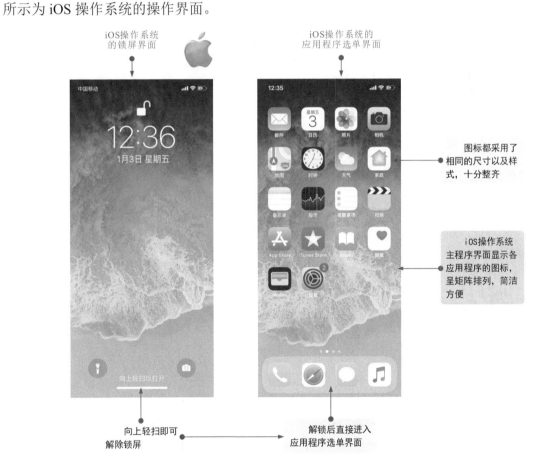

图 4-2　iOS 操作系统的操作界面

　　iOS 操作系统的界面非常简洁，操作非常简单。当待机时，手机界面为锁屏界面，如需使用，根据提示完成解锁操作即可进入应用程序选单界面。用户可根据需要浏览、选择需要执行的应用程序。

　　与 Android 操作系统相比，iOS 操作系统的操作自由性大大受限，它只允许安装下载苹果公司许可的应用程序，任何第三方开发的软件都会受到限制。手机中数据资源的拷贝、传输也必须通过苹果公司 iTunes 软件完成。

虽然在开放性上 iOS 操作系统相对封闭，但这款具有 Unix 系统风格的操作系统运行效率很高，而且，也正是由于对手机中所安装程序或存储数据的限制，iOS 操作系统具有极高的安全性和稳定性。

4.1.3 Windows Phone 操作系统

Windows Phone 操作系统是由美国微软 Microsoft 公司研发的一款智能手机操作系统，图 4-3 为 Windows Phone 操作系统的操作界面。

图 4-3　Windows Phone 操作系统的操作界面

与 iOS 操作系统类似，Windows Phone 操作系统也属于封闭性操作系统，该操作系统的功能十分强大，并由微软指定了硬件平台，系统设计突出，主界面流畅方便。

可以说，Windows Phone 操作系统结合了 Android 操作系统和 iOS 操作系统的特点。在使用操作方面借鉴了 Android 操作系统个性化明显的特征，用户可以在个性化操作界面中进行应用程序的个性化设置，并可通过"▦"应用程序图标进入应用程序选单界面；在数据保护方面，Windows Phone 操作系统借鉴了 iOS 操作系统的特点，系统的更新、应用程序的下载、数据的管理都是由"Zune"桌面端管理软件实现（类似 iOS 操作系统用户常用的桌面端管理软件 iTunes）。

Windows Phone 操作系统（WP）目前已有 Windows Phone 7.0、Windows Phone 7.1、Windows Phone 7.5、Windows Phone 7.8、Windows Phone8、Windows Phone8.1 等几个版本（截止到 Windows Phone8.1 已停止更新）。其中，Windows Phone8（WP8）版本中，由于系统内核发生变化，所有 Windows Phone 7.5 操作系统手机无法升级到 Windows Phone 8。但可以升级到 Windows Phone 7.8 操作系统，且该系统的操作体验近似于 Windows Phone 8 操作系统。

采用 Windows Phone 操作系统作的智能手机品牌主要有：芬兰诺基亚（Nokia）、中国 HTC、韩国三星（Samsung）、韩国 LG、英国索尼爱立信（Sony Ericsson）等。

在 Windows Phone 操作系统之前，微软公司主推 Windows Mobile 系列操作系统，该操作系统与计算机的 Windows 操作界面非常相似，在硬件配置（如内存、处理器、储存卡容量等）上要高出采用其他操作系统的智能手机许多，因此性能相对稳定，具有强大的多媒体性能，操作速度比较快，且以商务机为主，但由于采用该操作系统的智能手机普遍存在因配置高、功能多而导致的硬件成本高、耗电量大、电池续航时间短等缺点，在 Windows Phone 操作系统出现后，Windows Mobile 系列操作系统正式退出手机系统市场。

4.1.4 EMUI 操作系统（华为）

EMUI（Emotion UI 的简称）操作系统是由华为公司在 Android 操作系统基础上开发的情感化操作系统。

EMUI 操作系统具有快速便捷的合一桌面，减少二级菜单，使用起来很方便，除此之外还具有智能化情景模式、智能指导、语音助手和个性化主题设置等多项独特功能和设置。

图 4-4 为 EMUI 操作系统智能手机（荣耀 8）的用户操作界面。

EMUI 操作系统是华为基于 Android4.1 及以上版本进行开发的，以"简单易用、功能强大、情感喜爱"为核心设计理念，以易发现、易享受、易分享为目标的智能终端人机交互系统，目前仅为华为（华为机型、荣耀机型）手机提供。

EMUI 操作系统从最初的 1.0 版本，到 1.5、1.6、2.0、2.3、3.0、3.1、4.0、4.1、5.0，一直到目前最高的 EMUI 8.0 版本。

4.1.5 MIUI（米柚）操作系统（小米）

MIUI（米柚）操作系统是由小米公司在 Android 操作系统基础上，进行深度优化、定制、开发的第三方手机操作系统。

MIUI 操作系统对 Android 的原生系统进行了近百项的深度优化，具有更符合中国

华为智能手机外观

EMUI操作系统的应用程序选单界面

华为应用市场图标

华为智能手机上的标志信息（手机品牌识别标志）

华为智能手机解锁后进入用户界面

图4-4　EMUI操作系统智能手机（荣耀8）的用户操作界面

用户习惯、操作简单、功能强大、用户界面灵活变化、桌面动画华丽绚烂等特点，不论是基本的电话、短信功能，还是程序的安装、卸载、数据的传输功能，各种细节都更加人性化。

　　MIUI操作系统的用户操作界面更加简洁，将快捷方式和程序图标的两层模式整合为桌面一层模式，解锁后便可直接进入到应用程序选单界面（与iOS有些相似），如图4-5所示。

　　解锁之后即进入到主程序界面，所有的程序退出都只需按一下中间的主页面按键键，十分方便。

　　MIUI操作系统目前已升级到MIUI 9。采用MIUI操作系统作的智能手机品牌主要为小米系列手机、Google系列（Galaxy Nexus / Nexus S / Nexus One / Nexus 7），另外还可支持机型有：

　　三星（机型I9100、I9000、I897、T959、Galaxy Note I9220、Galaxy Note II 等）；

　　HTC（机型HD2、G14、G18、One X、One S、EVO 3D、G11、G12、Desire HD 等）；

　　SONY（机型LT26i、LT26w、LT28i）；

　　MOTO（机型XT912、XT910、LT28i、ME865、MB855、Defy/Defy+ 等）；

　　华为（机型C8812、C8812E、U8800 Pro、U8800、U8818、U9508、Honor 等）；

　　中兴（机型U970、U880、V889M、V970、N880E 等）；

　　其他（联想乐phone、联想K860、夏新大V、索爱LT18i、LG P990、天语W619 等）。

提示说明

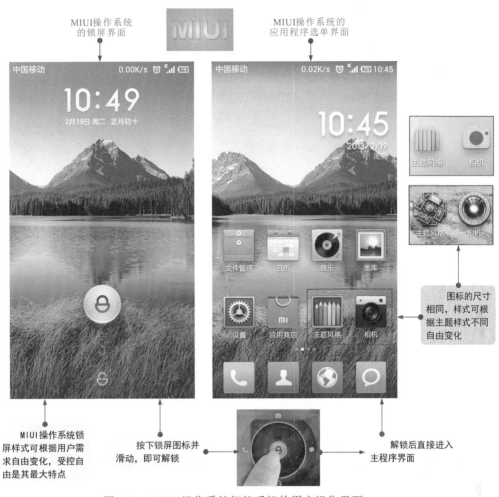

图 4-5　MIUI 操作系统智能手机的用户操作界面

4.1.6　Color OS 操作系统（OPPO）

Color OS 是由 OPPO 公司（广东欧珀移动通信有限公司）推出的基于安卓（Android）深度定制的系统，该智能手机系统具有直观、轻快、简约的特点。

图 4-6 为 Color OS 操作系统的智能手机及操作界面特点。

Color OS 操作系统由 OPPO 公司于 2013 年 4 月 26 日发布首个公测版本，在 2013 年 9 月 23 日，ColorOS1.0 智绘新生，全球首发；2014 年 3 月 21 日，ColorOS 2.0 正式公测，优雅绽放；2015 年 5 月 20 日，ColorOS 2.1 轻快发声；2016 年 3 月 17 日，ColorOS 3.0 系统随着 OPPO R9 一起正式发布；10 月 19 日，ColorOS 3.0 系统再次升级。2017 年 6 月 9 日 ColorOS 3.1 系统正式发布。

图 4-6　Color OS 操作系统的智能手机及操作界面特点

4.1.7　Funtouch OS 操作系统（vivo）

Funtouch OS 是 vivo 基于 Android（安卓）系统开发的智能手机操作系统。
图 4-7 为 Funtouch OS 操作系统的智能手机及操作界面特点。

Funtouch OS 操作系统于 2013 年 10 月 15 日发布公测版 Funtouch OS 1.0，12 月 18 日正式发布，而后在 2014 年 12 月 10 日第一款搭载 Funtouch OS 2.0 正式版的机型 X5Max 发布；2015 年 05 月 13 日基于 Android 5.0 的 Funtouch OS 2.1 在 X5Pro 发布会上正式推出；2015 年 10 月 09 日：Funtouch OS 2.5 X5Pro D 限量公测开放；2016 年 01 月 05 日：Funtouch OS 2.5 X5Pro D/L 正式版发布；2016 年 11 月 16 日新机发布的同时迎来了 Funtouch OS 3.0。

图 4-7　Funtouch OS 操作系统的智能手机及操作界面特点

4.1.8　Symbian（塞班）操作系统

　　Symbian（塞班）操作系统是一个纯 32 位的多任务操作系统，近些年一直是芬兰诺基亚智能手机独有的操作系统。

　　图 4-8 为典型 Symbian 操作系统智能手机的用户界面。

　　Symbian 操作系统具有系统成熟、功耗低、内存占用少、节能、基本功能易操作等优势，但同时也存在硬件配置偏低、处理器主频低，反应速度偏慢、多媒体方面表现逊色、用户界面比较陈旧等缺点。

　　　　Symbian 智能操作系统主要有 Symbian Sieres60（S60）；Symbian S80；Symbian S90、Symbian UIQ、Symbian ^3（Anna）、Nokia Anna（Symbian Anna 俗称诺亚安娜或塞班安娜）、Nokia Belle（Symbian Belle 俗称诺基亚贝拉或塞班贝拉）、Nokia Belle Feature Pack1（俗称诺基亚贝拉 FP1）、Nokia Belle Refresh（俗称诺基亚贝拉 Re）、Nokia Belle Feature Pack2（俗称诺基亚贝拉 FP2）等。其中，Symbian S60 又分为四个版本：Symbian S60 第一版（俗称 S60v1，2001 年发布）、Symbian S60 第二版（俗称 S60v2，2003 年发布）、Symbian S60 第三版（俗称 S60v3，2006 年发布）、Symbian S60 第五版（俗称 S60v5，2008 年发布）。

图 4-8　典型 Symbian 操作系统智能手机的用户界面

Symbian 操作系统是塞班公司为手机而设计的操作系统。起初，Symbian 是由摩托罗拉、西门子、诺基亚等几家大型移动通信设备商共同出资组建的一个合资公司（1998 年建立），专门研发手机操作系统。

2008 年 12 月 2 日，塞班公司被诺基亚收购。

2011 年 12 月 21 日，诺基亚官方宣布放弃塞班（Symbian）品牌。

2012 年 5 月 27 日，诺基亚宣布，彻底放弃继续开发塞班系统，取消塞班 Carla 的开发。

2013 年 1 月 24 日，诺基亚宣布，今后将不再发布塞班系统的手机。

Symbian 操作系统曾相当长的一段时间内占据国际智能手机市场的大量份额，但由于技术成本的制约，已经逐渐被 Android、iOS 操作系统所替代。

目前，市场上智能手机的操作系统除了上述几种较常见的操作系统外，还有 Linux OS（代表机：美国 motorola）、BlackBerry OS（代表机：美国黑莓）、Palm OS（代表机：索尼）、MeeGo OS（Nokia 与 Intel 联合开发）、Bada OS（韩国 Samsung 研发）、OMS OS（中国移动在 Android 系统上定制开发的系统）、Tapas OS（点心操作系统，基于 Android 操作平台针对中国用户使用习惯打造的互联网智能手机操作系统）等，不同的操作系统具有不同的特点，也具备各自的优势和不足。

表 4-1 列出了目前不同智能手机操作系统所适用的智能手机品牌。

表 4-1　　不同智能手机操作系统所适用的智能手机品牌

操作系统	适用智能手机品牌
（Android OS）	lenovo联想　htc smart mobility　HUAWEI　MOTOROLA　Coolpad酷派　ZTE中兴　Sony Ericsson　LG Life's Good　SAMSUNG 三星 Anycall
（iOS）	（iPhone手机）
Windows Phone （Windows Phone OS）	NOKIA Connecting People　htc smart mobility　SAMSUNG 三星 Anycall　LG Life's Good　Sony Ericsson
Mobile （Windows Mobile）	htc smart mobility　SAMSUNG 三星 Anycall　LG Life's Good　Coolpad酷派
EMUI （EMUI）	HUAWEI　荣耀 honor
MIUI （MIUI）	mi
（Color OS）	OPPO
（Funtouch OS）	vivo
（Flyme）	MEIZU
symbian OS （symbian）	NOKIA Connecting People
（Linux OS）	MOTOROLA
BlackBerry （BlackBerry OS）	RIM BlackBerry
bada （Bada OS）	SAMSUNG 三星 Anycall
Phone （OMS OS）	SAMSUNG 三星 Anycall　LG Life's Good　MOTOROLA　Sony Ericsson

4.2　智能手机的常用工具软件

　　智能手机中的常用工具软件可以有效地对智能手机硬件和软件资源进行管理和优化，例如，智能手机管理软件、智能手机安全 / 杀毒软件、电池充电维护软件、智能手机刷机软件等都是目前十分流行的智能手机工具软件。

　　了解并掌握智能手机常用工具软件的使用特点，对智能手机的保养、维护很有帮助。

4.2.1 智能手机管理软件

智能手机管理软件是指能够对手机系统、应用程序、缓存等进行智能化管理的应用软件，如对手机进行缓存清理、系统优化、一键加速、上网管理、软件管理、骚扰拦截等。目前，较常用的管理软件种类繁多，如腾讯手机管家、安卓手机管家、安卓缓存清理、一键清理等。

不同的管理软件具有不同的应用和功能特点，下面我们以"腾讯手机管家"为例进行简单了解。

"腾讯手机管家"软件包括上网管理（流量监控）、骚扰拦截、手机加速、病毒查杀等基本功能，如图4-9所示。

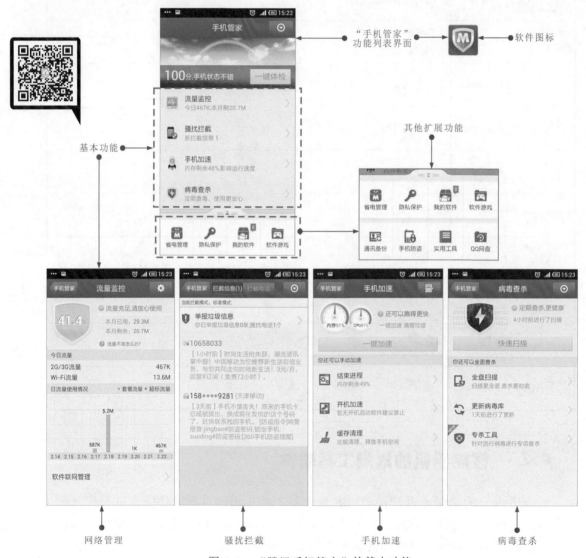

图 4-9 "腾讯手机管家"的基本功能

上网管理功能：实时统计流量，超量或达到用户所设限度发出提醒，让用户对上网流量数据及时了解，并具有联网防火墙功能，屏蔽联网程序，避免流量损失。

骚扰拦截功能：设有云端智能拦截系统，帮助用户拦截垃圾信息，屏蔽骚扰电话，避免不必要的骚扰。

手机加速功能：对手机系统进行优化处理，可实现一键释放系统内存，清理系统垃圾，对手机进行提速。

病毒查杀功能：大部分手机管理软件融合了病毒查杀功能，能够扫描查杀病毒木马，确保手机系统安全。

智能手机管理软件的功能比较强大，除了上述基本功能外，还有数据备份、系统优化、软件下载、手机防盗等实用功能，如图4-10所示，这些功能为用户提供更多方便。

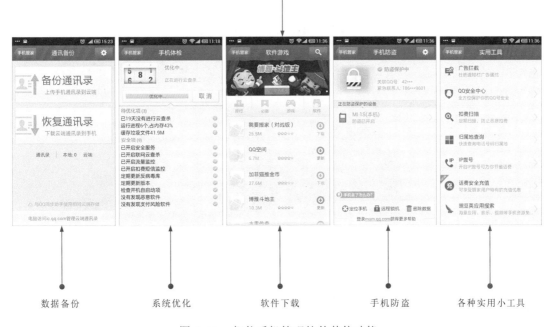

| 数据备份 | 系统优化 | 软件下载 | 手机防盗 | 各种实用小工具 |

图4-10 智能手机管理软件其他功能

智能手机管理软件还包含一类智能手机PC管理软件，即安装在电脑上的手机管理软件。如豌豆荚手机精灵、91手机助手、360手机助手、手机PC助手、安豆苗以及iphone手机专用的iTunes软件等。

智能手机PC管理软件不仅能够管理手机中的通讯录、短信、应用程序、备份手机资料等，还是一种应用程序商店，可通过这类软件下载、安装、卸载各种应用程序，特别是在手机流量不够用的情况下，通过电脑中的手机PC管理软件下载所需的应用程序，然后直接安装进手机即可，大大节约上网流量、操作管理更加方便。

图4-11为安装在电脑中的"豌豆荚手机精灵"操作界面，从图中可以看到，该软件包含的各种功能。

图 4-11 安装在电脑中的"豌豆夹手机精灵"操作界面

4.2.2 智能手机安全 / 杀毒软件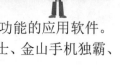

智能手机安全 / 杀毒软件是指可对手机进行安全防护和病毒查杀功能的应用软件。目前，常用的手机安全/杀毒软件种类多样，如安全管家、360 手机卫士、金山手机独霸、QQ 安全中心等。

不同的安全 / 杀毒软件具有不同的应用和功能特点，下面我们以"360 手机卫士"为例进行简单了解。

"360 手机卫士"是一款为手机用户提供安全服务的应用软件,具有拦截垃圾短信、屏蔽骚扰电话、病毒扫描、查杀恶意软件等基本防护功能,另外还集系统清理、手机加速、网络管理、手机清理等管理功能于一体,属于一款实用的应用软件。

图 4-12 为"360 手机卫士"的基本操作界面和功能项目。

图 4-12   "360 手机卫士"的基本操作界面和功能项目

病毒查杀:通过扫描手机中已安装的软件,检查是否存在病毒木马和恶意软件,进行查杀。

骚扰拦截:自动过滤和拦截骚扰电话和垃圾短信,避免受到打扰。

手机清理:可实现扫描手机当前状态,实现快速清理缓存、系统垃圾文件等。

数据备份:可将通讯录、短信内容、进行备份,便于数据的恢复、移动。

大多手机管理软件和手机安全／杀毒软件没有明显界限，大多手机管理软件带有安全防护和病毒查杀功能，如腾讯手机管家、安卓手机管家等；同样，很多手机安全／杀毒软件也具备一定的手机管理能力，如360手机卫士、安全管家等。用户可根据所用手机类型、使用习惯自主选择软件，最终目的是实现对手机的智能管理和安全维护。

4.2.3 电池充电维护软件

电池充电维护软件是指在智能手机充电过程中对电池的充电状态进行维护、控制和管理的应用软件。目前，较流行的电池充电维护软件主要有金山电池医生、电池管家、360省电王、电池维护专家等。

不同电池充电维护软件的具体操作方法、管理细节和操作界面所有不同，但基本的功能都是相同的，基本都包括充电维护和省电管理两大基本功能。

其中，充电维护功能是指对电池充电过程的维护管理。通过电池充电维护软件可以将电池的充电过程自动分为快速充电、连续充电和涓流充电三个阶段，使电池通过科学的充电流程保持最佳状态和达到最大电量；省电管理功能是指通过软件自动控制智能手机系统的硬件开关，来实现不同情景模式下的省电模式，来达到电池使用时间的最大化目的。

随着智能手机用电量的大大增加，电池电量的保养和电量管理显得尤为重要。在智能手机中安装电池充电维护软件不仅能够实现电池的科学充电，维护电池性能，还能够预测可用电量或可用剩余时间、充电剩余时间提示、充电提醒、充电完成提醒和电量管理模式等功能，通过这些信息不仅起到延长电池寿命的功能，还能够帮助用户更加准确地了解手机电量的状态，以便提前做好准备，避免手机突然没电而引起的麻烦。

下面我们以"电池管家"软件为例，简单了解一下这类电池充电维护软件的基本特点和功能。

"电池管家"软件包括省电管理、CPU深度省电和充电维护三大基本功能，如图4-13所示。

省电管理模式下用户可手动选择不同情景模式下的省电模式，通过软件控制智能手机系统的硬件或后台运行软件开关，来关闭系统中当前模式下不必要硬件状态，最大程度降低耗电量，延长手机电池使用时间。

CPU深度省电模式下，可动态调整手机CPU频率，降低手机功耗、延长电池寿命。

充电维护模式下，可在电池充电过程中提示剩余充电时间，展示充电过程（快速充电、连续充电和涓流充电三个阶段），并在电池充满后发出提醒音等，如图4-14所示。

另外，该款软件还能够在用户使用过程中，智能预估电池耗电情况、电量剩余可用时间等，最终实现最大限度地延长电池使用时间和寿命的目的。

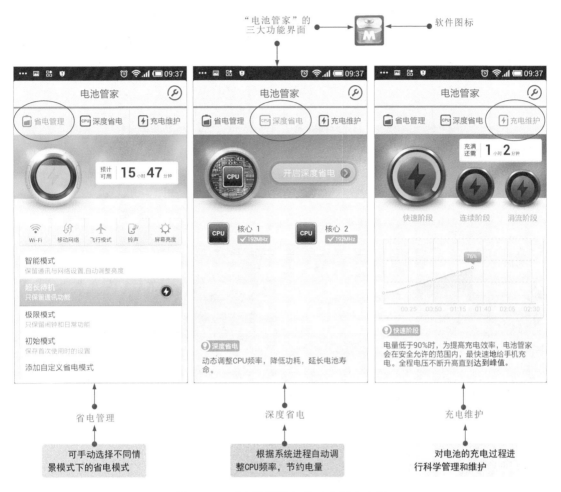

图 4-13 "电池管家"的三大基本功能

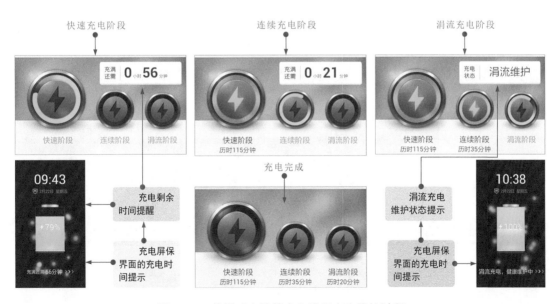

图 4-14 使用"电池管家"进行充电维护过程

使用电池充电维护软件管理电池的充电过程，可将电池充电全过程分为快速充电、连续充电和涓流充电三个阶段。其中涓流充电阶段是这三个阶段中重要的环节，也是区别于用户手动管理充电时间的最关键阶段。

当电池经过快速充电、连续充电两个阶段后，系统电量便可显示100%状态，但此时电池并未真正达到最大电量状态，此时进入涓流充电阶段，即通过微小的脉冲电流对电池剩余容量进行补充，这段时间可通过电池充电维护软件进行准确提示（手动管理充电时间无法准确预测该阶段的充电时间），直到三个阶段全部完成后，电池才能真正达到电量饱和的良好状态。

不同的电池充电维护软件的功能细节有所不同，有些还带有手机耗电量显示（哪些软件或硬件在使用消耗多少电量）、软件下载等功能，如图4-15所示。

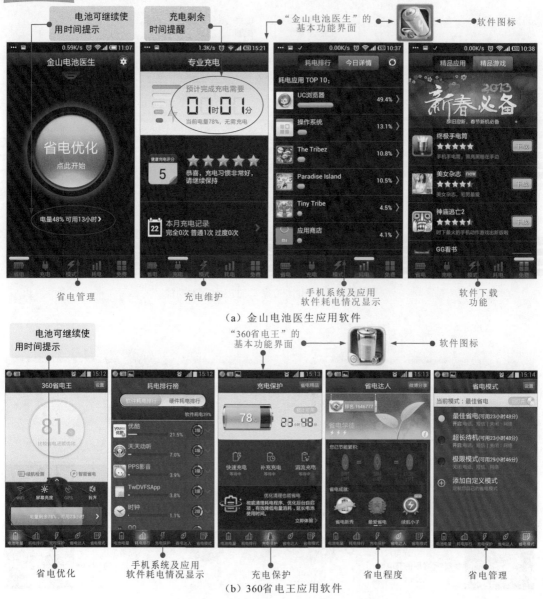

图4-15　不同类型电池充电维护软件的基本功能比较

4.2.4 智能手机刷机软件

　　智能手机刷机软件是辅助智能手机实现刷机操作的一类应用软件。不同操作系统或不同品牌或型号的手机可适用的刷机软件也不相同，如 Android 手机可用的刷机软件主要有刷机大师、绿豆刷机神器、360 刷机精灵、360 刷机专家等；Symbian 系统的诺基亚智能手机通常可用凤凰刷机软件、塞班助手等进行刷机；iOS 系统的 iPhone 手机则适用苹果刷机助手等进行刷机。

　　不同的刷机软件具体的操作方法也不相同，有些刷机软件需要安装在电脑中，通过数据线将电脑与手机连接进行刷机（称为线刷）；也有些刷机软件可直接安装在智能手机中，无需电脑和数据线，进行自动刷机。

　　下面我们以"绿豆刷机神器"为例进行简单了解。图 4-16 为"绿豆刷机神器"软件的操作界面，从图中可以看到该软件可自动一键刷机、一键备份 / 还原系统及个人信息、一键获取 ROOT 权限、一键安装必备软件等功能。

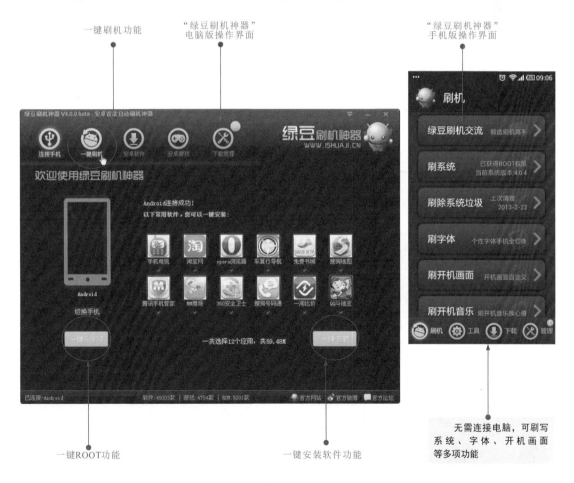

图 4-16　"绿豆刷机神器"软件的操作界面

第**5**章

智能手机的优化与日常维护

5.1 智能手机的常规操作

5.1.1 插入和取出 SIM 卡

SIM 卡简单地说就是用户身份的识别卡，在 SIM 卡中存储了数字移动通信客户的信息，用于通信客户身份的鉴别，并对客户通话的语音信息进行加密。目前，智能手机中常用的 SIM 卡主要有标准 SIM 卡和 Micro-SIM 卡（俗称小 SIM 卡）两种。如图 5-1 所示，标准 SIM 卡的尺寸为 25mm×15mm×0.76mm，Micro-SIM 卡的尺寸为 15mm×12mm×0.76mm。

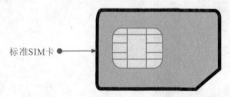
标准SIM卡

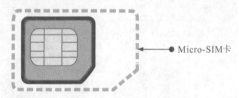
Micro-SIM卡

图 5-1　标准 SIM 卡和 Micro-SIM 卡

智能手机在使用前必须安装 SIM 卡。在安装 SIM 卡之前，一定要先关闭手机。然后再将相应规格的 SIM 卡插入到智能手机相应的 SIM 卡插槽中。

如图 5-2 所示，有些智能手机的 SIM 卡插槽采用直接插入式设计，直接按照正确的方向将 SIM 卡插入即可。

目前，很多智能手机都采用卡座插入式设计，这种插入方式主要针对 Micro-SIM 卡，即先将 Micro-SIM 卡放入 Micro-SIM 卡卡座中，然后再将 Micro-SIM 卡卡座推入到 Micro-SIM 卡插槽中，完成 Micro-SIM 卡安装。

由于早期的手机都使用标准 SIM 卡，而 Micro-SIM 卡是近几年才开始在很多智能手机上普遍采用。因此，如果所用智能手机是支持 Micro-SIM 卡的，则需要到相应的营业厅对 SIM 卡进行更换。切忌自行将标准 SIM 剪裁成 Micro-SIM 卡的尺寸，避免使用异常。

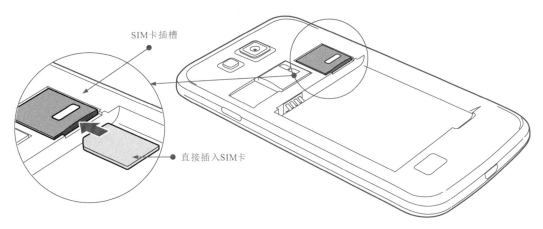

图 5-2 直接将 SIM 卡插入 SIM 卡插槽

弹出 Micro-SIM 卡卡座如图 5-3 所示。

图 5-3 弹出 Micro-SIM 卡卡座

使用顶针或回形针时，一定要注意安全，且不可盲目用力顶压，防止戳伤手指或损坏手机。

安装 Micro-SIM 卡的操作如图 5-4 所示。

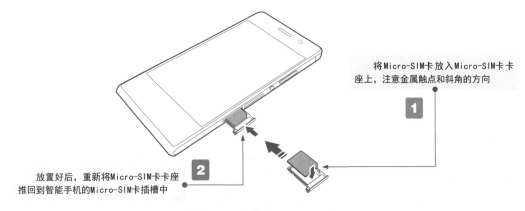

图 5-4 安装 Micro-SIM 卡

取出Micro-SIM卡的操作如图5-5所示。值得注意的是，如果要取出Micro-SIM卡，也需要在关闭手机之后进行操作。

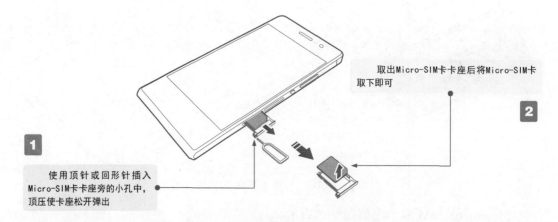

取出Micro-SIM卡卡座后将Micro-SIM卡取下即可

使用顶针或回形针插入Micro-SIM卡卡座旁的小孔中，顶压使卡座松开弹出

图 5-5　取出 Micro-SIM 卡的操作

5.1.2　插入和取出 Micro-SD 卡

Micro-SD 卡（存储卡）可以为智能手机提供更大的外部扩展存储空间。目前，几乎所有的智能手机都具备 Micro-SD 卡接口。如果智能手机的 Micro-SD 卡接口为直接插入式插槽设计，则只需将 Micro-SD 卡正确插入到 Micro-SD 卡插槽中即可。

直接插入 Micro-SD 卡的操作如图 5-6 所示。

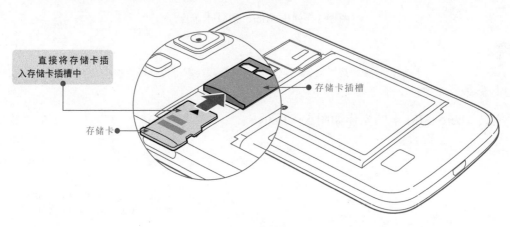

直接将存储卡插入存储卡插槽中

存储卡插槽

存储卡

图 5-6　直接插入 Micro-SD卡的操作

也有很多智能手机的采用卡座插入式设计，对于这种手机需要先将 Micro-SD 卡卡座取出，装好 Micro-SD 卡后再插入。取出 Micro-SD 卡卡座的方法如图 5-7 所示，将 Micro-SD 卡插入 Micro-SD 卡卡座的操作如图 5-8 所示。

如果要再次取出 Micro-SD 卡，首先需要先确保 Micro-SD 卡没有进行数据存取，然后再按照先前安装的方法，重新从 Micro-SD 卡插槽中取出 Micro-SD 卡。

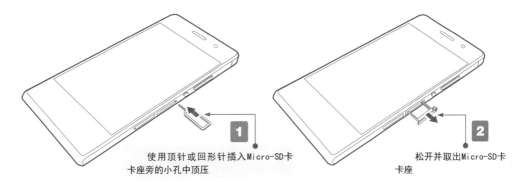

使用顶针或回形针插入 Micro-SD 卡
卡座旁的小孔中顶压

松开并取出 Micro-SD 卡
卡座

图 5-7　取出 Micro-SD 卡卡座

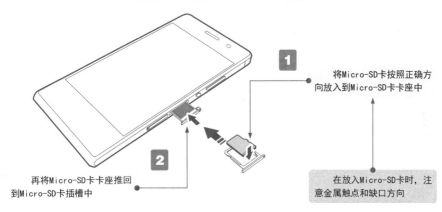

将Micro-SD卡按照正确方
向放入到Micro-SD卡卡座中

再将Micro-SD卡卡座推回
到Micro-SD卡插槽中

在放入Micro-SD卡时，注
意金属触点和缺口方向

图 5-8　插入 Micro-SD 卡卡座

很多智能手机对存储卡提供了程序管理支持，因此在取出 Micro-SD 卡时，在确认 Micro-SD 卡没有数据读取的操作进程后，还需要在"系统程序设置"的选项中选择"存储"选项，并点击"卸载 SD 卡"命令后方可取出存储卡。若未按规定操作执行，很可能导致 Micro-SD 卡中的数据损坏甚至影响 Micro-SD 卡的性能。

5.1.3　智能手机的常规操作

1　智能手机的充电操作

目前，很多智能手机都提供有两种充电方式，如图 5-9 所示。一种是使用随机附赠的 USB 数据线和电源适配器将智能手机连接到电源插座上完成充电过程。另一种是通过 USB 数据线将手机连接到计算机的 USB 接口上，然后在 USB 连接方式下完成充电任务。

2　智能手机的开关机操作

当手机充电完成，用户只要长按电源键，即可完成开机操作。智能手机的开机操作如图 5-10 所示。若需要关机，则同样长按电源键即可完成。智能手机的关机操作如图 5-11 所示。

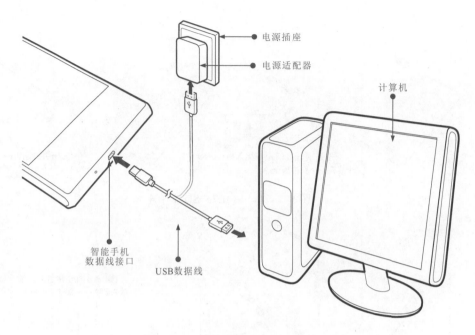

图 5-9 智能手机的充电方式

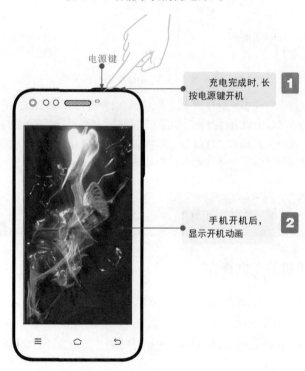

图 5-10 智能手机的开机操作

3 锁定与解锁屏幕

为了节电和防止误操作，智能手机都提供锁定屏幕和屏幕解锁的功能。

（1）锁定屏幕 锁定屏幕是防止手机因误碰而发生意外操作。设置手机休眠时间

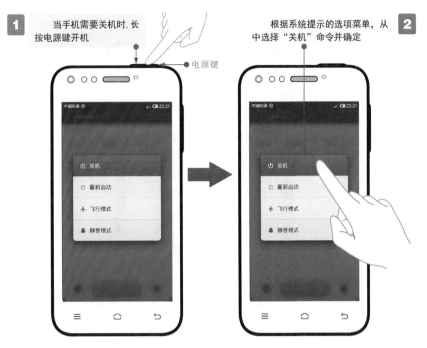

图 5-11　智能手机的关机操作

实现自动锁定屏幕的效果，如图 5-12 所示。

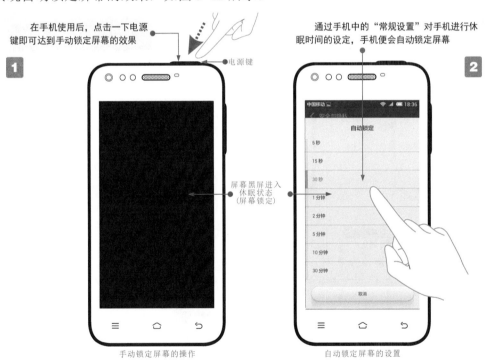

图 5-12　设置手机休眠时间实现自动锁定屏幕的效果

（2）屏幕解锁　当需要唤醒智能手机的屏幕时需要对手机进行解锁。屏幕解锁的操作如图 5-13 所示。

图 5-13　屏幕解锁

4　触屏操作

　　目前，很多智能手机都可以通过手指完成触屏操作。如图 5-14 所示，一般来说触屏操作可以归纳为点击、长按、滑动、拖动和缩放。每种触屏操作都对应不同的功能或用途。

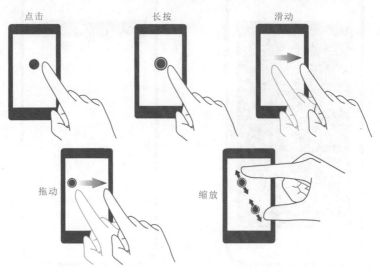

图 5-14　触屏操作

　　（1）点击　触碰屏幕中的目标一次，可以选择或打开应用程序。

　　（2）长按　触碰并持续按压超过 2s 以上，可以打开相应的选项菜单。

　　（3）滑动　在屏幕上用手指接触屏幕向上、向下、向左或向右滑动手指，即可实现屏幕的切换、主页滚动浏览以及打开、关闭通知面板等功能。

（4）拖动　用手指在屏幕上长按目标，然后将其拖动到屏幕上的其他位置，例如对屏幕图标进行挪动整理，个性化拜访，直观化完成删除、移动等操作命令。

（5）缩放　用拇指和食指在屏幕上开合即可实现放大或缩小的效果。特别是在查看照片或浏览页面时非常有效。

5 智能手机屏幕操作

智能手机的屏幕采用分屏显示效果。如图 5-15 所示，在主屏幕界面上，智能手机的系统桌面和常用主菜单选项分别在不同的区域划分下显示，用户可以自由、快捷地实现交互。

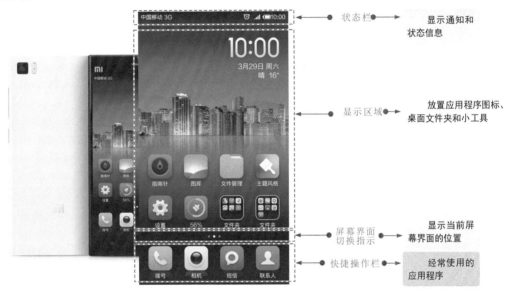

图 5-15　智能手机的主屏幕界面

智能手机除了默认显示的主屏幕界面外，如图 5-16 所示，用户还可以通过左右滑动的方式切换到其他的扩展屏幕界面。在扩展屏幕界面中可以放置更多的应用程序图标和窗口小工具。

图 5-16　智能手机的扩展屏幕界面

5.2 智能手机的常规设置

5.2.1 智能手机的基础设置

智能手机的基础设置往往通过手机的操作系统来完成。很多时候智能手机所表现的故障并非手机自身硬件损坏，而是由于设置不当引起的。因此，通过智能手机操作系统对手机进行基础设置是一项非常必要的基础技能。

1 查看手机信息

如图 5-17 所示，通过手机信息的查看功能可以非常直观、准确地了解智能手机的相关参数信息，如型号、处理器、运行内存、可用空间、分辨率、软件版本等。

> 在智能手机的"设置"中找到"关于手机"，从弹出的界面中查看手机的相关参数

华为智能手机中的相关参数	红米智能手机中的相关参数	苹果智能手机中的相关参数

图 5-17　手机信息的查看方法

2 设置飞行模式

如图 5-18 所示，打开智能手机，点击桌面上的"设置"图标后，在设置界面中找到"飞行模式"，即可对其进行设置。

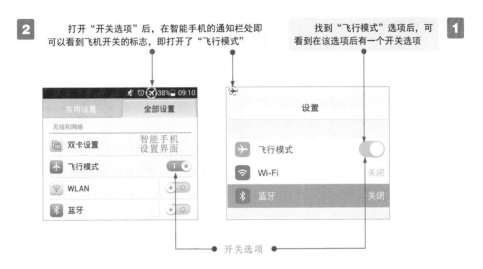

图 5-18　飞行模式的设置方法

飞行模式又称为航空模式，当智能手机设置为该模式时，则无法进行信号的发射和接收，也可以理解为将 SIM 卡功能进行关闭，不可以接打电话和收发短信息。除此之外，在该模式下，智能手机的其他功能操作不受影响。

3　设置 WLAN（WiFi）

图 5-19 为智能手机 WLAN（WiFi）的设置方法。该项设置是将智能手机以无线的方式与网络相互连接，实现无线上网的功能。

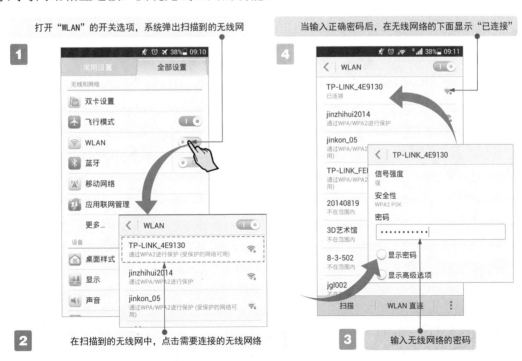

图 5-19　智能手机 WLAN（WiFi）的设置方法

4 设置蓝牙

图 5-20 为蓝牙的设置方法。蓝牙（Bluetooth）是一种短距离无线通信技术，一般距离在 10m 之内，能与设备之间进行无线信息交换。

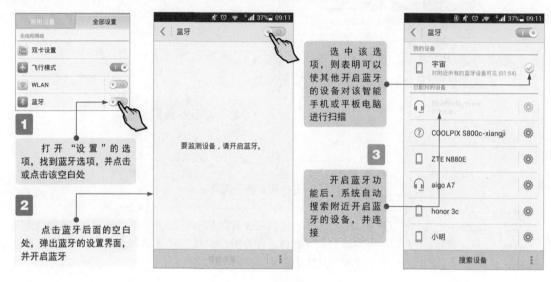

图 5-20 蓝牙的设置方法

5 设置显示属性

图 5-21 为显示属性的设置方法。智能手机屏幕亮度、色温、字体大小等都通过显示属性来完成设置。

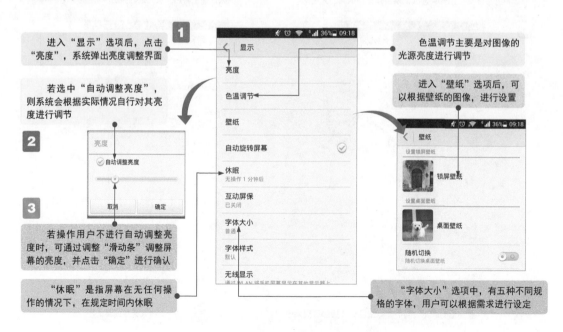

图 5-21 显示属性的设置方法

6 设置声音属性

图 5-22 为声音属性的设置方法。声音属性主要是用来对智能手机的手机铃声、操作声音、通知铃声以及媒体播放声音等进行设置。

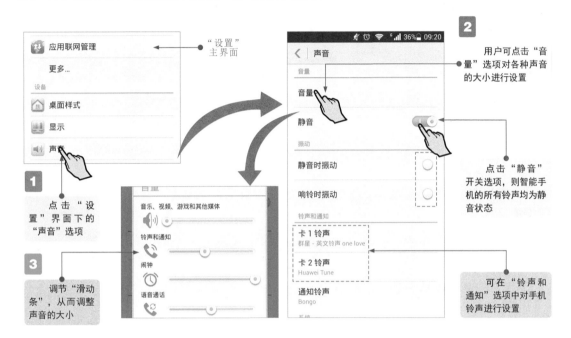

图 5-22　声音属性的设置方法

7 设置存储属性

图 5-23 为存储属性的设置方法。该项设置可以切换选择不同的存储位置。

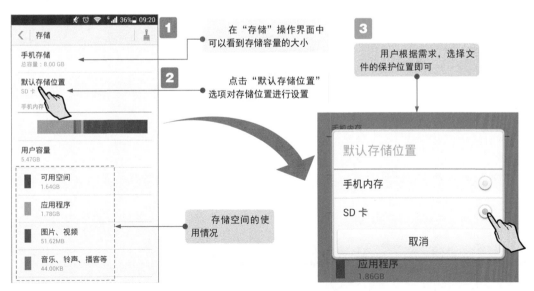

图 5-23　存储属性的设置方法

8 设置省电管理

图 5-24 为省电管理的设置方法。省电管理可以设置智能手机的省电模式。

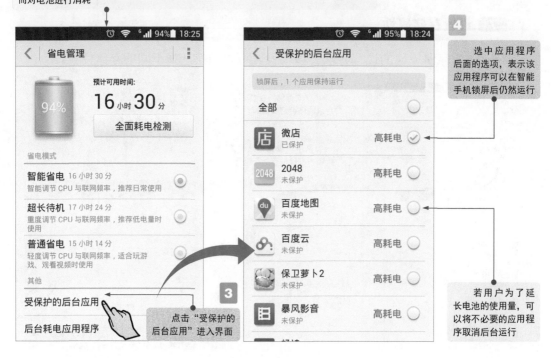

图 5-24　省电管理的设置方法

9 设置开机启动选项

图 5-25 为开机启动选项的设置方法。通过该项设置可调整开机启动的程序。通常，开机时启动的程序越少，开机启动的速度越快。反之，开机启动的程序越多，手机启动速度越慢。

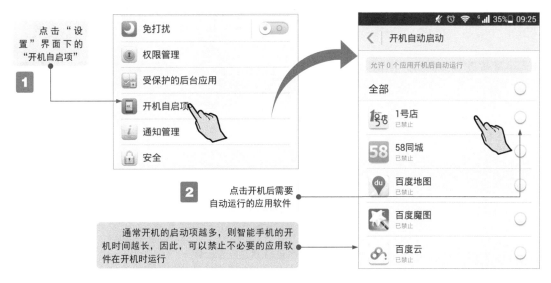

图 5-25 开机启动选项的设置方法

10 设置备份与重置

图 5-26 为备份与重置的设置方法。其中，备份选项可用于对系统数据的备份与还原，重置则是将手机数据全面清除并恢复出厂设置。

图 5-26 备份与重置的设置方法

11 设置手势控制

图 5-27 为手势控制的设置方法。手势控制是指智能手机中用来普通操作的动作，不同的手势动作，表示的指令不同。

点击桌面上的"设置"图标后，进入设置界面，在"设置应用程序"的设置项中找到"手势控制"，即可对其进行设置。通常，手势控制的设置主要有翻转、摇一摇、双击和滑动四个选项，分别点击相应的选项按钮即可进入设置界面，进行调整设置。

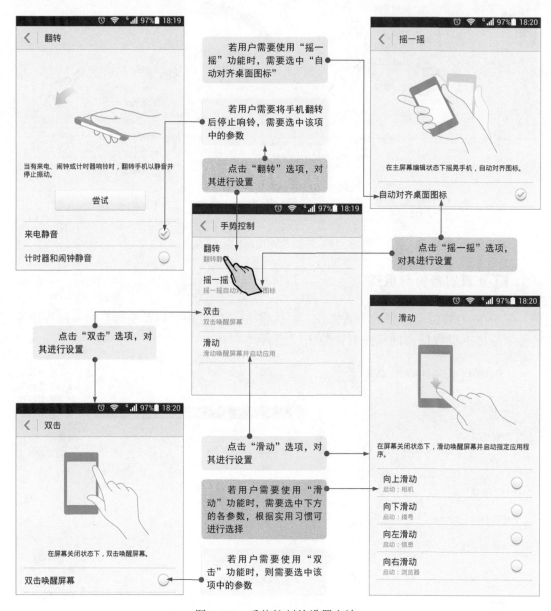

图 5-27　手势控制的设置方法

在智能手机维修时，若触控功能失常或不准确，可首先通过手势控制功能进行调整设置。

12 设置应用程序管理

图 5-28 为应用程序管理的设置方法。点击桌面上的"设置"图标后，进入设置界面，在"设置应用程序"的设置项中找到"应用程序管理"，即可对其进行设置。

图 5-28　应用程序管理的设置方法

13 设置手机软件升级

图 5-29 为手机软件升级的设置方法。软件升级包括系统软件升级和应用软件升级。通常来说，智能手机厂商会不定期对系统或应用程序进行更新，及时升级可使得操作系统更加稳定、应用软件功能更加强大。

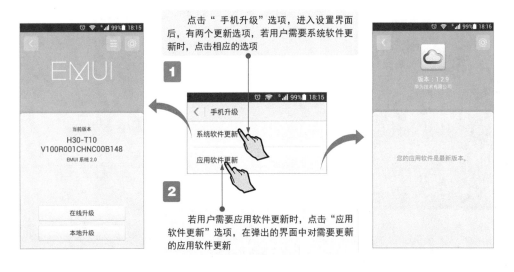

图 5-29　手机软件升级的设置方法

5.2.2 智能手机的优化设置

智能手机的优化设置往往需要通过一些专用的工具软件来实现对智能手机内存、电池、存储及硬件的优化设置。使得手机运行更加快捷、稳定、安全。例如，手机优化大师、360卫士都是目前常用的优化工具软件。

1 使用手机优化大师完成优化设置

图5-30为使用手机优化大师完成优化的操作方法。

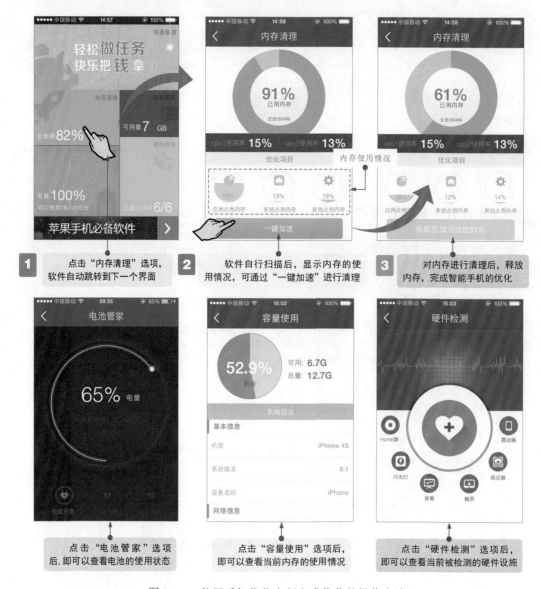

图5-30　使用手机优化大师完成优化的操作方法

2 使用 360 卫士完成优化设置

图 5-31 为使用 360 卫士完成自动优化的操作方法。

图 5-31　使用 360 卫士完成自动优化的操作方法

图 5-32 为使用 360 卫士完成清理加速设置的操作方法。

图 5-32　使用 360 卫士完成清理加速设置的操作方法

3 使用 360 卫士完成软件管理

如图 5-33 所示，软件管理功能主要是负责对安装的软件进行卸载、安装包的删除以及软件搬家，其中软件搬家是指将智能手机与存储卡之间进行转移。

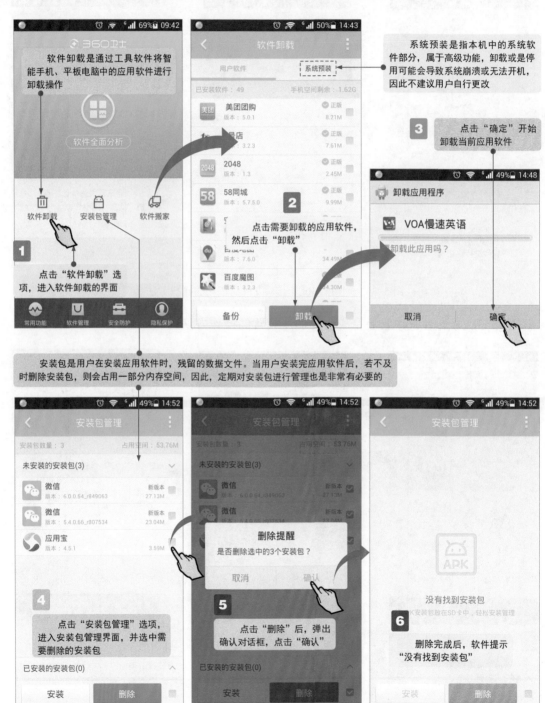

图 5-33　使用 360 卫士完成软件管理的操作方法

5.3 智能手机的病毒防护

智能手机感染病毒是造成智能手机系统故障最主要的因素之一。尤其是现在智能手机包含了很多个人的重要信息，一旦感染病毒，不仅会造成机器无法正常使用，更重要的是会造成个人信息的泄露和财产的损失。

1 拒绝陌生信息内容

如图 5-34 所示，对于手机病毒的防护首先要做到不随意下载来路不明的 APP 手机应用程序。不要轻易打开陌生的邮件或彩信，不随意添加陌生的 QQ 或微信。

图 5-34　拒绝陌生信息内容的具体措施

提示说明　目前，针对手机的 APP 游戏和应用软件非常多，而很多来路不明的 APP 中都包含第三方的插件、代码，甚至病毒木马，陌生的彩信、邮件及 QQ 等也会隐藏病毒及恶意代码。一旦下载或打开带有病毒的邮件、网络链接，就极易感染病毒。手机会出现流量耗尽或信息被盗的情况，一旦这些信息被不法人员使用则会造成重大损失。

2 加密重要信息内容

如图 5-35 所示，对智能手机的重要信息内容进行加密设置，以免信息被窃取。

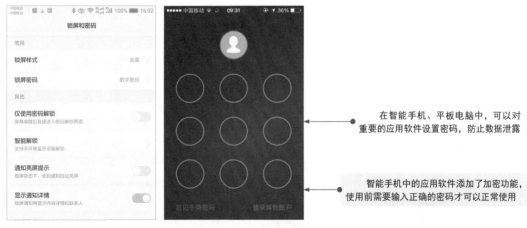

在智能手机、平板电脑中，可以对重要的应用软件设置密码，防止数据泄露

智能手机中的应用软件添加了加密功能，使用前需要输入正确的密码才可以正常使用

图 5-35　加密重要信息内容

3 安装使用杀毒软件

如图 5-36 所示，在智能手机上安装杀毒软件以确保对病毒的实时监控。并使用杀毒软件定期对系统进行杀毒。

腾讯手机管家　　　　　　　　　　金山手机毒霸　　　　　　　　　　360手机卫士

图 5-36　安装使用杀毒软件

4 定期升级杀毒软件或病毒库

如图 5-37 所示，由于病毒的种类多、变异快且每天都可能有新的病毒产生。因此，杀毒软件必须及时更新升级（杀毒软件自动更新版本和病毒库），以确保杀毒的可靠性。

360杀毒
升级窗口

等待一段时间，杀毒软件会自动更新升级文件和病毒库

图 5-37　定期升级杀毒软件或病毒库

病毒的产生或更新都会先于杀毒软件病毒特征库的更新，因此时常在网上留意有关新病毒的消息也是非常重要的，这样可以及时了解一些病毒的显著特征和发作规律，以及时采取相应的措施避免病毒的入侵。尽管如此，为了防止万一，对于智能手机中重要的文件和资料要及时做好存储备份工作，以确保一旦因感染病毒而造成数据丢失和系统崩溃时，将损失降到最低。

5.3.2 智能手机病毒查杀的方法

使用智能手机中的杀毒软件定期对智能手机进行病毒查杀。通常，这些软件的使用方法类似，只需点击进入"病毒查杀"的选项界面，点击相应的病毒扫描查杀按钮即可。

1 使用 360 手机卫士查杀病毒

图 5-38 为使用 360 手机卫士进行病毒查杀的操作方法。

1 点击"手机杀毒"进入杀毒的操作界面

2 点击"快速扫描"对整机进行扫描操作

若用户需要对整机进行漏洞修复时，可点击"系统漏洞修复"选项，该软件会自行修复，并提示修复后的状态

3 扫描完成后，若整机无风险，则可点击"完成"，退出界面；若有病毒时，则会出现清除病毒的界面

图 5-38 使用 360 手机卫士查杀病毒的操作方法

2 使用手机管家查杀病毒

图 5-39 为使用手机管家查杀病毒的操作方法。

1. 点击"病毒查杀"进入相应的操作界面

2. 点击"开始扫描"对整机进行病毒扫描状态

3. 扫描完成后,若整机无风险,则提示安全;若有病毒时,则会出现清除病毒的界面

图 5-39　使用手机管家查杀病毒的操作方法

如图 5-40 所示,除了使用智能手机自带的杀毒软件查杀病毒外,智能手机通过数据线与计算机连接,通过计算机中安装的杀毒软件完成并病毒查杀。

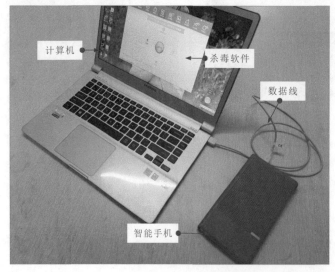

确认智能手机与计算机相连

用计算机杀毒软件查杀病毒

图 5-40　使用计算机杀毒软件查杀病毒的操作方法

5.4 智能手机的日常维护

5.4.1 智能手机的使用注意事项

1 电池使用注意事项

智能手机在使用过程中，要根据耗电情况进行充电。如图 5-41 所示，最好在电池电量不足 10% 时选择充电。经常在电池电量剩余过多的情况下充电会大大降低电池的使用寿命。

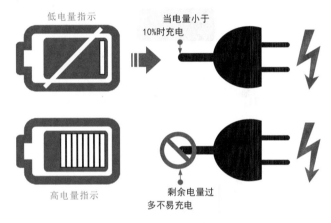

低电量指示　　当电量小于 10% 时充电

高电量指示　　剩余电量过多不易充电

图 5-41 看电量显示状况决定是否充电

提示说明　　另外，智能手机的电池多为锂离子电池，严禁私自拆卸电池，或将电池置于光源处、热源附近、水或其他液体中，这些都是非常危险的行为。
　　一旦发现电池漏液，一定不要让皮肤或眼睛接触到漏出的液体。若电池漏液接触到皮肤或眼睛，应立即使用大量清水冲洗，并及时到医院进行妥善处理。

2 操作环境注意事项

作为高精密的数码电子产品，在使用环境上有着严格的要求。

（1）环境温度　通常，对于环境温度，最好保持在 0~35℃，过低的温度或过高的温度都会影响设备的使用寿命。

如果智能手机的温度过低或在冰冷的环境中储存过，尽量不要立即使用，需要再合适的温度中放置一段时间，直至适应室温后方可开机使用。

当外界环境温度过高时，切勿将智能手机放置在阳光直射的地方，例如窗台、汽车仪表盘上等，如图 5-42 所示。

更不可将设备靠近热源或火源，例如电暖气、微波炉、电烤箱、炉火等可能产生高温的地方。

图 5-43 为智能手机因放置不当导致的自燃和爆炸。

（2）环境安全　在使用智能手机时，要避免潮湿的环境，包括充电器、电源线以及电源适配器等附件一定要避免被雨淋或受潮。为了确保安全，在使用智能手机时最好远离易溢出的液体，如水、饮料等。

不要在多灰、脏污或者靠近磁场的地方使用智能手机，以免引发设备内部的电路故障。尽量避免在雷雨天气使用智能手机，尤其是在使用电源适配器为设备供电的情况下，一定要拔出电源插座上的电源插头。

图 5-42　智能手机放置禁忌

图 5-43　智能手机因放置不当导致的自燃和爆炸

3 操作行为注意事项

（1）附件的保护　要注意对智能手机电源线的保护，切勿过分弯折电源线或耳机线，也不可在线上放置尖锐的重物，否则会造成线路破损、断裂。

如图 5-44 所示，一旦发现电源线有破损、断裂的情况，要马上停止使用，重新更换同型号良好的电源线。

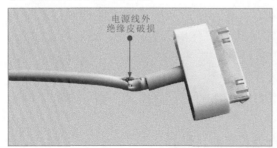

图 5-44　电源线有破损、断裂的情况

（2）附件的选配　要使用产品制定的附件设备，尤其是充电器、适配器等，这些设备不仅关系到机器的使用寿命，还会直接影响使用安全。不当的充电器或适配器是造成机器烧损甚至引发火灾的重大隐患。

图 5-45 为选用劣质的充电器或适配器造成的危害。

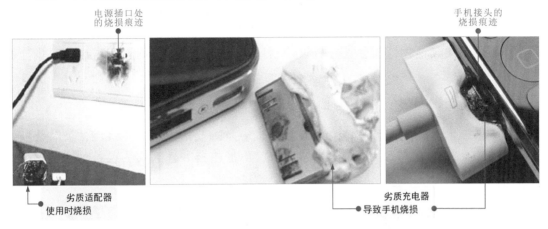

图 5-45　选用劣质充电器或适配器造成的危害

（3）部件的更换　在更换智能手机中的部件之前，一定要关闭电源，并切断适配器和充电器。以避免供电过程中电路或相关元器件的烧损。

（4）使用时间　智能手机的尺寸十分小巧，虽有良好的散热设计，但使用时仍然会产生大量的热。因此，要确保设备的散热口畅通，以便热量能够及时、顺畅地排除机体外。

如图 5-46 所示，若使用保护套（或保护壳），要确保散热口不被遮挡；若散热口被灰尘、污物堵塞，要及时清理。另外，也要注意使用时间，使用时间过长会使设备发热严重，会导致设备运行缓慢、死机甚至烧损。

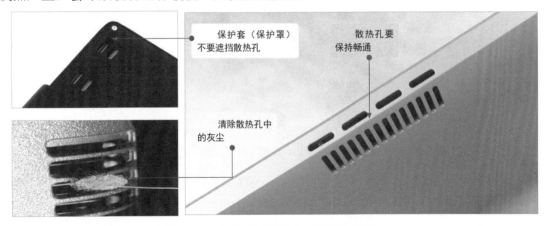

图 5-46　智能手机的散热口要保持畅通

（5）存储卡的插拔　在插入或取出存储卡时，要保持设备处于关机状态。在对存储卡进行数据读取或拷贝等操作时，切勿拔出存储卡，否则会造成数据错误。

（6）数据的存取　在通过 USB 连接方式读入或写入数据时，切勿关闭智能手机。

也不可将 USB 数据线拔除，否则会造成数据丢失。

（7）使用禁忌　不可将大头针等尖锐的物体放置于智能手机附近，否则智能手机的听筒或扬声器会使这些金属物吸附，如不注意可能会造成伤害。

不可在充电器插头或电源线损坏的情况下继续使用，否则容易引发触电或火灾。

不可使用湿手操作智能手机，否则容易引发设备断路、故障或触电。

不可将银行卡、交通卡等磁条卡与智能手机长期放置，否则可能会导致磁条卡失效。

不可用手或其他物体盖住天线区域，否则可能会导致连接问题或过度消耗电池电量。

4 使用过程中的应急处理

智能手机一旦受潮或有液体溅入设备内，应及时取出电池，并将设备及时擦拭后放置于干燥处自然干燥。且不可使用吹风机、电加热器等外部加热设备对智能手机进行干燥加热处理。

5.4.2 智能手机的日常保养与维护

1 机壳的日常保养与维护

智能手机属于频繁使用的精密的数码通信设备。为了确保使用可靠，增强使用的安全系数，很多智能手机的生产厂商都提供有相应的保护套或保护壳。如图 5-47 所示，这些保护套或保护壳可以有效地对智能手机提供必要的保护，也可以避免机壳脏污。

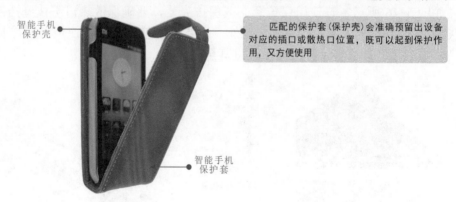

智能手机
保护壳

匹配的保护套(保护壳)会准确预留出设备对应的插口或散热口位置，既可以起到保护作用，又方便使用

智能手机
保护套

图 5-47　智能手机的保护套（保护壳）

除了厂商专门匹配的保护套或保护壳外，还有很多专门生产保护套或保护壳的厂商。市场上各种各样的保护套或保护壳可谓琳琅满目。在选择时一定要选择品牌型号对应的保护套或保护壳，不相匹配的保护套或保护壳可能会阻挡设备的正常散热，影响使用性能。

智能手机在进行机壳的清洁保养之前，要先关闭相应的接口保护盖，并确保电池已经取出，然后使用主要清洁软布进行擦拭。

如果机壳表面过脏，可将清洁软布蘸少许温和的专用清洁剂溶液后再进行擦拭。

切忌使用磨砂质地的布或纸擦拭机壳，也不可使用擦洗粉、酒精、汽油等溶剂配合清洁，否则很容易破坏智能手机表面的涂层，造成机壳老化、褪色。

如果智能手机刚刚从下雨、下雪等潮湿环境进入安全环境中，应及时使用专用的干燥的清洁软布将机壳表面的水汽擦拭干净即可，不可使用电吹风机或电暖气等加热设备进行烘干处理。

2 触摸屏的日常保养与维护

在使用智能手机触摸屏时，用手机或设备自带的触控笔按照正确的操控方法实现交互。且不可使用尖锐物（例如针、笔或指甲）刮擦或敲击屏幕表面。同时，尽可能让触摸屏远离其他电子设备，因为静电放电可能会造成触摸屏的故障。

如果手指潮湿或屏幕上有水滴，需要将潮湿部位干燥后再进行操控，否则会造成触摸屏反应错误。

提示说明　为了有效地对触摸屏进行保护，可以为智能手机的触摸屏进行覆膜处理。如图 5-48 所示，目前，不同类型的手机都有相应的贴膜。选择正规的贴膜可以有效地防止屏幕刮花、屏幕脏污等情况。

智能手机触摸屏表面　　智能手机触摸屏贴膜　　覆膜需要使用与设备型号相匹配的贴膜

图 5-48　智能手机的贴膜

3 摄像头的日常保养与维护

在使用摄像头时，不要用手触摸摄像头的镜头。镜头脏污会直接影响拍摄图像的质量。一旦摄像头镜头表面被刮伤，将只能更换，无法修复。

而且，不论智能手机是否开机，都尽量避免阳光直接照射摄像头镜头，否则可能会引起摄像头故障。

如图 5-49 所示，对摄像头的清洁最好使用镜头布或镜头刷（笔）对镜头表面进行小心清扫。如果镜头表面过脏，可使用专用的镜头清洁软布进行小心擦拭。擦拭过程中切忌用力，否则极易造成摄像头损坏。

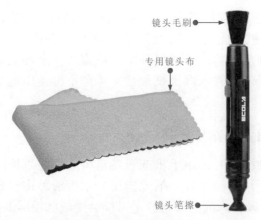

图 5-49　镜头布和镜头刷（笔）

4 电池的日常保养与维护

（1）电池第一次充电　通常，智能手机在出厂时所附带的电池并未充满电，因此在第一次使用智能手机之前，要确保电池充电在 8 小时以上，以便保障电池的使用寿命。

（2）电池平时充电　电池充电后，即使不使用，电池也会逐渐放电，如果长时间没有使用，电池的电量会消耗殆尽，需要重新充电后再进行使用。

（3）电池更换　在反复充电和放电过程中，电池的性能会逐渐减弱。如果发现电池使用时间严重缩短，就说明电池使用寿命变短，需要更换新的电池。

在换电池时，一定要选择与相关产品配套的电池，否则会在使用过程中出现无法正常使用的情况，严重时会会因电池引发机体燃烧甚至爆炸的情况。

图 5-50 为使用伪劣电池发生的爆炸。

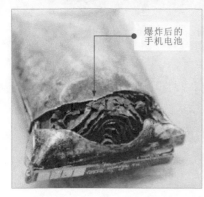

图 5-50　使用伪劣电池发生的爆炸

被更换后的废旧电池不能当做一般垃圾丢弃，一定要根据规定放置，妥善丢弃到指定场所。决不可将电池投入火中，否则会造成电池起火或爆炸。

（4）电池存放　在存放电池时，一定要妥善处理，尽量使之与外界隔离。并确保电池两极没有和其他金属导体对接的可能。杜绝电池会因短路过热而引发安全事故。

电池要存放于干燥、整洁、安全的环境中，潮湿不良的环境会加速电池的老化，导致电池出现破损、漏液等情况。

5 系统的日常保养与维护

智能手机都属于新一代便携式移动数码电子产品。除了硬件外，软件系统也是非常重要的，设备运行的速度、安全等很大程度上都受软件系统的影响。因此，对智能手机的软件系统进行定期的清理、杀毒以及数据备份都是非常必要且重要的保养维护措施。

一般来说，智能手机的操作系统要定期进行垃圾清理、病毒扫描和数据备份等保养工作。

如图 5-51 所示，腾讯、360、百度等都相继推出了基于智能手机的管理软件。这些管理软件基本上都提供了基本的资源管理、垃圾清理、骚扰拦截、病毒查杀、电源管理等实用功能。

图 5-51　基于智能手机的管理软件

（1）系统清理　智能手机每天都需要进行信息的发送和数据的交换，各种程序的运行、中断会使系统逐渐产生许多无用的系统信息、注册表信息和垃圾数据等，这些无用信息的增加会影响设备的稳定和运行速度，因此需要用户在使用一段时间后借助管理软件对系统进行清理，删除无用的信息和数据垃圾。提升智能手机的运行速度。提高使用的稳定性。

如图 5-52 所示，使用管理软件中的系统清理（加速或优化）功能，管理程序会对智能手机当前的运行状态进行测试，并提示用户是否需要进行清理（加速或优化）操作。若执行清理（加速或优化）操作，管理程序会自动释放内存，关闭无用资源以及对系统进行优化整合。使设备处于最佳运行状态。

（2）垃圾清理　除系统自动生成的一些残余的无用信息会"滞留"在系统程序中，用户在使用智能手机时也会人为制造很多"垃圾"数据。例如，未删除、卸载干净的第三方程序或游戏；数据文件在存储、传输、删除时因非常规性中断而生成的垃圾碎

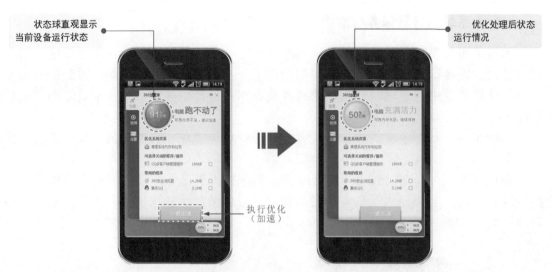

状态球直观显示
当前设备运行状态

优化处理后状态
运行情况

执行优化
（加速）

图 5-52　智能手机的系统清理（加速或优化）

片等。这些垃圾会占据设备的存储空间。因此，用户在使用一段时间后，要对智能手机进行垃圾清理。

如图 5-53 所示，智能手机管理软件的垃圾清理功能可以智能扫描并清理垃圾文件或数据。直接点击"一键清理"按钮，便可自动完成垃圾清理工作。

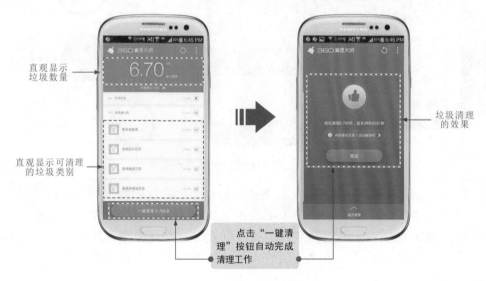

直观显示
垃圾数量

直观显示可清理
的垃圾类别

垃圾清理
的效果

点击"一键清
理"按钮自动完成
清理工作

图 5-53　智能手机的垃圾清理

（3）骚扰拦截　很多管理软件都提供有骚扰拦截的功能，这项功能可以将一些敏感的或带有潜在恶意信息的短信、电话等信息内容拦截下来。用户需要定期对所拦截的骚扰信息进行处理。

如图 5-54 所示，智能手机的骚扰拦截功能可以在接到不明短信或电话时，自动识别所接收信息是否为恶意信息。并智能提示用户注意，以便有效拦截。对于带有明显恶意特征的信息内容，管理软件中的骚扰拦截功能会自动拦截屏蔽。

图 5-54　智能手机的骚扰拦截

（4）病毒查杀　智能手机都具备上网功能，用户在使用过程中，每天都会受到病毒的威胁，登录的不明网站、恶意发布的信息、运行的游戏及程序都可能携带病毒。病毒不仅会造成设备运行不正常，严重时会导致智能手机数据丢失、系统瘫痪，更加可怕的是会泄露个人的隐私信息。因此，定期对智能手机进行病毒查杀非常必要。

如图 5-55 所示，定期执行病毒查杀的命令，可以有效地查杀智能手机中的病毒和恶意软件程序。

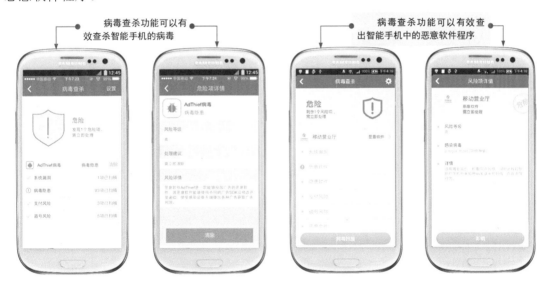

图 5-55　智能手机的病毒查杀

（5）数据备份　对于智能手机来说，数据备份大体包含两部分内容：第一是数据信息，例如文件、音频、视频等数据资源；第二是用户信息，例如通讯录中的用户电话、微信等。一旦智能手机丢失、出现故障或受到病毒影响，丢失数据是用户最不愿看到的情况，因此及时地对智能手机内的数据进行备份非常重要。通常，数据的备份有两种途径：一种是保存到其他存储设备中；另一种是直接保存到用户的网络虚拟空间中。

第2篇
技能提高篇

第6章

智能手机的软故障修复

6.1 智能手机软故障的特点

6.1.1 智能手机软故障的表现

由软件引发的智能手机故障是指系统程序或一些应用软件数据受损、错误或兼容性问题，导致的智能手机反应慢、死机、无法开机等故障。

1 反应慢的故障

反应慢是指在操作智能手机或平板电脑的按键或触屏时，需要等待一段时间才能响应，如图6-1所示。

反应慢的故障表现

很长时间无响应，屏幕显示"等待中…"

启动某一个程序时，全屏变为灰白

图6-1　反应慢的故障表现

2 死机的故障

死机的故障包含有多种，如总是开机启动中、不能进入用户界面、运行程序时死机、关机时死机、连接计算机时死机、接入WiFi网络时死机等，如图6-2所示。

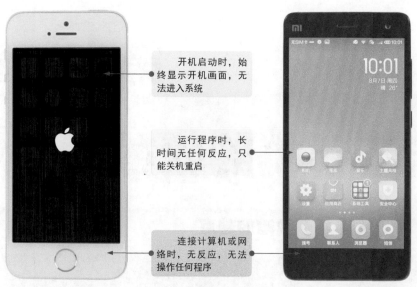

开机启动时，始终显示开机画面，无法进入系统

运行程序时，长时间无任何反应，只能关机重启

连接计算机或网络时，无反应，无法操作任何程序

图 6-2　死机的故障表现

3　无法开机的故障

无法开机的故障主要表现为操作智能手机或平板电脑的开关机键不能开机，且按任何键都没有反应，如图 6-3 所示。

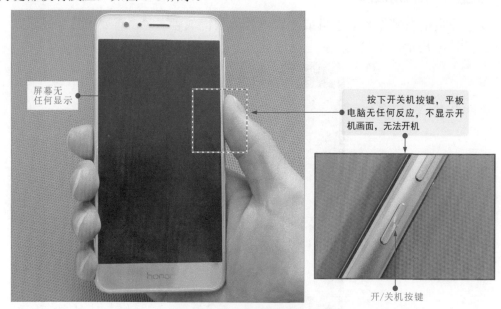

屏幕无任何显示

按下开关机按键，平板电脑无任何反应，不显示开机画面，无法开机

开/关机按键

图 6-3　无法开机的故障表现

6.1.2　智能手机软故障的分析

智能手机的软故障多是由于系统版本漏洞、系统设置不当、系统受损导致数据丢失、系统升级版本不兼容、内存占用过多、病毒等原因使程序的运行发生错乱而引起的。

1 反应慢故障的检修分析

反应慢的故障主要是由内存占用过大、病毒侵扰引起的，可通过清理缓存、优化系统性能、杀毒、刷机等方法排除故障。

2 死机故障的检修分析

智能手机出现死机故障的类型多样，引起故障的原因也较复杂多样，相应的检修分析，如图 6-4 所示。

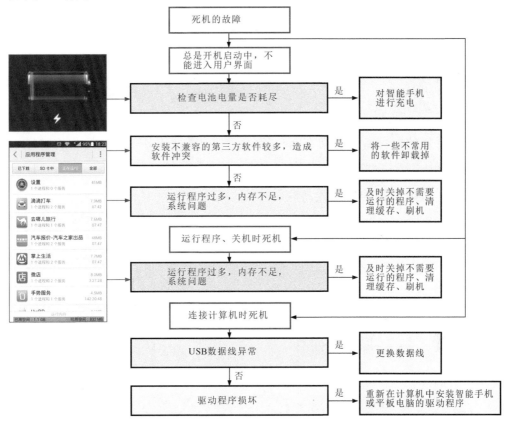

图 6-4 "死机"故障的检修分析

3 无法开机故障的检修分析

无法开机的故障通常是由电量不足、系统错误或遭到破坏引起的，常用的解决方案如图 6-5 所示。

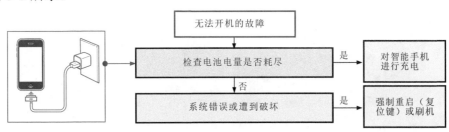

图 6-5 无法开机故障的检修分析

有些智能手机自带复位键，可通过操作复位键，恢复到出厂设置模式，解决因系统遭损坏引起的无法开机故障。

6.2 智能手机的数据备份

智能手机的数据资料、个人信息等各种数据全部存储在内存（数据管理芯片及存储器）中，若内存损坏或智能手机遭受恶性病毒的感染等，内存中的数据和个人信息可能损毁或丢失，为了智能手机的信息安全，最好定期对内存中的数据资料进行备份存储以及对个人信息进行导出备份存储等措施，以便在更换智能手机或手机出现异常时数据不会丢失。

6.2.1 智能手机的数据备份

智能手机的数据备份通常有两种途径：一种是使用外部存储设备将智能手机中的数据资料转存；另一种是将智能手机中的数据资料进行云存储。

1 数据资料的外部设备存储

图 6-6 为连接智能手机与外部存储设备的操作。通常，可以将智能手机与笔记本电脑或计算机进行连接，以便进行数据转存。

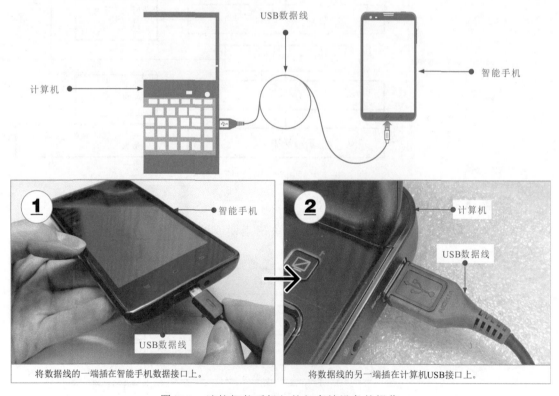

图 6-6　连接智能手机与外部存储设备的操作

图 6-7 为智能手机中数据资料的转存操作。先确认设备之间连接正常后，将智能手机中的数据资料转存到计算机指定的相应文件夹中即可。

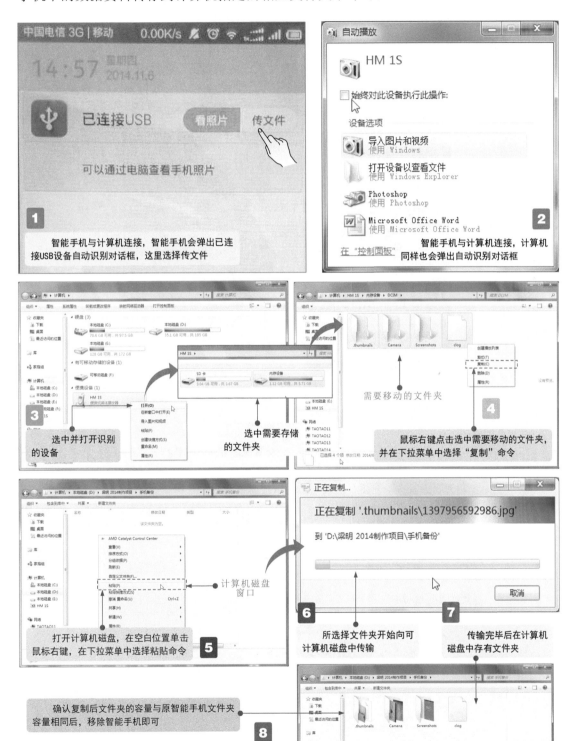

图 6-7　智能手机中数据资料的转存操作

2 数据资料的云存储

智能手机数据资料的云存储简单地说就是将智能手机中的数据资料通过互联网备份到指定的云服务器上。

一般来说，实现云存储首先需要用户选择一个提供有云服务器的网络存储空间进行注册登录，然后就可以根据个人的需要将智能手机中需要备份存储的数字资料上传到指定的云服务器中。

如图 6-8 所示，以"小米云服务"为例，点击启动"小米云服务"。

图 6-8 启动云服务

云存储（Cloud Storage）是指通过互联网将数据资料存储在云服务器上的一种新型方案。使用者可以在任何时间、任何地方，通过智能手机等可联网的设备连接到云服务器上，方便存取数据。例如目前主流的云存储服务器主要有 Windows Live SkyDrive、百度云（百度网盘）、乐视云盘、小米云服务、华为 DBank 网盘、360 云盘、腾讯微云网盘（腾讯 Q 盘）、新浪微盘、金山快盘、坚果云等。

图 6-9 为目前较为流行的云存储。

图 6-9 目前较为流行的云存储

如图 6-10 所示，注册并登录"小米云服务"。

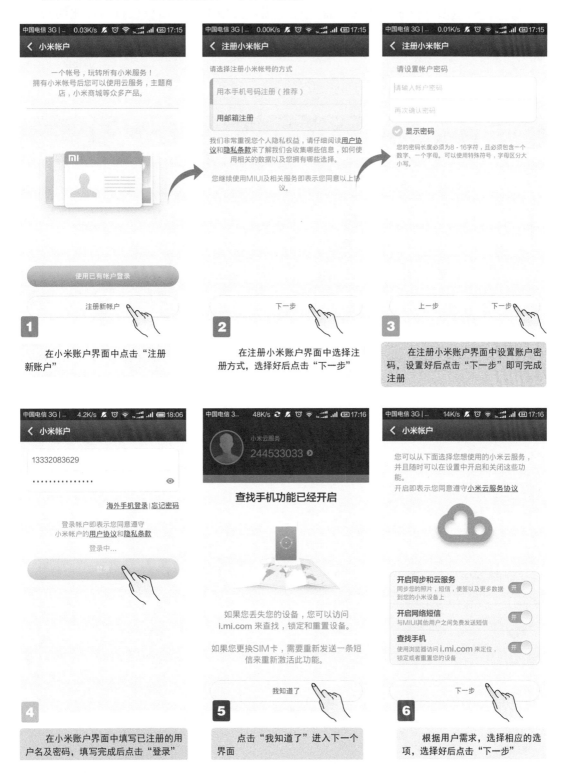

图 6-10　注册登录"小米云服务"

使用"小米云服务"，上传需要备份的数据资料。可以看到，云服务提供有云相册、同步短信、同步通话记录等很多存储功能。用户可根据个人需要进行个性化的云存储设置，如图 6-11 所示。

根据用户需求，选择并设置相应的选项，将智能手机中的数据资料存储在云服务器上

图 6-11　使用"小米云服务"存储数据资料

6.2.2 智能手机的个人信息备份

智能手机中个人信息的存储备份主要可分为通讯录信息的导出存储和短信息的导出存储。

1 通讯录信息的备份存储

为了确保安全，需将通讯录信息导出到计算机或第三方软件中，若手机出现异常，无法打开通讯录时，至少通讯录还在。现在智能手机、平板电脑都支持通讯录导出与导入功能，例如百度通讯录、QQ 同步助手、QQ 通讯录、腾讯手机管家、微信、360 手机助手、金山等众多的软件中都内置了“通讯录备份”功能。

提示说明

通常，用户可以借助第三方软件将通讯录备份后以 EXECL 文件的形式导出到指定的存储路径上。同时，为了确保数据的安全，很多软件通常还提供有加密处理。当用户将通讯录信息以 EXECL 文件形式备份导出并存储好后，若想打开使用需要输入先前的密码，大大确保了信息数据的安全。下面，我们以微信软件为例，介绍一下通讯录信息的备份与导出。

图 6-12 为使用微信进入“通用”设置的操作演示。

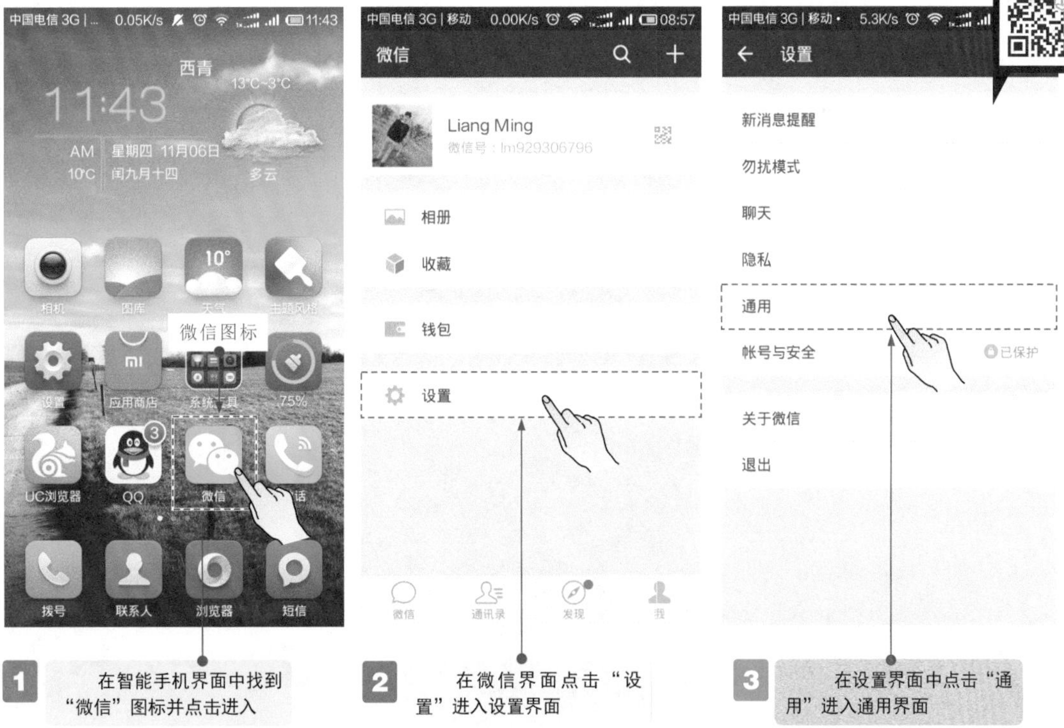

微信图标
微信
设置
新消息提醒
勿扰模式
聊天
隐私
通用
帐号与安全
关于微信
退出
1 在智能手机界面中找到“微信”图标并点击进入
2 在微信界面点击“设置”进入设置界面
3 在设置界面中点击“通用”进入通用界面

图 6-12 使用微信进入“通用”设置

如图 6-13 所示，完成对通讯录信息的备份操作。

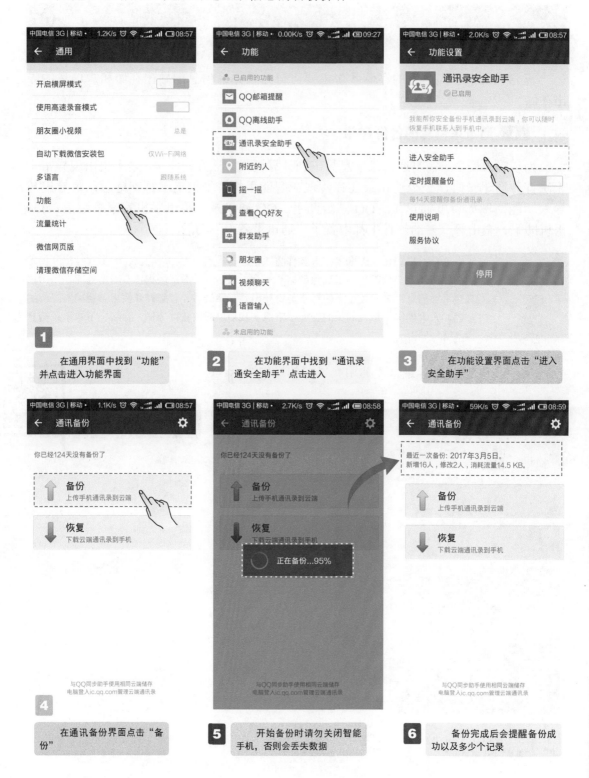

图 6-13　备份通讯录信息

如图 6-14 所示，通讯录信息备份好之后导出到计算机中。

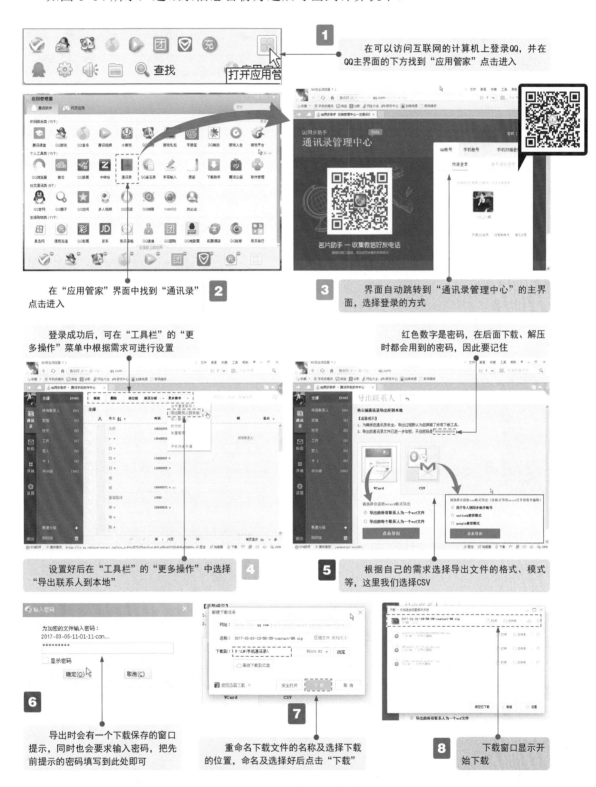

图 6-14　导出备份好的通讯录信息

如图 6-15 所示，通讯录信息导出到计算机后，生成 EXCEL 格式。

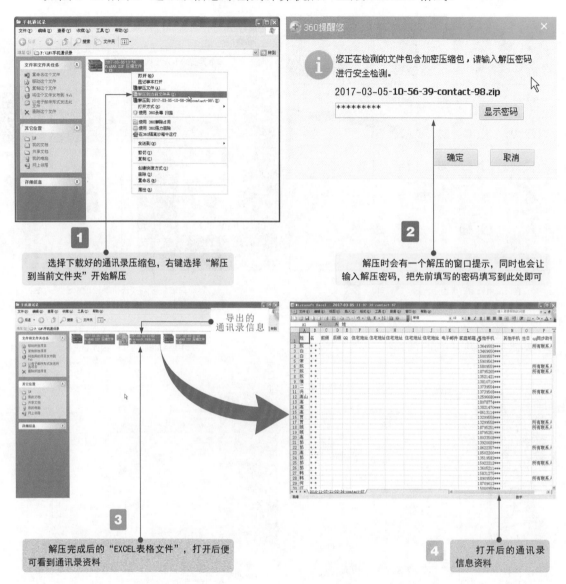

1 选择下载好的通讯录压缩包，右键选择"解压到当前文件夹"开始解压

2 解压时会有一个解压的窗口提示，同时也会让输入解压密码，把先前填写的密码填写到此处即可

3 解压完成后的"EXCEL表格文件"，打开后便可看到通讯录资料

4 打开后的通讯录信息资料

图 6-15　生成通讯录信息的 EXCEL 表格

2 短信信息的备份存储

只要在智能手机中安装支持短信信息导出、导入功能的软件，就可以将智能手机中的短信导出到计算机中。

下面，以常见的 360 手机助手为例，进行短信的导出操作。

在导出之前我们需要在计算机和智能手机中分别安装 360 手机助手软件，并且使用同一个账号登录。登录上后便可进行短信的导出了。

如图 6-16 所示，将短信息备份好之后导出到计算机中。

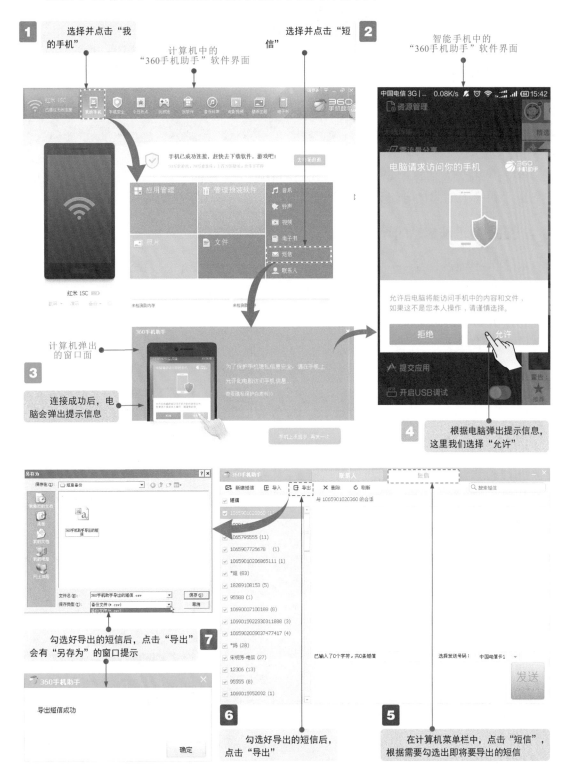

图 6-16　导出备份好的通讯录信息

6.3 智能手机的数据恢复

智能手机出现异常无法被识别或内存数据丢失等，都会导致智能手机用户内存上的数据资源无法正常获取。在这种情况下，需要重新导入个人信息或进行数据恢复。

6.3.1 智能手机个人信息的导入

智能手机个人信息的导入是建立在已经有导出文件的基础上。前面我们已经介绍了智能手机个人信息的导出，接下来继续借助360手机助手重新导入个人信息。

1 通讯录信息的导入

如图6-17所示，点击进入计算机360手机助手的操作界面，找到"联系人"选项，点击并允许执行智能手机与计算机之间的设备连接。

图6-17 执行智能手机与计算机的设备连接

如图 6-18 所示，在计算机 360 手机助手操作界面的菜单栏中选择"联系人"选项，然后点击"导入 / 导出"命令，完成通讯录的导入操作。

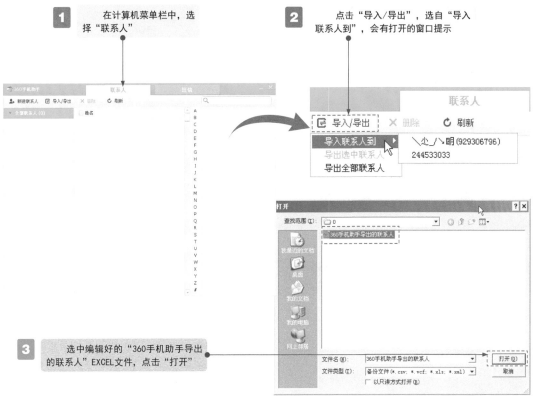

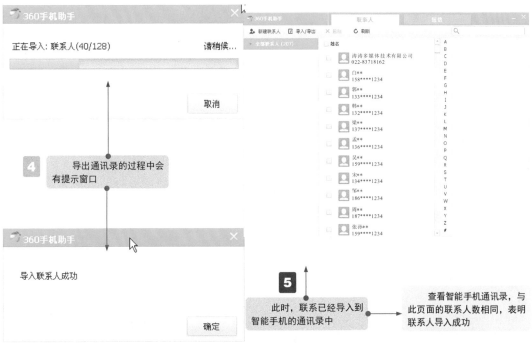

图 6-18　导入通讯录的操作

2 短信信息的导入

图 6-19 为执行短信信息的导入操作。

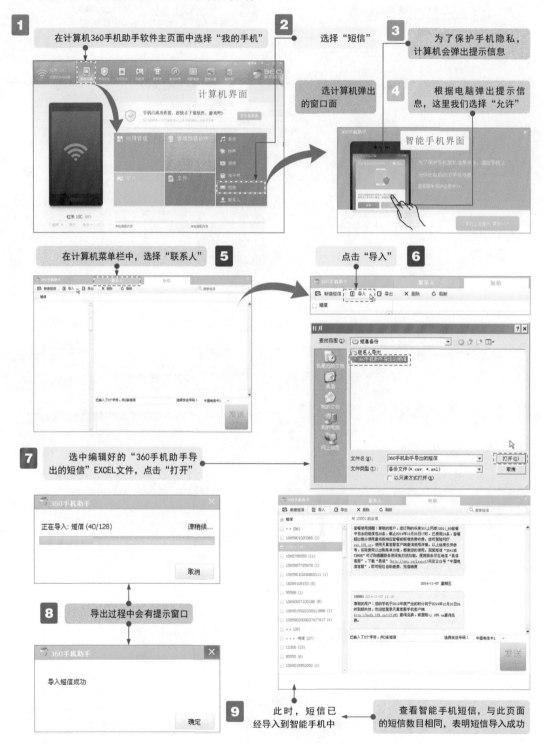

图 6-19　执行短信信息导入的操作

6.3.2 智能手机的数据恢复

智能手机数据恢复是指通过第三方软件进行数据恢复。大多情况下，对智能手机中的数据进行恢复最终目的实际上是为了挽救存储在内存中的数据资料，例如联系人、短信、通话记录等。

一般来说，智能手机数据丢失的原因很多，除内存损坏外，误删除、误格式化等人为操作失误造成数据丢失的情况非常普遍。

智能手机数据恢复精灵是一款比较新的智能手机数据恢复软件，通过该软件相应功能可将联系人、通话记录、短信等进行恢复，如图 6-20 所示。

运行智能手机数据恢复精灵，首先将进入该软件的欢迎界面。软件打开后，进入软件的操作界面，在该界面可以看到软件的基本功能项目。

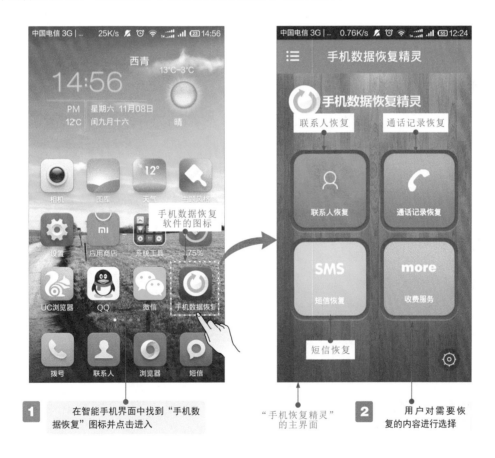

1 在智能手机界面中找到"手机数据恢复"图标并点击进入

"手机恢复精灵"的主界面

2 用户对需要恢复的内容进行选择

图 6-20 使用智能手机数据恢复精灵恢复数据

值得注意的是，采用第三方数据恢复软件恢复智能手机、平板电脑数据的方法并非百分百有效。通常，若原文件存储的区域已经进行了重新写入数据的操作，则使用数据恢复软件也可能无法恢复丢失的数据。

6.4 智能手机的升级

在智能手机使用或维修环节，升级侧重于对原有系统的优化，用于完善原有系统中存在的漏洞或设计缺陷，通过升级可以实现智能手机性能的提升，类似计算机操作系统的更新升级。

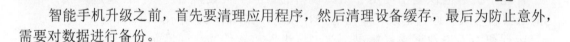

6.4.1 智能手机升级前的准备工作

智能手机升级之前，首先要清理应用程序，然后清理设备缓存，最后为防止意外，需要对数据进行备份。

值得注意的是，智能手机系统升级前需要检查设备的兼容性，即检查智能手机是否支持升级到当前的新版本。若不支持或智能手机当前版本过低，都会导致升级失败，甚至影响正常使用。

1 清理应用程序

如图 6-21 所示，在对智能手机进行升级前，最好对原有的应用程序进行清理，清除一些很少使用的应用程序，释放更多的存储空间，为升级新系统做好准备。

需要卸载的程序　　　　　　　　　　　　确认卸载程序

图 6-21　清理应用程序

2 清理设备缓存

如图 6-22 所示，在智能手机使用中，如上网、游戏等，会将所使用软件中的文字、图片等信息先下载到缓存中显示出来，这些数据都以一定的文件形式占据缓存空间。为确保升级的顺利进行，需要释放足够的缓存空间。通常，可借助智能手机或平板电脑中的管理软件，如手机优化大师、360 卫士等进行缓存清理。

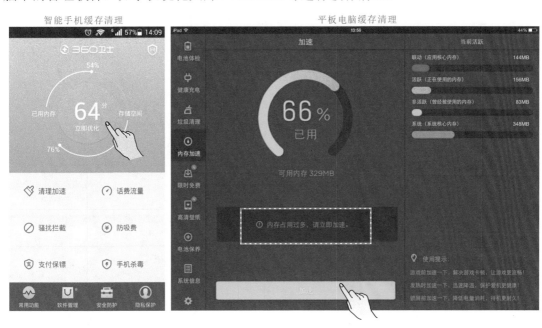

图 6-22　清理设备缓存

3 数据备份

如图 6-23 所示，为防止智能手机或平板电脑在升级过程中出现异常，导致存储数据丢失，应先将智能手机或平板电脑中的重要数据进行备份，如照片、通讯录等，并尽量将这些数据存储到外部设备，如计算机中，以便随时取用。

图 6-23　数据备份

6.4.2 智能手机的升级操作

如图 6-24 所示，通常智能手机可通过自身的下载功能，从官方下载升级程序，并安装程序进行系统升级的操作。

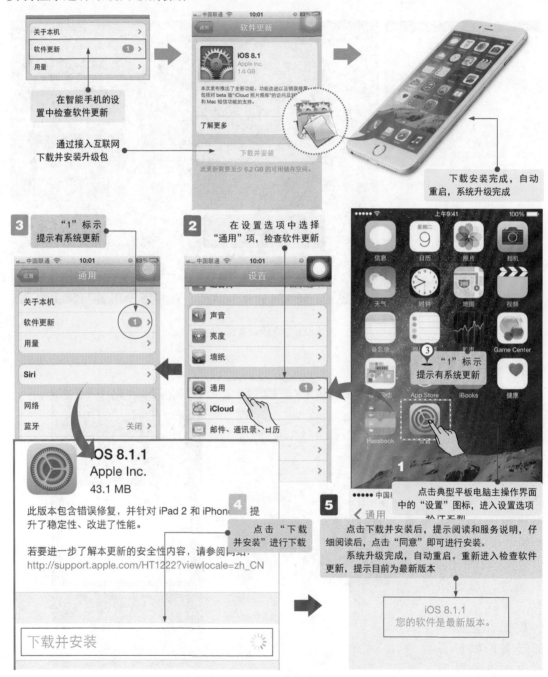

图 6-24　智能手机升级的操作方法

6.5 智能手机的刷机

在智能手机使用或维修环节，升级侧重于对原有系统的优化，用于完善原有系统中存在的漏洞或设计缺陷，通过升级可以实现智能手机性能的提升，类似计算机操作系统的更新升级。

6.5.1 智能手机刷机前的准备工作

对智能手机进行刷机，首先要做好刷机前的各种准备。结合刷机操作要求，在进行刷机前需要做好硬件和软件两方面的准备。

1 硬件准备

如图 6-25 所示，智能手机刷机一般不能通过本机进行刷机，需要借助外部硬件设备或工具进行，包括计算机、SD 卡、数据线等。

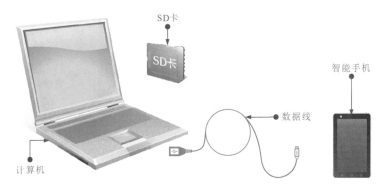

SD卡

智能手机

数据线

计算机

图 6-25 硬件准备

2 软件准备

如图 6-26 所示，软件方面的准备主要包括刷机软件准备、刷机数据文件、刷机包准备等。刷机软件是刷机操作专用的应用软件，如刷机精灵、百度云刷机、绿豆刷机神器等。将这些软件安装在计算机中，通过软件中的刷机功能实现一键刷机。

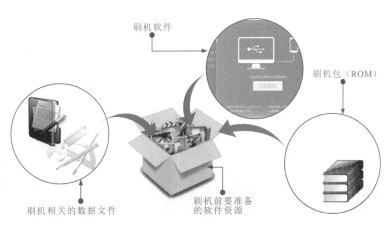

刷机软件

刷机包（ROM）

刷机相关的数据文件

刷机前要准备的软件资源

图 6-26 软件准备

6.5.2 智能手机刷机操作

通常，刷机操作需要先为智能手机刷入 recovery 程序，然后在取得 Root 权限后即可执行刷机操作。

◢ 1 刷入 recovery 程序

如图 6-27 所示，将手机的 USB 调试允许打开，然后在确保计算机与智能手机连接的状态下，鼠标左键双击 recovery 程序运行文件，按任意键开始刷入 recovery 程序。

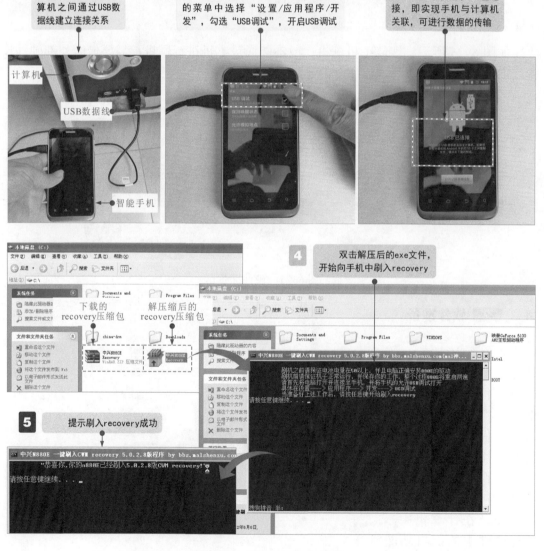

1 将智能手机与计算机之间通过USB数据线建立连接关系

2 在手机上按下"Menu"键，在弹出的菜单中选择"设置/应用程序/开发"，勾选"USB调试"，开启USB调试

3 智能手机显示USB已连接，即实现手机与计算机关联，可进行数据的传输

计算机

USB数据线

智能手机

下载的 recovery压缩包

解压缩后的 recovery压缩包

4 双击解压后的exe文件，开始向手机中刷入recovery

5 提示刷入recovery成功

图 6-27　刷入 recovery 程序

2 获取手机操作权限（Root）

如图 6-28 所示，进入手机的 recovery 模式，执行下载的 Root 压缩包，完成 Root 操作。

图 6-28 获取手机操作权限（Root）

3 刷机操作（输入新系统）

如图 6-29 所示，在 recovery 模式下清空数据并做好备份后，执行刷机操作。

图 6-29　刷机操作（输入新系统）

刷机完成后，返回首菜单，选择"重启到…""立即重启系统"，启动界面变为"MIUI系统"界面。最后，将备份个人信息和数据等导入后，刷机过程结束。

6.6 智能手机的软故障修复

随着智能手机智能化程度的提高，功能越来越丰富和完善，而这些功能的实现都是在各种软件程序的控制下完成的，如系统程序（开机程序、接收和发射程序、数据处理程序）以及各种应用软件等，这些程序或软件中任何一个程序或软件出现设置不当、数据丢失、文件损坏、病毒感染或软件不兼容等都会引起智能手机反应慢、死机、无法开机等故障。因此，在智能手机维修中，软故障的修复方法也十分重要。

软故障修复法是指，智能手机中除硬件损坏外并使用特定方法恢复手机正常功能的一种修复方法。下面讲解常见软故障的修复方法。

6.6.1 智能手机反应慢的修复方法

反应慢是目前智能手机最常见的故障之一，对于这种现象，我们经常采用清理缓存或优化系统、优化设置、查毒等方法修复处理。

1 清理缓存或优化系统

目前智能手机的功能较多，在使用过程中会留下的历史痕迹、残留文件等，这些历史痕迹、残留文件都会占用缓存，因此可以采用清理缓存或优化系统的方法修复反应慢的故障，以释放缓存空间。清理缓存、优化设置是可使用系统自带的软件或下载第三方软件，对系统使用过程中的历史痕迹、残留文件等进行清理。

图 6-30 为采用清理缓存的方法修复反应慢的故障。

图 6-30　采用清理缓存的方法修复反应慢的故障

图 6-31 为采用优化系统的方法修复反应慢的故障。

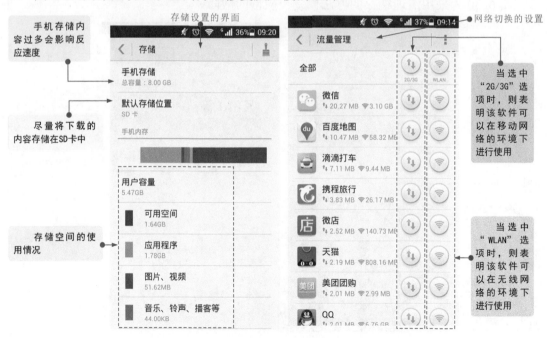

图 6-31　采用优化系统的方法修复反应慢的故障

2　优化设置

智能手机出现反应慢的故障极有可能是系统设置不合理，必要的时候需要对系统进行设置，通过设置完成达到最佳的状态。

图 6-32 为采用优化设置的方法修复反应慢的故障。

图 6-32　采用优化设置的方法修复反应慢的故障

智能手机很多项目基本都是默认设置，但这些默认设置并不适合所有用户，或者很多设置不能被用户所利用。然而，将一些没有必要的服务项关闭、更改等，可以提高智能手机的开机速度、反应速度，从而对智能手机系统的性能产生影响。

提示说明 值得注意的是，在使用软件对系统进行优化设置时，应根据目前需要选择优化的选项进行优化，当系统优化设置不合理，可能会略微影响系统的稳定性，这种优化设置对硬件没有影响。

3 杀毒

智能手机感染病毒也将导致反应慢等现象，因此可采用杀毒的方法修复反应慢的故障。杀毒是使用杀毒软件对智能手机系统感染病毒后或智能手机使用一段时间后进行杀毒操作。

图 6-33 为采用杀毒的方法修复反应慢的故障。

图 6-33　采用杀毒的方法修复反应慢的故障

6.6.2 死机的修复处理

死机故障是性能较差的智能手机经常出现的故障，死机故障主要包括开机启动时不能进入用户界面的现象、运行程序时或关机时死机的现象。

1 开机启动时不能进入用户界面的修复处理

开机启动时不能进入用户界面是智能手机死机故障中常见的一种故障，对于这种故障我们经常采用充电、卸载一些不常使用软件等方法修复处理。

（1）充电　充电是给智能手机补充电量的过程，若智能手机电池电量耗尽也将会导致智能手机在开机启动时，不能进入用户界面的现象，因此需要采用充电的方法修复开机启动时不能进入用户界面的故障。

图 6-34 为采用充电的方法修复开机启动时不能进入用户界面的故障。

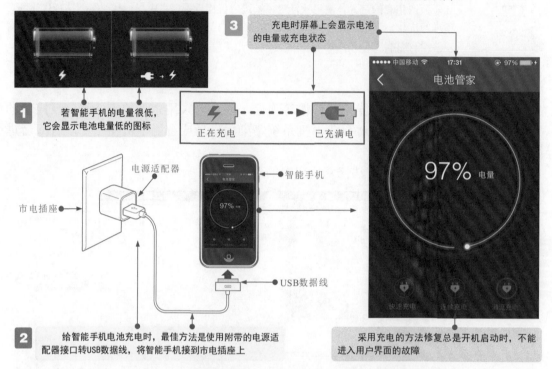

图 6-34　采用充电的方法修复开机启动时不能进入用户界面的故障

如果智能手机的电量很低，它可能会显示电池电量低的图标，表示智能手机需要充电 10min 以上才可以使用。如果智能手机电量极低，它可能会黑屏长达 2min 后才显示电池电量不足的图标。

（2）卸载一些不经常使用的软件　随着人们需要的提高，在智能手机中安装的程序软件逐步增多，导致智能手机运行缓慢严重时导致开机启动时不能进入用户界面的现象，因此需要采用卸载不常用或不兼容软件的方法修复开机启动时不能进入用户界面的故障，从而提升开机、使用、运行等速度。

图 6-35 为采用卸载一些不经常使用或不兼容软件的方法修复开机启动时不能进入用户界面的故障。

2 运行程序时或关机时死机的修复处理

运行程序时或关机时死机是智能手机死机故障中经常出现的故障之一，对于这种故障我们经常采用关掉不需要使用的程序、刷机等方法修复处理。

（1）关掉不需要使用的程序　随着智能手机应用软件的功能的增多，用户所使用的软件也较多，因此，使用某软件后，必须将软件彻底结束后，后台才不会运行，否则打开的程序多了，在后台运行的程序也就多了，从而导致智能手机运行程序，关机

图 6-35 卸载不经常使用或不兼容软件

时死机等现象，因此需要采用关掉不需要使用的程序的方法修复运行程序时或关机时死机的故障。

图 6-36 为采用关掉不需要使用的程序的方法修复运行程序时或关机时死机的故障。

图 6-36 采用关掉不需要使用的程序的方法修复运行程序时或关机时死机的故障

（2）刷机　若智能手机系统经常出现异常、数据管理混乱或受病毒侵害而造成程序数据丢失、损坏等情况，可采用刷机的方法修复运行程序时或关机时死机的故障。

3 连接计算机时死机的修复处理

连接计算机时死机也是智能手机死机故障中最为普遍的故障之一，下面介绍一下连接计算机时死机的修复处理方法。

（1）更换数据线　数据线经常使用，其内部的线芯会折断、接口经常插拔会接触不良，从而导致连接计算机时不稳定，严重时则会导致连接计算机时死机等现象。因此可采用更换数据线的方法修复连接计算机时死机的故障。

图6-37为采用更换数据线的方法修复连接计算机时死机的故障。

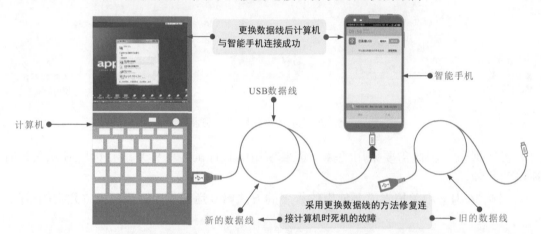

图6-37　采用更换数据线的方法修复连接计算机时死机的故障

（2）计算机中重新安装智能手机的驱动程序　目前，有些智能手机使用数据线连接计算机时，需要在计算机中安装驱动程序才可互相访问，因此智能手机的驱动程序损坏或异常时，将会导致访问时受限，严重时连接计算机时出现死机等现象，因此可采用重新在计算机中安装智能手机的驱动程序的方法修复连接计算机时死机的故障。

图6-38为采用重新在计算机中安装智能手机的驱动程序的方法修复连接计算机时死机的故障。

6.6.3 智能手机无法开机的修复方法

无法开机的故障是智能手机出现频率较高的故障之一，对于这种故障常采用充电、强制重启等方法修复处理。

1 充电

若智能手机中电池电量耗尽，将会导致智能手机无法开机的现象，因此可采用对智能手机进行充电的方法修复无法开机的故障。

图6-39为采用对智能手机进行充电的方法修复无法开机的故障。

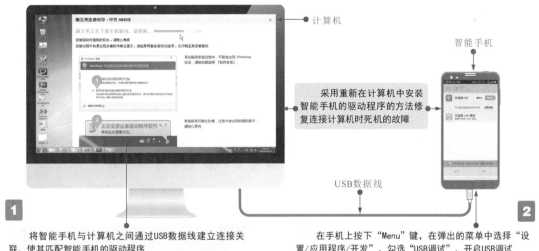

图 6-38　采用重新在计算机中安装智能手机的驱动程序的方法修复连接计算机时死机的故障

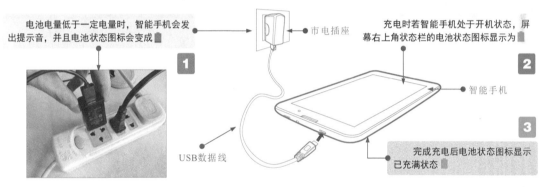

图 6-39　采用对智能手机进行充电的方法修复无法开机的故障

2 强制重启

对于一些不可拆卸电池的智能手机，若在使用时突然遇到无法开机或手机死机卡住的情况时，操作任何按键都不管用，可采用强制重启的方法修复无法开机的故障。

图 6-40 为采用强制重启的方法修复无法开机的故障。通常，不同品牌的智能手机强制重启方法不尽相同。

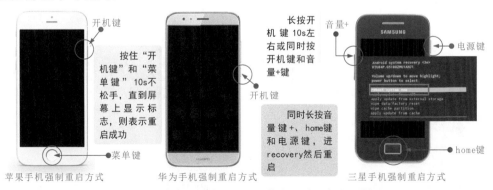

图 6-40　采用强制重启的方法修复无法开机的故障

第7章

智能手机的拆卸

7.1 智能手机外壳与电池的拆卸

7.1.1 智能手机外壳的拆卸

目前，智能手机的外壳普遍采用两种固定方式：一种是卡扣固定，即通过后盖上的卡扣与机体固定；另一种是黏合剂固定，即采用专用黏合剂将后盖与机体或显示屏与机体粘接成一体。根据固定方式不同采用的拆卸方法也不同。

1 采用卡扣固定外壳的拆卸

采用卡扣固定的智能手机外壳拆卸比较简单，一般使用撬棒或撬片插入外壳边缘缝隙中，轻轻向上撬起，卡扣被撬起即可将外壳取下，如图7-1所示。

2 采用黏合剂固定外壳的拆卸

采用黏合剂固定的智能手机外壳拆卸比较复杂，一般借助专用的吸盘工具进行操作，且必要时需要配合热风焊机或电烙铁先对黏合部分进行加热，待黏合剂受热易分离后，再用吸盘吸起后盖或显示屏部分，分离机体即可。

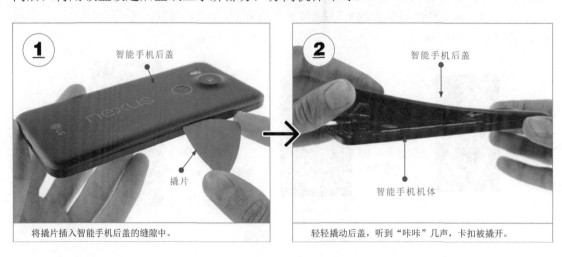

① 智能手机后盖　撬片
将撬片插入智能手机后盖的缝隙中。

② 智能手机后盖　智能手机机体
轻轻撬动后盖，听到"咔咔"几声，卡扣被撬开。

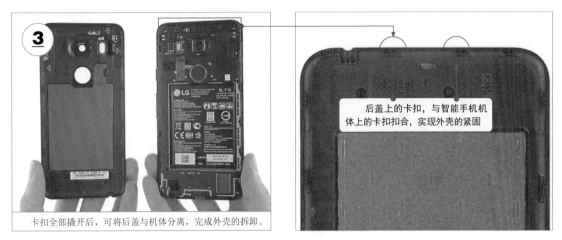

后盖上的卡扣，与智能手机机体上的卡扣扣合，实现外壳的紧固

卡扣全部撬开后，可将后盖与机体分离，完成外壳的拆卸。

图 7-1　采用卡扣固定外壳的拆卸方法

如图 7-2 所示，采用后盖黏合固定的智能手机，可先用热风焊机或吹风机在距离外壳一定距离的位置加热黏合剂位置，待黏合剂受热后，再借助专用吸盘分离后盖与机体。

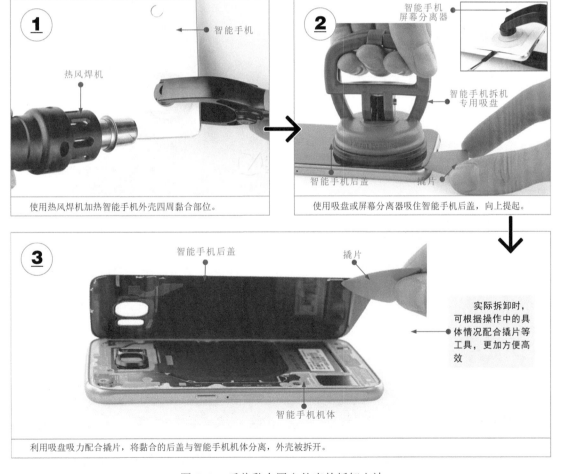

智能手机

热风焊机

使用热风焊机加热智能手机外壳四周黏合部位。

智能手机屏幕分离器

智能手机拆机专用吸盘

智能手机后盖　　撬片

使用吸盘或屏幕分离器吸住智能手机后盖，向上提起。

智能手机后盖　　撬片

智能手机机体

实际拆卸时，可根据操作中的具体情况配合撬片等工具，更加方便高效

利用吸盘吸力配合撬片，将黏合的后盖与智能手机机体分离，外壳被拆开。

图 7-2　后盖黏合固定外壳的拆卸方法

有些智能手机后盖与机体为一体不可拆卸，拆卸外壳时，需要从显示屏一侧开始拆卸，即借助吸盘将显示屏与机体分离，如图 7-3 所示。

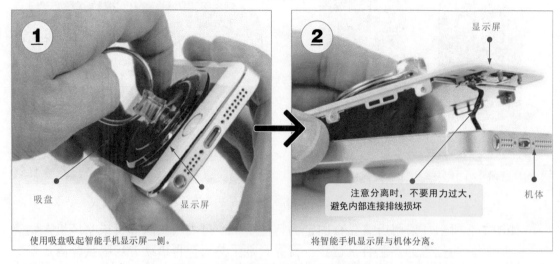

图 7-3　显示屏黏合固定的外壳拆卸方法

市场上智能手机的种类和品牌繁多，不同类型智能手机外壳的固定方式在细节上可能有所不同，例如，苹果手机外壳除采用黏合剂黏合外，同时还使用固定螺钉固定，这种情况下需要先将固定螺钉拧下，才能分离显示屏与机体，如图 7-4 所示。因此，拆机时，除了掌握基本的拆卸方法外，还必须学会具体问题具体分析，根据实际情况灵活变通，最终完成智能手机外壳的拆卸。

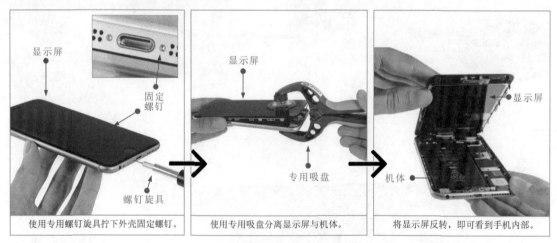

图 7-4　其他固定方式外壳的拆卸方法

7.1.2　智能手机电池的拆卸

目前，智能手机电池有可拆卸式和一体式两种。两种电池的安装方式不同，拆卸方法也不同。

1 可拆卸式电池的拆卸

可拆卸电池一般通过电池触片与电池仓正、负极触点之间的弹力安装在电池仓内。拆卸时,一般从电池底部轻轻压向触点侧,同时向上提起即可将电池拆下,如图7-5所示。

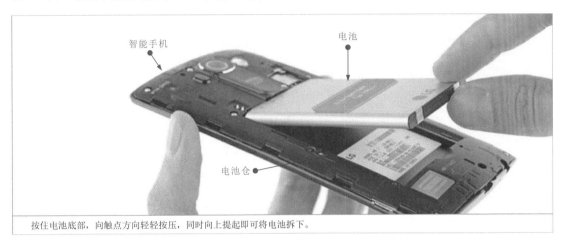

按住电池底部,向触点方向轻轻按压,同时向上提起即可将电池拆下。

图 7-5　可拆卸式电池的拆卸方法

提示说明　在智能手机中,可拆卸电池的设计使其安装和更换维修较为方便,但因该类电池的规格等因素,电池占据了智能手机大部分空间,因而采用该类电池的智能手机外观设计也受到限制,且因其方便的可拆卸性,用户能够较随意的自行拆换,在无法保证选用电池的正规性时,为智能手机电池的安全使用留下隐患。

2 一体式电池的拆卸

一体式电池大多通过插排与智能手机主电路板连接,电池主体部分通过双面胶等黏合剂粘贴在电池仓中,这类电池在拆卸时需要先将电池插排与主板分离,再分离电池与电池仓,如图7-6所示,操作有一定难度。

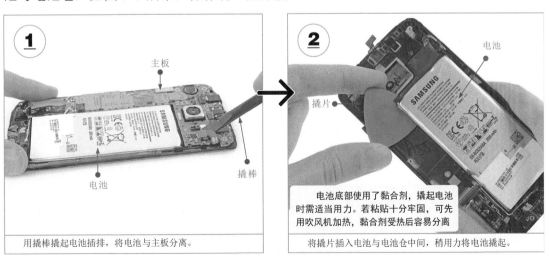

用撬棒撬起电池插排,将电池与主板分离。

电池底部使用了黏合剂,撬起电池时需适当用力。若粘贴十分牢固,可先用吹风机加热,黏合剂受热后容易分离

将撬片插入电池与电池仓中间,稍用力将电池撬起。

图 7-6

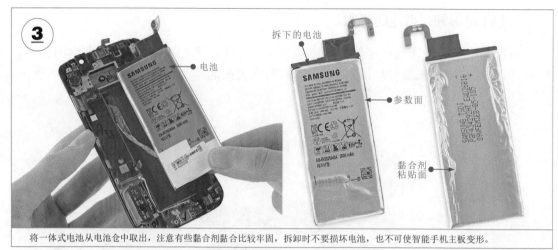

将一体式电池从电池仓中取出，注意有些黏合剂黏合比较牢固，拆卸时不要损坏电池，也不可使智能手机主板变形。

图 7-6　一体式电池的拆卸方法

如图 7-7 所示，有些智能手机中，一体式电池插排处设置与固定螺钉，拆卸时，需先将固定螺钉拧下；有些智能手机电池主体部分的黏合剂较多，拆卸时，可用具有一定硬度的卡片慢慢插入电池底部，使黏合剂分离；还有些智能手机中，电池通过引线焊接在智能手机主板上，这类手机电池非专业维修人员不可拆卸。

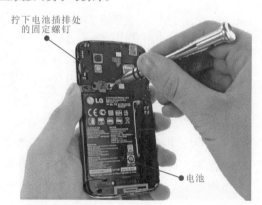

图 7-7　一体式电池的其他拆卸特点

7.2　智能手机电路板与功能部件的拆卸

7.2.1　智能手机电路板的拆卸

　　智能手机的电路板是实现智能手机控制、通信、存储、智能化管理等各种功能的主要组成部分。不同类型智能手机电路板的结构和安装位置有所不同，但基本都是由固定螺钉固定、排线连接的，拆卸步骤和方法大致相同。

　　目前智能手机的电路板通过螺钉固定在手机框架内，与其他功能部件之间通过排线连接。拆卸时，拧下所有固定螺钉，分离电路板与各功能部件之间的排线，即可将电路板取下，如图 7-8 所示。

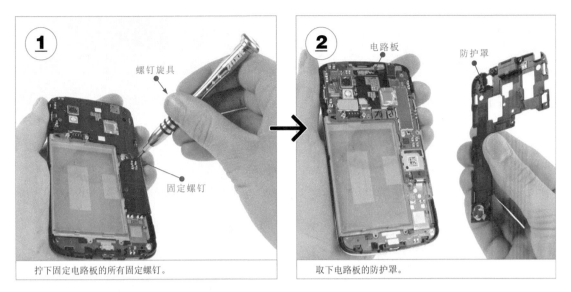

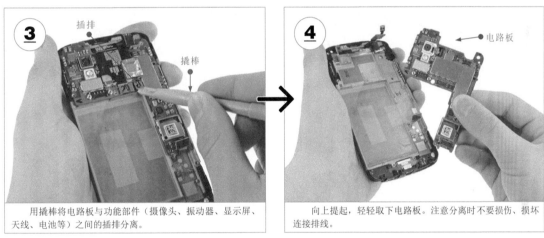

图 7-8 电路板的拆卸方法

 如图 7-9 所示，有些智能手机中电路板可能不止一块，而是两块或多块小电路板通过排线连接，拆卸时，除了拆下主电路板外，还需要将关联的小电路板取下。拆卸时，需要注意电路板与电路板之间的关联部件，不可损伤。

图 7-9 智能手机中的电路板

7.2.2 智能手机摄像头的拆卸

　　摄像头是智能手机中的重要部件，也是手机内部相对独立的功能部件之一。目前，大多智能手机都设有前置摄像头和后置摄像头，拆卸时需要分别拆卸。

　　如图7-10所示，目前，大多智能手机中均包括前置摄像头和后置摄像头。其中，后置摄像头也称为主摄像头，像素较高，一般安装在智能手机背部靠上的中间或靠左上角的位置；前置摄像头一般位于前面板顶部靠左（或右）侧位置，体积较小。

图7-10　智能手机中的摄像头

　　如图7-11所示，智能手机中的摄像头一般通过插排与电路板插接，或用排线连接。拆卸时向上提起摄像头分离插排，或扳开排线插座分离排线即可将摄像头取下。

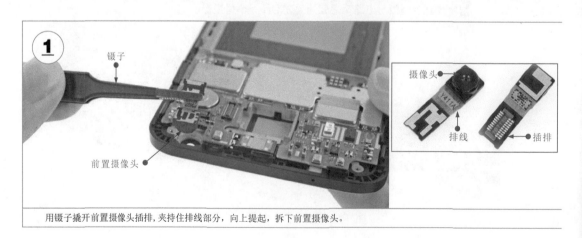

用镊子撬开前置摄像头插排，夹持住排线部分，向上提起，拆下前置摄像头。

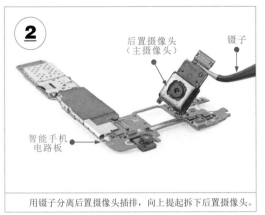

用镊子分离后置摄像头插排，向上提起拆下后置摄像头。

拆卸位于智能手机背部左上角的后置摄像头。

图 7-11　摄像头的拆卸方法

7.2.3　智能手机扬声器的拆卸

扬声器是将音频信号变成声波的器件。智能手机对音频信号进行处理、放大后，送入扬声器中，电信号变成声波使用户能够听到声音。

如图 7-12 所示，智能手机中的扬声器固定方式不同。有些采用压接方式与主电路板相连；有些智能手机中扬声器与天线制作成一个一体的模块组件，通过固定螺钉固定在智能手机底部。

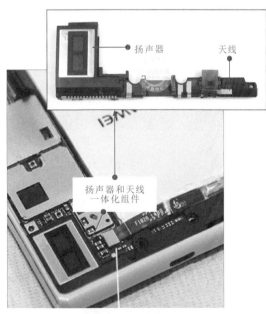

图 7-12　智能手机中的扬声器固定方式

如图 7-13 所示，压接式扬声器拆卸比较简单，待智能手机电路板与安装有扬声器的框架分离后，取下扬声器即可；若拆卸与天线一体化的扬声器组件，将固定螺钉拧下，将模块组件一起取下即可。

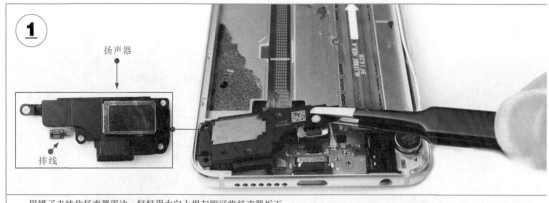

用镊子夹持住扬声器周边，轻轻用力向上提起即可将扬声器拆下。

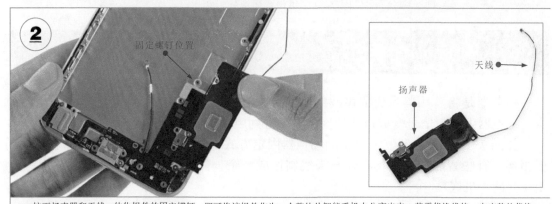

拧下扬声器和天线一体化组件的固定螺钉，即可将该组件作为一个整体从智能手机中分离出来。若需代换维修，也应整体代换。

图 7-13　扬声器的拆卸方法

7.2.4　智能手机听筒的拆卸

听筒与扬声器的功能相同，在接听电话时，将对方送来的语音信号变成声波使用户能够听到对方的声音。

如图 7-14 所示，智能手机中的听筒位于手机上部中间位置，多采用压接或插排连接的方式与电路板连接。

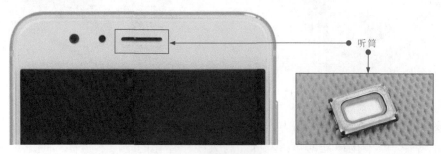

图 7-14　智能手机中的听筒

如图 7-15 所示，拆卸压接式听筒时，用镊子直接取下即可；插排连接的听筒，需要先将插排与插座分离，再将听筒取下。

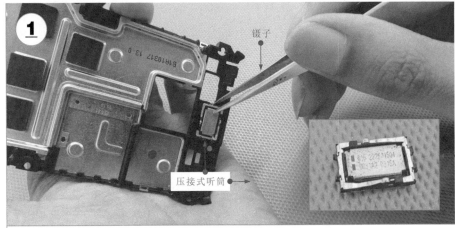

镊子

压接式听筒

在智能手机中，听筒作为一个重要的功能部件通过压接或插排连接安装。当听筒在使用过程中，出现故障或损坏，方便维修代换

用镊子夹持住听筒周边，轻轻用力向上提起即可将听筒拆下。

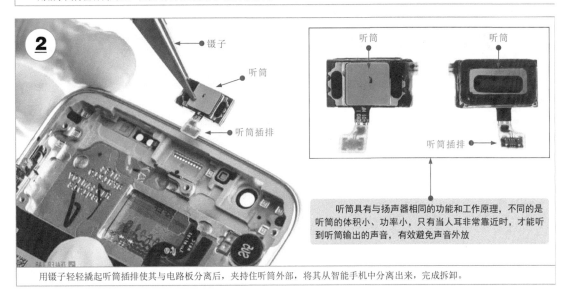

镊子

听筒

听筒插排

听筒

听筒

听筒插排

听筒具有与扬声器相同的功能和工作原理，不同的是听筒的体积小、功率小，只有当人耳非常靠近时，才能听到听筒输出的声音，有效避免声音外放

用镊子轻轻撬起听筒插排使其与电路板分离后，夹持住听筒外部，将其从智能手机中分离出来，完成拆卸。

图 7-15　听筒的拆卸方法

7.2.5　智能手机振动器的拆卸

振动器是智能手机实现来电或短信时手机产生振动功能的主要元件。通常振动器是由一只小型直流电动机构成的，受驱动电路控制。

如图 7-16 所示，目前，智能手机中的振动器主要有三种结构形式：一种是常见的偏心轮型振动器；第二种是圆形振动器；还有方形振动器。

振动器在智能手机中多采用压接形式安装，多位于智能手机边角部分。

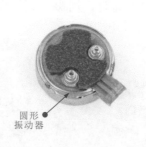
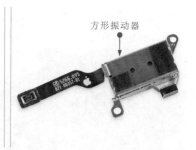

直流电动机带
偏心轮式振动器

圆形
振动器

方形振动器

图 7-16　智能手机中的振动器

如图 7-17 所示，振动器拆卸比较简单，找到其安装位置，用镊子夹持其周边，将其从智能手机电路板分离即可。

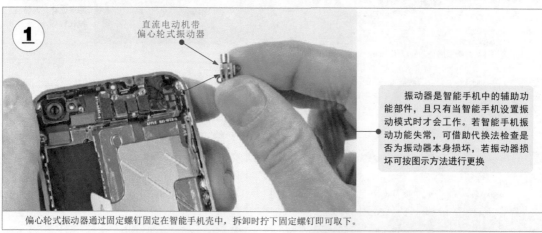

直流电动机带
偏心轮式振动器

振动器是智能手机中的辅助功能部件，且只有当智能手机设置振动模式时才会工作。若智能手机振动功能失常，可借助代换法检查是否为振动器本身损坏，若振动器损坏可按图示方法进行更换

偏心轮式振动器通过固定螺钉固定在智能手机壳中，拆卸时拧下固定螺钉即可取下。

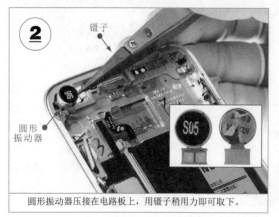

镊子

圆形
振动器

SU5

镊子

方形振动器

圆形振动器压接在电路板上，用镊子稍用力即可取下。

拧下方形振动器固定螺钉，用镊子向上提起即可取下。

图 7-17　振动器的拆卸方法

7.2.6　智能手机耳麦接口的拆卸

耳麦接口是智能手机中用来与外部的耳机或耳麦连接的接口，主要功能将音频信号送到外部耳机中，此外还可以传递耳麦送来的语音信号。

如图 7-18 所示，智能手机中的耳麦接口大都采用通用的 3.5mm 圆孔型接口，一般位于主机底部，也有少数位于主机顶部一侧，通过连接耳机或耳麦实现音频信号的输出或输入。

圆孔型
耳麦接口

耳麦引线及插头

图 7-18　智能手机中的耳麦接口

目前国际上通用的手机耳麦接口标准有两个：一个是 OMTP 的标准；另一个是 CTIA 的标准，如图 7-19 所示。其中，国内产品则主要采用 OMTP 标准，国际厂商大部分使用的是 CTIA 标准，如 iPhone 耳机。

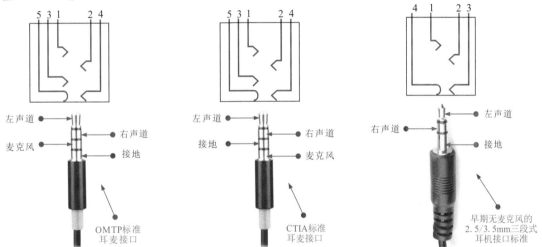

图 7-19　智能手机中的耳麦接口标准

根据耳麦接口的外形特征，在智能手机中找到带有圆形孔的耳麦接口。耳麦接口多通过插排与智能手机的电路板连接，拆卸时，首先分离插排，再将耳麦接口从智能手机外壳中取下即可，如图 7-20 所示。

图 7-20　耳麦接口的拆卸方法

7.2.7 智能手机数据及充电接口组件的拆卸

数据及充电接口组件是智能手机实现数据传输和充电功能的重要部件。连接USB数据线可与计算机之间传输数据，连接充电器可对手机电池补充电能。

如图7-21所示，目前，智能手机中所采用的数据及充电接口主要有三种类型：micro-USB、USB Type-C和Lightning，其中micro-USB为市场上大多数智能手机所采用，USB Type-C为最新推出的新型USB接口（USB3.1），Lightning为苹果手机所采用的数据及充电接口。

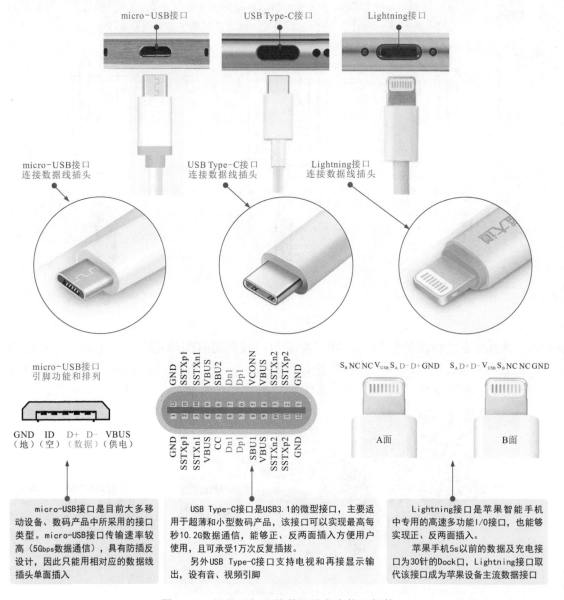

micro-USB接口是目前大多移动设备、数码产品中所采用的接口类型；micro-USB接口传输速率较高（5Gbps数据通信），具有防插反设计，因此只能用相对应的数据线插头单面插入

USB Type-C接口是USB3.1的微型接口，主要适用于超薄和小型数码产品，该接口可以实现最高每秒10.2G数据通信，能够正、反两面插入方便用户使用，且可承受1万次反复插拔。

另外USB Type-C接口支持电视和再接显示输出，设有音、视频引脚

Lightning接口是苹果智能手机中专用的高速多功能I/O接口，也能够实现正、反两面插入。

苹果手机5s以前的数据及充电接口为30针的Dock口，Lightning接口取代该接口成为苹果设备主流数据接口

图7-21 智能手机中的数据及充电接口组件

智能手机数据及充电接口一般位于手机底部，且多作为一个独立的组件安装在机壳内，通过排线与电路板连接。

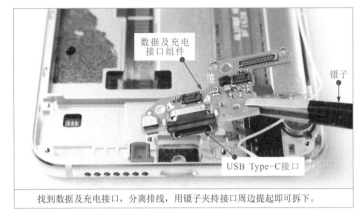

找到数据及充电接口，分离排线，用镊子夹持接口周边提起即可拆下。

图 7-22　数据及充电接口组件的拆卸

拆卸时，将数据及充电接口组件与电路板之间的连接接口分离，用镊子向上提起即可取下，如图 7-22 所示。

7.2.8　智能手机按键的拆卸

智能手机中设有的按键数量很少，常见有开 / 关机键、音量增 / 减键等，由于按键的操作次数较多，出现异常的情况也比较多见，需要掌握正确的拆换方法。

如图 7-23 所示，智能手机中的按键部分一般位于手机的侧面或顶部等方便用户操作的位置。不同品牌和型号的智能手机中设置按键的位置和数量不同，但按键的功能基本相同。

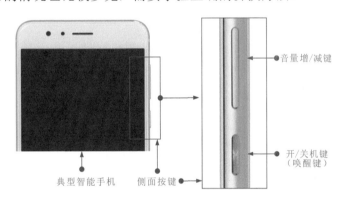

图 7-23　智能手机的按键组件

智能手机按键之间通过很薄的排线连接，拆卸时用镊子从手机壳侧面的缝隙中夹取出来 即可，如图 7-24 所示。拆卸时需要注意轻拿轻放，不要弄断或损伤排线。若某一个按键损坏，一般需要整体更换按键组件。

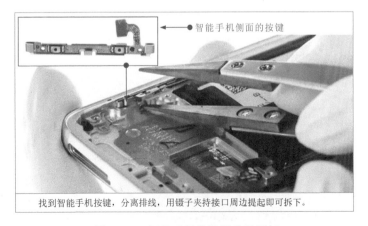

找到智能手机按键，分离排线，用镊子夹持接口周边提起即可拆下。

图 7-24　智能手机按键组件的拆卸

第**8**章

智能手机功能部件的检测代换

8.1 显示屏组件的检测代换

8.1.1 显示屏组件的检测

显示屏组件出现故障，会使智能手机出现屏幕无显示、背光不亮、有坏点、显示异常等现象。

图8-1为智能手机显示屏组件的检测方法。

若显示屏存在故障，使用撬片撬开显示屏两侧的卡扣。

从上方轻轻抬起显示屏，查看屏线、驱动电路是否良好。

使用撬棒轻轻撬开显示屏插件和触摸板插件。

将显示屏组件与智能手机分离。

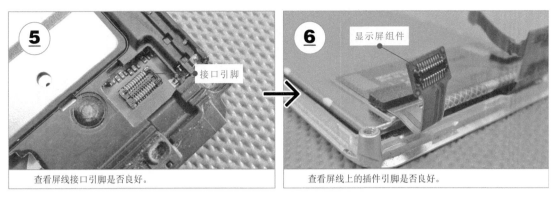

图 8-1　智能手机显示屏组件的检测方法

8.1.2　显示屏组件的代换

　　若发现显示屏组件有损坏的迹象，则应根据智能手机的型号或显示屏、屏线的型号对损坏部分进行更换。

　　图 8-2 为智能手机显示屏组件的代换方法。

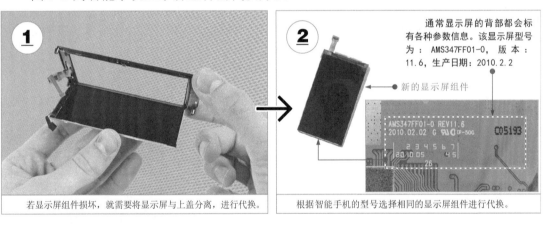

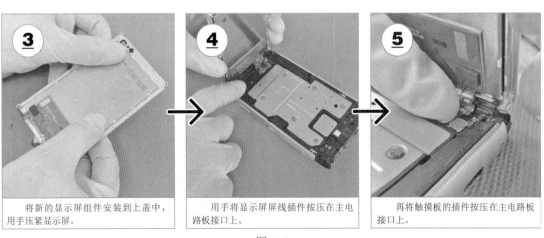

图 8-2

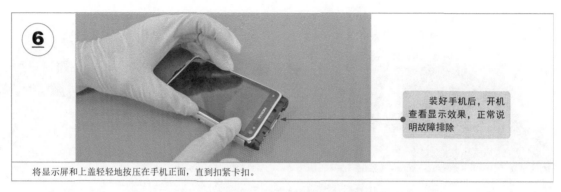

将显示屏和上盖轻轻地按压在手机正面，直到扣紧卡扣。

装好手机后，开机查看显示效果，正常说明故障排除

图 8-2　智能手机显示屏组件的代换方法

8.2　触摸屏的检测代换

8.2.1　触摸屏的检测

触摸屏出现故障，会使智能手机出现触摸控制失常等异常现象。若发现触摸控制出现异常。

图 8-3 为智能手机触摸屏的检测方法。应重点对触摸屏表面、软排线 / 接插件等部位进行检查。

触摸屏

触摸屏出现故障，会使智能手机出现触摸控制功能异常的现象

保护玻璃

触摸屏

显示屏

对触摸屏进行检查，主要是对其外观、软排线/接插件进行检查

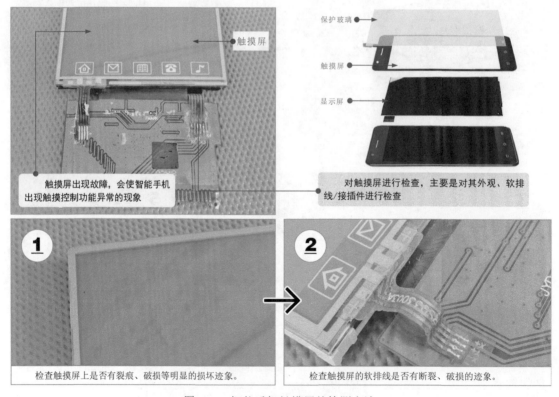

检查触摸屏上是否有裂痕、破损等明显的损坏迹象。

检查触摸屏的软排线是否有断裂、破损的迹象。

图 8-3　智能手机触摸屏的检测方法

8.2.2 触摸屏的代换

若发现触摸屏有损坏的迹象，则应根据智能手机的型号和规格，选择匹配的触摸屏进行代换。

图 8-4 为智能手机触摸屏的代换方法。

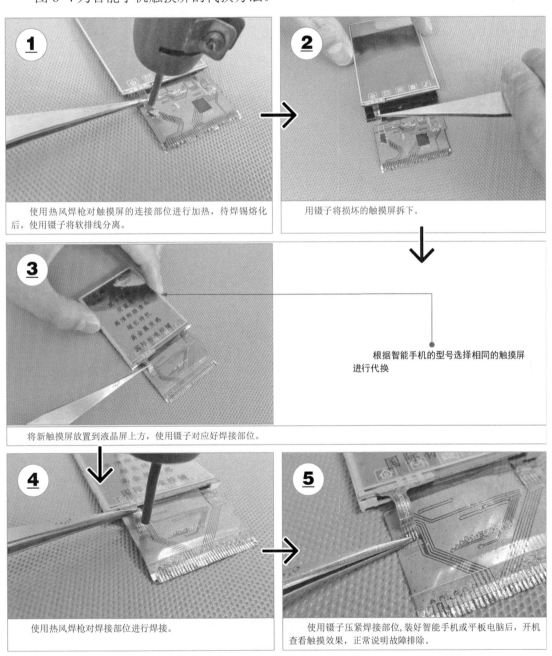

① 使用热风焊枪对触摸屏的连接部位进行加热，待焊锡熔化后，使用镊子将软排线分离。

② 用镊子将损坏的触摸屏拆下。

③ 将新触摸屏放置到液晶屏上方，使用镊子对应好焊接部位。

根据智能手机的型号选择相同的触摸屏进行代换

④ 使用热风焊枪对焊接部位进行焊接。

⑤ 使用镊子压紧焊接部位，装好智能手机或平板电脑后，开机查看触摸效果，正常说明故障排除。

图 8-4　智能手机触摸屏的代换方法

8.3　按键的检测代换

8.3.1　按键的检测

智能手机中的按键主要指开关机/锁屏键等功能键钮,操作人员通过它可向智能手机发出开机、关机、锁屏等指令。通常智能手机的按键安装在侧面或顶部。按键出现故障,会使智能手机和平板电脑出现按键失灵等现象。

图 8-5 为智能手机按键的检测方法。怀疑按键出现故障,可使用万用表通过对微动开关的阻值测量进行判别。

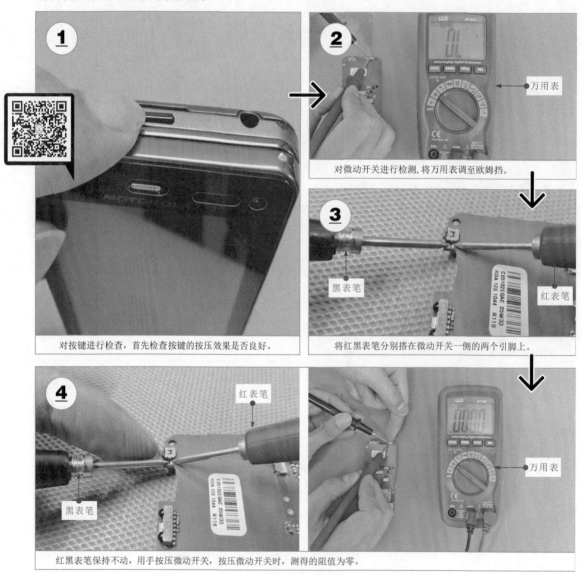

图 8-5　智能手机按键的检测方法

8.3.2 按键的代换

　　若发现按键有损坏的迹象，则应根据智能手机的型号或微动开关的大小、类型对损坏部分进行更换。

　　图 8-6 为智能手机按键的代换方法。

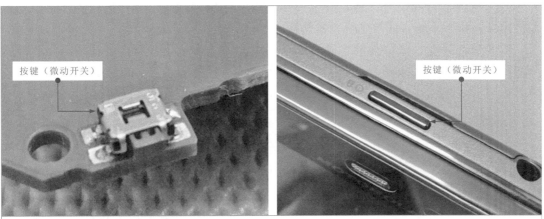

　　按键实际上是一个微动开关，内部有触点，引脚直接焊接在电路上。代换按键时需要使用电烙铁（或热风焊机）将损坏的微动开关的引脚从电路板上焊开，取下后再将更换的微动开关重新焊装到位即可。

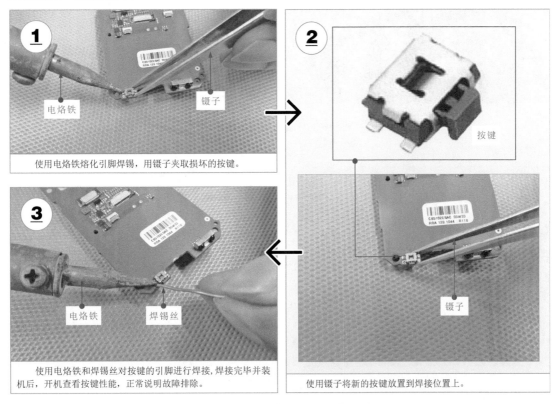

1 电烙铁　　镊子

使用电烙铁熔化引脚焊锡，用镊子夹取损坏的按键。

2 按键

使用镊子将新的按键放置到焊接位置上。

3 电烙铁　　焊锡丝

使用电烙铁和焊锡丝对按键的引脚进行焊接，焊接完毕并装机后，开机查看按键性能，正常说明故障排除。

镊子

图 8-6　智能手机按键的代换方法

8.4 听筒的检测代换

8.4.1 听筒的检测

听筒是智能手机和平板电脑中重要的传声部件。它与电路板相连，由音频信号处理芯片为其提供音频信号，驱动听筒发声。若听筒出现故障，则会造成智能手机无法播放声音、接听不正常或声音异常等情况。

图 8-7 为智能手机听筒的检测方法。怀疑听筒出现故障，就需要使用万用表对听筒的阻值进行检测。

听筒出现故障，会使智能手机通话时，出现无声音、声音异常等现象

听筒粘贴在手机内部，通过压接的方式与电路板进行连接

听筒

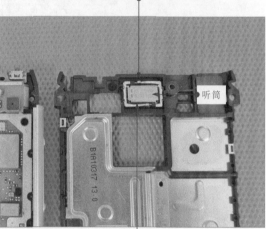

听筒

对听筒进行检查，主要是对听筒的阻值进行检测

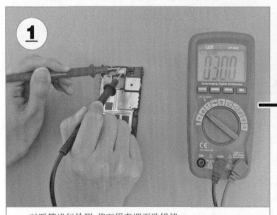

对听筒进行检测，将万用表调至欧姆挡。

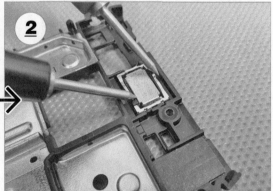

将红黑表笔分别搭在听筒的两个引脚上。，正常情况下，测得的阻值为30Ω左右。

图 8-7 智能手机听筒的检测方法

8.4.2 听筒的代换

若发现听筒有损坏的迹象，应根据智能手机的型号或听筒的类型对损坏的听筒进行更换。

图 8-8 为智能手机听筒的代换方法。

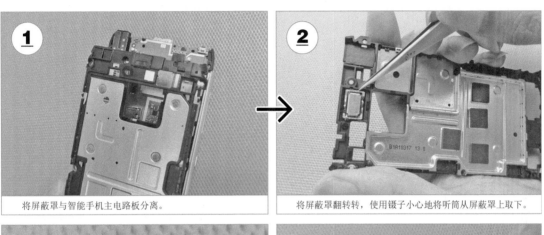

将屏蔽罩与智能手机主电路板分离。

将屏蔽罩翻转转，使用镊子小心地将听筒从屏蔽罩上取下。

根据智能手机的型号选择同类型的压接式听筒进行代换。

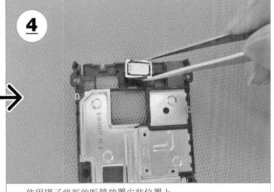

使用镊子将新的听筒放置安装位置上。

使用镊子等工具小心地将听筒压紧。

将听筒安装好后，进行装机，然后开机查看听筒性能，正常说明故障排除。

图 8-8　智能手机听筒的代换方法

8.5 话筒的检测代换

8.5.1 话筒的检测

话筒是智能手机中重要的声音输入部件，主要用来在通话或语音识别过程中拾取声音信号，并将其转换成电信号传送到电路板中。话筒出现故障，会使智能手机在通话中出现声音识别异常等现象。

图 8-9 为智能手机话筒的检测方法。怀疑话筒出现故障，就需要使用万用表对话筒的阻值进行检测。

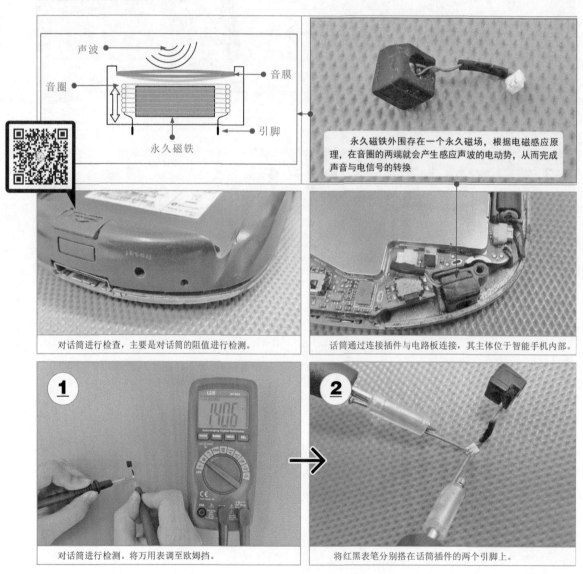

图 8-9 智能手机话筒的检测方法

8.5.2 话筒的代换

　　若发现话筒有损坏的迹象，应根据智能手机的型号或话筒的类型对损坏的话筒进行拆卸代换。

　　图 8-10 为智能手机话筒的代换方法。

将后盖取下，即可看到内部的电路板。

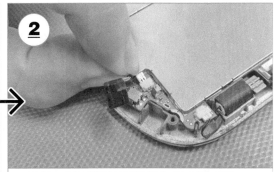

插接式话筒

根据智能手机或平板电脑的型号选择同类型的插接式话筒进行代换。

用手轻轻地将话筒的连接插件拔下，就可以取下话筒。

将新话筒轻轻插接到电路接口中。

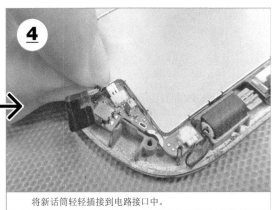

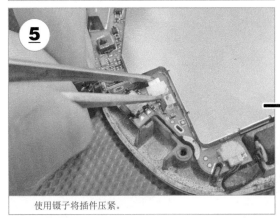

使用镊子将插件压紧。

将话筒放置到位后装机，然后开机进行测试，测试正常，说明故障排除。

图 8-10　智能手机话筒的代换方法

8.6 摄像头的检测代换

8.6.1 摄像头的检测

摄像头主要是用来拾取图像信息，使智能手机能够拍照或摄像。如果摄像头出现故障，会使智能手机在拍照或摄像模式下，出现镜头调整失灵、拍摄图像或取景图像显示异常等现象。

图 8-11 为智能手机摄像头的检测方法。摄像头一般固定在手机的电路板上，通过软排线与电路板相连。检测时应对摄像头自身、引线接头及排线进行仔细检查。

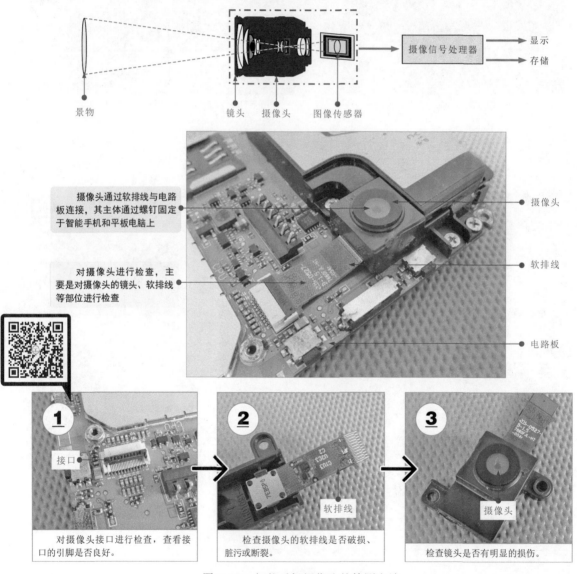

图 8-11　智能手机摄像头的检测方法

8.6.2 摄像头的代换

若发现摄像头有损坏的迹象，应根据智能手机的型号或摄像头的类型对损坏的摄像头进行拆卸代换。

图 8-12 为智能手机摄像头的拆卸方法。

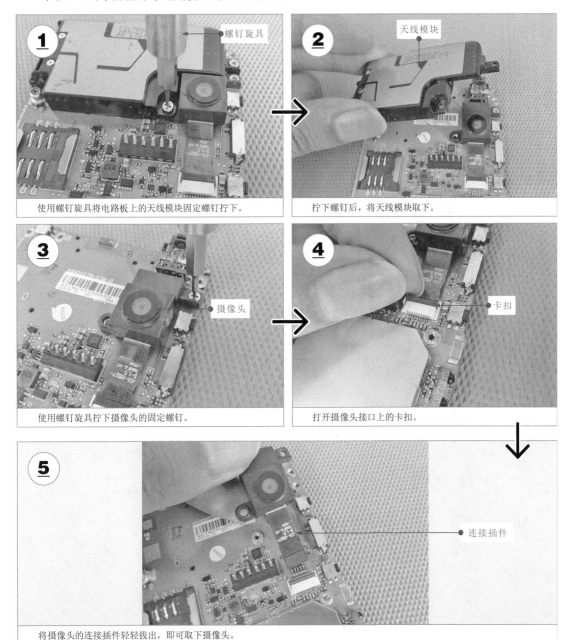

① 螺钉旋具

使用螺钉旋具将电路板上的天线模块固定螺钉拧下。

② 天线模块

拧下螺钉后，将天线模块取下。

③ 摄像头

使用螺钉旋具拧下摄像头的固定螺钉。

④ 卡扣

打开摄像头接口上的卡扣。

⑤ 连接插件

将摄像头的连接插件轻轻拔出，即可取下摄像头。

图 8-12　智能手机摄像头的拆卸方法

图 8-13 为智能手机摄像头的代换方法。

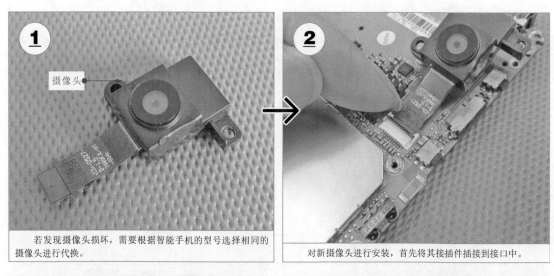

① 摄像头

若发现摄像头损坏，需要根据智能手机的型号选择相同的摄像头进行代换。

② 对新摄像头进行安装，首先将其接插件插接到接口中。

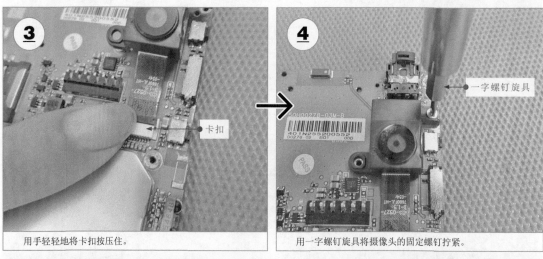

③ 卡扣

用手轻轻地将卡扣按压住。

④ 一字螺钉旋具

用一字螺钉旋具将摄像头的固定螺钉拧紧。

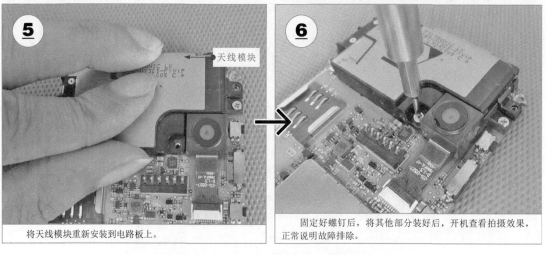

⑤ 天线模块

将天线模块重新安装到电路板上。

⑥ 固定好螺钉后，将其他部分装好后，开机查看拍摄效果，正常说明故障排除。

图 8-13　智能手机摄像头的代换方法

8.7 振动器的检测代换

8.7.1 振动器的检测

振动器实际上是在一个小型电动机的转轴上套有一个偏心的振轮，电动机工作带动偏心振轮旋转，在离心力的作用下，半圆金属使电动机整体发生振动，致使智能手机发出振动。如果振动器出现故障，会使智能手机的振动功能出现异常。

图 8-14 为智能手机振动器的检测方法。怀疑振动器出现故障，可使用万用表对振动器的阻值进行检测。

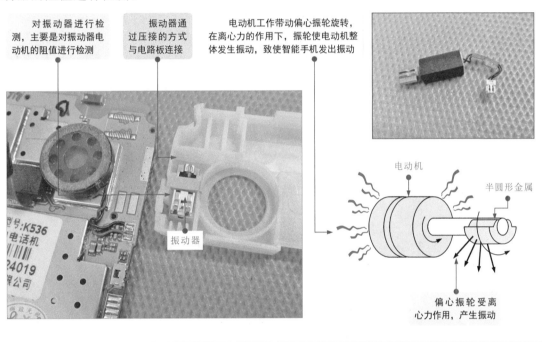

对振动器进行检测，主要是对振动器电动机的阻值进行检测

振动器通过压接的方式与电路板连接

电动机工作带动偏心振轮旋转，在离心力的作用下，振轮使电动机整体发生振动，致使智能手机发出振动

型号:K536
电话机

振动器

电动机

半圆形金属

偏心振轮受离心力作用，产生振动

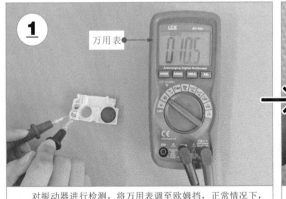

1 万用表

对振动器进行检测，将万用表调至欧姆挡，正常情况下，可测得的阻值为10.5Ω左右。

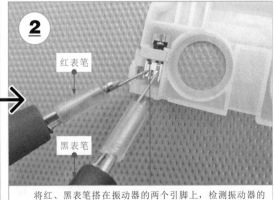

2 红表笔

黑表笔

将红、黑表笔搭在振动器的两个引脚上，检测振动器的阻值。

图 8-14　智能手机振动器的检测方法

8.7.2 振动器的代换

振动器一般压接在电路板的触点上，若发现振动器有损坏的迹象，应根据智能手机的型号对损坏部件进行更换。

图 8-15 为智能手机振动器的代换方法。

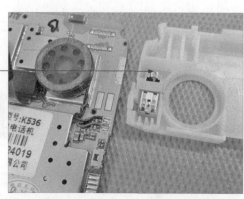

将手机的天线模块拆下，在模块的内部可找到振动器

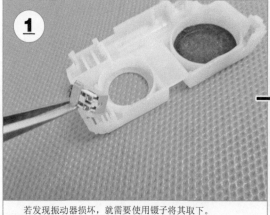

若发现振动器损坏，就需要使用镊子将其取下。

根据智能手机的型号，选择同类型的振动器进行代换。

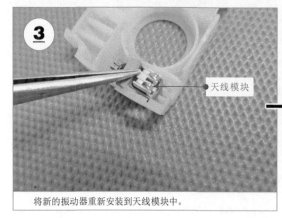

天线模块

将新的振动器重新安装到天线模块中。

将模块固定好后，将其他部分装好，再开机查看振动效果，正常说明故障排除。

图 8-15　智能手机振动器的代换方法

8.8 天线的检测代换

8.8.1 天线的检测

　　天线都以天线模块的形式存在，通过触点压接的方式固定在电路板上，天线模块主要用来接收和发送射频信号。如果天线出现故障，会使智能手机无法接入通信网络、通讯功能出现异常等现象。

　　图 8-16 为智能手机天线的检测方法。怀疑天线出现故障，需要对天线模块的外观、印制线、触点等进行仔细检查。

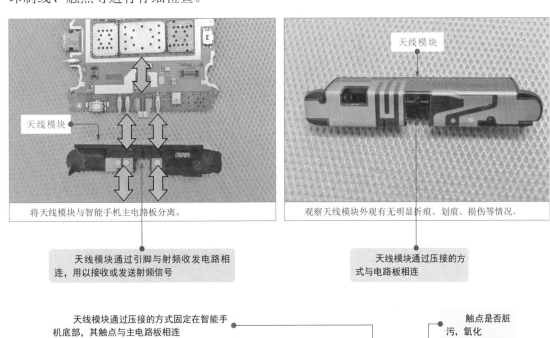

将天线模块与智能手机主电路板分离。

观察天线模块外观有无明显折痕、划痕、损伤等情况。

天线模块通过引脚与射频收发电路相连，用以接收或发送射频信号

天线模块通过压接的方式与电路板相连

天线模块通过压接的方式固定在智能手机底部，其触点与主电路板相连

触点是否脏污，氧化

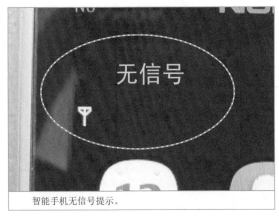

无信号

智能手机无信号提示。

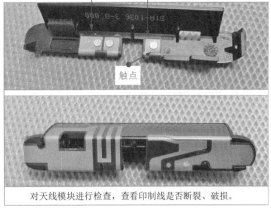

触点

对天线模块进行检查，查看印制线是否断裂、破损。

图 8-16　智能手机天线的检测方法

8.8.2 天线的代换

天线模块的故障多由于引脚接触不良引起。若确认天线模块损坏，应根据智能手机的型号对损坏的天线模块进行更换。

图 8-17 为智能手机天线的拆卸代换方法。

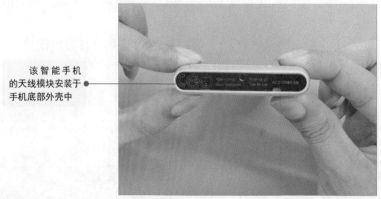

该智能手机的天线模块安装于手机底部外壳中

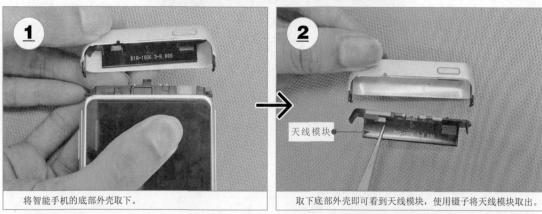

1 将智能手机的底部外壳取下。

2 取下底部外壳即可看到天线模块，使用镊子将天线模块取出。

天线模块

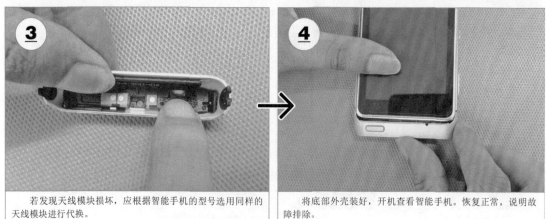

3 若发现天线模块损坏，应根据智能手机的型号选用同样的天线模块进行代换。

4 将底部外壳装好，开机查看智能手机。恢复正常，说明故障排除。

图 8-17　智能手机天线的拆卸代换方法

8.9 耳机接口的检测代换

8.9.1 耳机接口的检测

智能手机都带有耳机接口，用来与耳机进行连接，为耳机传输音频信号。如果耳机接口出现故障，会使智能手机在插接耳机后，出现耳机无法识别、无声音、声音异常等现象。

一般来说，对耳机接口进行检测主要是使用万用表对耳机接口引脚在不接耳机和插接耳机两种状态下的阻值进行检测。

图 8-18 为智能手机在不接耳机状态下对耳机接口的检测方法。

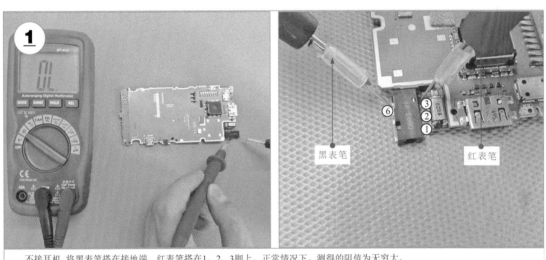

不接耳机，将黑表笔搭在接地端，红表笔搭在1、2、3脚上。正常情况下，测得的阻值为无穷大。

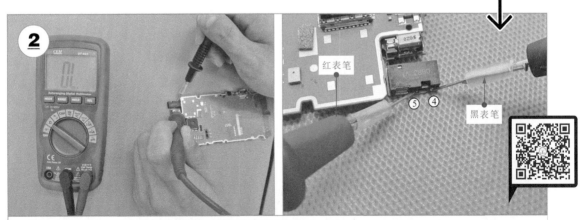

将红、黑表笔搭在4、5脚之间，正常情况下，测得的阻值也为无穷大。

图 8-18　智能手机在不接耳机状态下对耳机接口的检测方法

图 8-19 为智能手机在插接耳机状态下对耳机接口的检测方法。

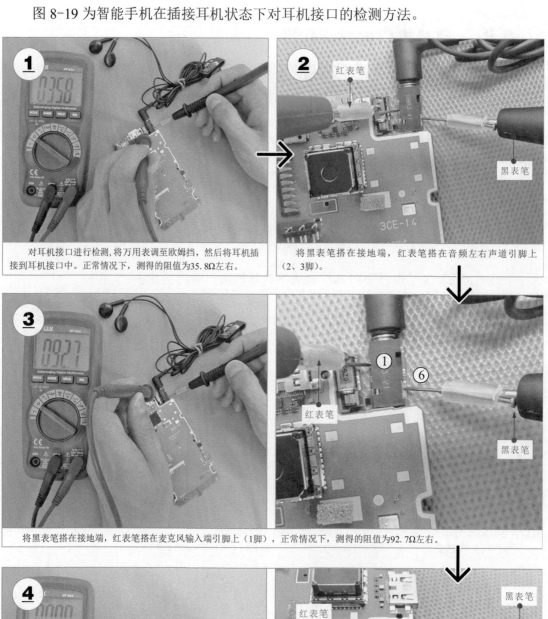

对耳机接口进行检测,将万用表调至欧姆挡,然后将耳机插接到耳机接口中。正常情况下,测得的阻值为35.8Ω左右。

将黑表笔搭在接地端,红表笔搭在音频左右声道引脚上(2、3脚)。

将黑表笔搭在接地端,红表笔搭在麦克风输入端引脚上(1脚),正常情况下,测得的阻值为92.7Ω左右。

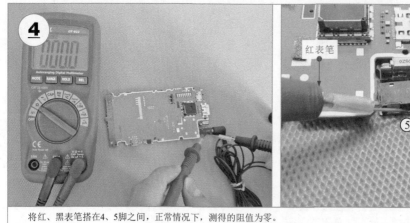

将红、黑表笔搭在4、5脚之间,正常情况下,测得的阻值为零。

图 8-19　智能手机在插接耳机状态下对耳机接口的检测方法

8.9.2 耳机接口的代换

耳机接口一般通过焊接的方式固定在电路板上，若发现耳机接口有损坏的迹象，应根据智能手机的型号对损坏部分进行更换。

图 8-20 为智能手机耳机接口的代换方法。

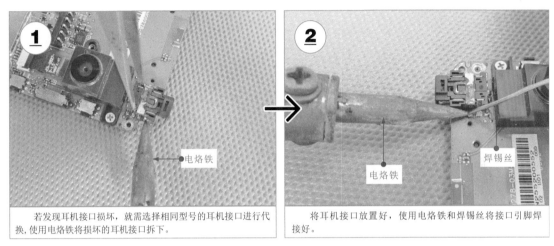

若发现耳机接口损坏，就需选择相同型号的耳机接口进行代换，使用电烙铁将损坏的耳机接口拆下。	将耳机接口放置好，使用电烙铁和焊锡丝将接口引脚焊接好。

图 8-20　智能手机耳机接口的代换方法

8.10　USB 接口的检测代换

8.10.1　USB 接口的检测

USB 接口是智能手机上必备的接口。若 USB 接口出现故障，会使智能手机和平板电脑无法与计算机连接或不能进行充电。

图 8-21 为 USB 接口的检测方法。

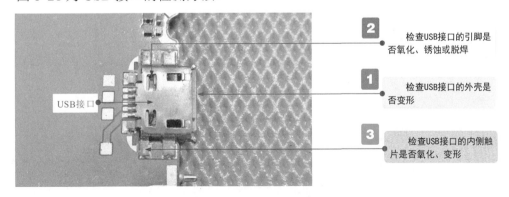

图 8-21　USB 接口的检测方法

8.10.2 USB 接口的代换

　　不同外形大小的 USB 接口都以焊接的方式固定在电路板上。若发现 USB 接口有损坏的迹象，应根据智能手机的型号对损坏部件进行更换。

　　图 8-22 为智能手机 USB 接口的代换方法。

USB接口的引脚焊接在手机电路板上，智能手机通过引脚进行检测、充电和数据传输

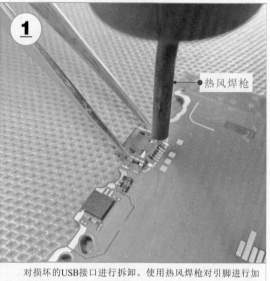

对损坏的USB接口进行拆卸。使用热风焊枪对引脚进行加热，待带焊锡熔化后，用镊子取下接口。

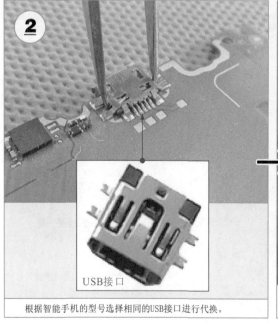

根据智能手机的型号选择相同的USB接口进行代换。

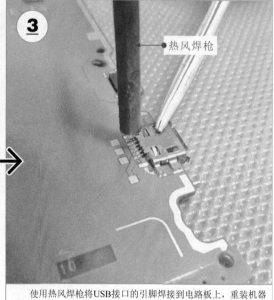

使用热风焊枪将USB接口的引脚焊接到电路板上，重装机器设备后，开机查看USB接口的使用效果，正常说明故障排除。

图 8-22　智能手机 USB 接口的代换方法

第3篇
电路检修篇

第**9**章

智能手机射频电路的检修方法

9.1 射频电路的结构

9.1.1 射频电路的特征

　　射频电路是用来接收和发射信号的公共电路单元，也是用来实现智能手机之间相互通信的关键电路。图9-1为智能手机中射频电路的安装位置。

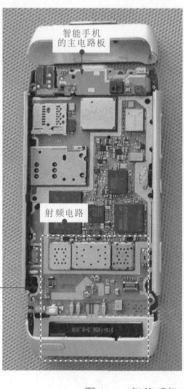

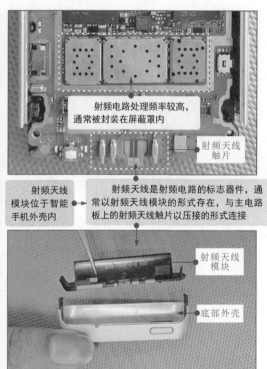

智能手机的主电路板

射频电路处理频率较高，通常被封装在屏蔽罩内

射频天线触片

射频电路通常位于智能手机主电路板上

射频天线模块位于智能手机外壳内

射频天线是射频电路的标志器件，通常以射频天线模块的形式存在，与主电路板上的射频天线触片以压接的形式连接

射频电路

射频天线模块

底部外壳

图9-1　智能手机中射频电路的安装位置

射频电路中各部件在主电路板的位置较集中，且由于所处理的信号频率很高，为了避免外界信号的干扰，通常被封装在屏蔽罩内。在确定射频电路范围时，可首先找到大面积使用屏蔽罩封装的器件，便可在其屏蔽罩内或其附近找到射频电路中的各部件。另外，射频电路需要与天线关联，因此大面积屏蔽罩附近会设有射频天线，根据这些特点即可确定射频电路的安装位置。

提示说明　由于智能手机电路板的高度集成性，电路板上通常没有任何文字或字母性的标识，且射频电路通常被封装在屏蔽罩内，根据结构特征和安装位置，只能确定射频电路的大体位置，并不能判断出射频电路的各组成元件的连接关系，这种情况下，我们通常的做法是借助电路原理图、元件安装图来准确圈定电路范围，如图 9-2 所示。

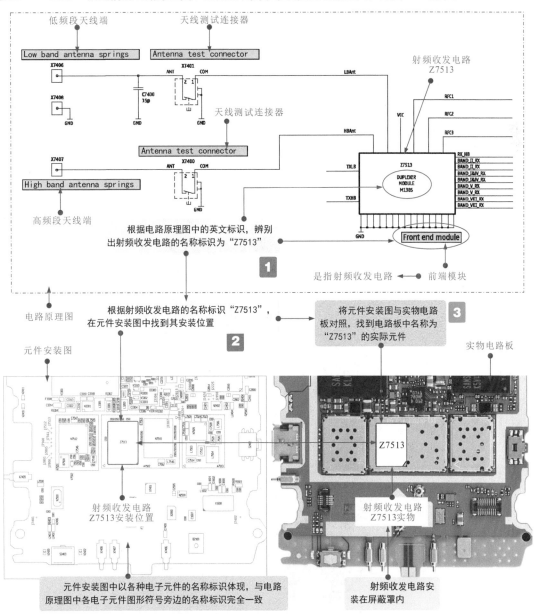

图 9-2　准确圈定射频电路范围的方法

① 根据电路原理图中的英文标识明确射频电路中各元件功能，如 "DUPLEXER MOULE" 或 "Front end module" 标识的含义为射频收发电路，该标识下对应芯片的名称标识为 "Z7513"。

② 在元件安装图中找到 "Z7513"。

③ 将元件安装图与实际电路板对应，根据 "Z7513" 在元件安装图中的位置，找到电路板中实际的 "Z7513" 元件。

④ 以此明确整个射频电路中各元件的位置，从而圈定出整个射频电路的范围。

不同品牌型号的智能手机中，射频电路的结构特征基本相同，但在细节上也有所区别，如图 9-3 所示。

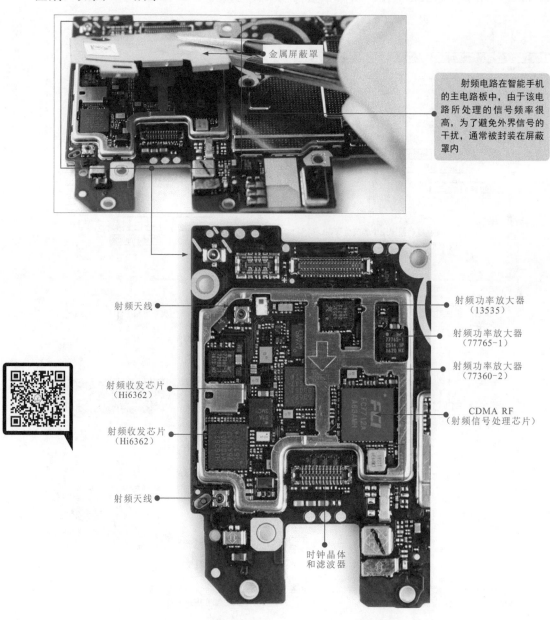

图 9-3　不同品牌型号智能手机中射频电路的结构特征

9.1.2　射频电路的结构组成

一般来说，射频电路主要是由射频天线模块、射频收发电路、射频功率放大器、射频信号处理芯片、射频电源管理芯片、滤波器、晶体等组成的。

图 9-4 为典型智能手机中射频电路的结构。

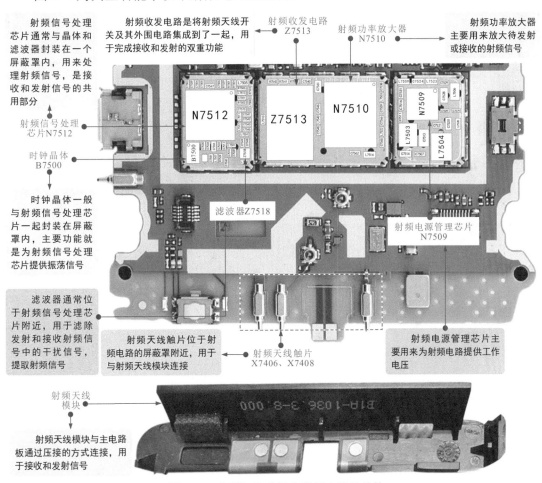

图 9-4　典型智能手机中射频电路的结构

1　射频收发电路

射频收发电路具有接收和发射的双重功能。在智能手机接听或拨打电话的过程中，进行信号的收发。

图 9-5 为射频收发电路的实物外形。

有些智能手机中除了设有射频收发电路外，还单独设有天线切换开关。其中，射频收发电路用来切换手机在通话状态下接收和发射信号的状态，并对发射和接收的射频信号进行处理。天线切换开关为手机中的 WCDMA（3G）射频接收和发射电路专用，主要用来切换 WCDMA（3G）制式下手机的接收和发射状态。

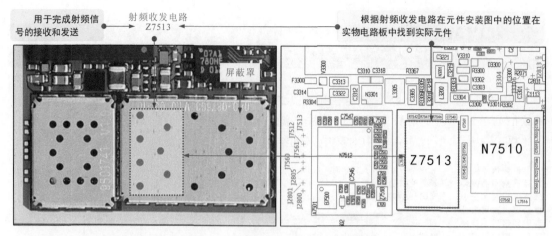

图 9-5　射频收发电路的实物外形

2 射频功率放大器

射频功率放大器用来放大需要待发射的射频信号，其实物外形如图 9-6 所示。

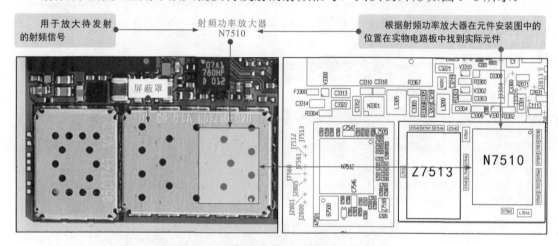

图 9-6　射频功率放大器的实物外形

3 射频信号处理芯片

射频信号处理芯片主要用来处理射频信号，内部集成有频率变换（调制）、解调处理等多种功能，是接收和发射信号的共用部分，其实物外形如图 9-7 所示。

射频信号处理芯片接收射频信号时，射频信号与本振信号在射频信号处理芯片中进行混频（降频）和解调等处理；射频信号处理芯片发射射频信号时，射频信号在射频信号处理芯片中进行频率变换（调制）等处理，将发送的数据信号调制到射频载波上，对信号进行升频变换。

在有的射频电路中，会使用两个射频信号处理芯片，其中一个可作为射频信号的接收处理电路，另一个可作为射频信号的发射处理电路，如图 9-8 所示。

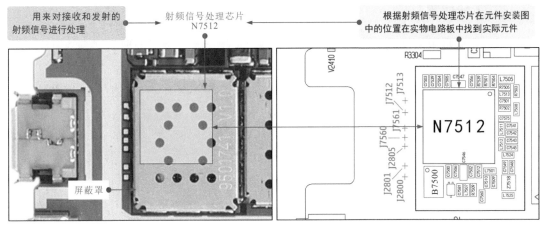

图 9-7　射频信号处理芯片的实物外形

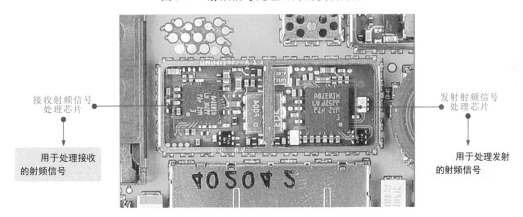

图 9-8　发射和接收射频信号处理电路分开的芯片

4　射频电源管理芯片

　　射频电源管理芯片主要用来为射频电路中的射频收发电路、射频功率放大器以及射频信号处理芯片等提供所需的工作电压，其实物外形如图 9-9 所示。

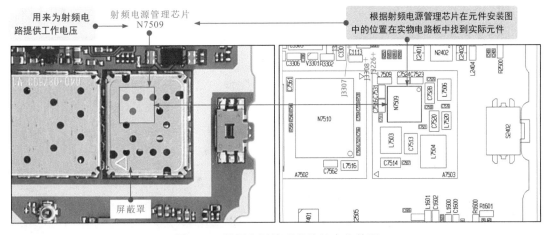

图 9-9　射频电源管理芯片的实物外形

5 滤波器

滤波器主要用来滤除射频发射和接收电路中的干扰信号，提取各种频率的射频信号，其实物外形如图9-10所示。

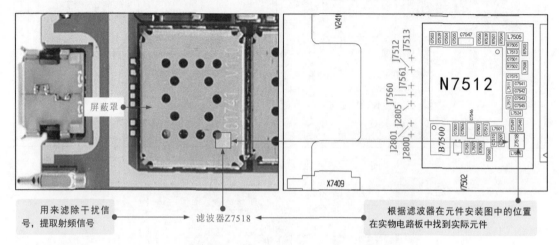

图 9-10　滤波器的实物外形

6 时钟晶体

时钟晶体主要是用来为射频信号处理芯片提供38.4MHz的时钟信号，图9-11为时钟晶体 B7500（38.4 MHz）的实物外形图。

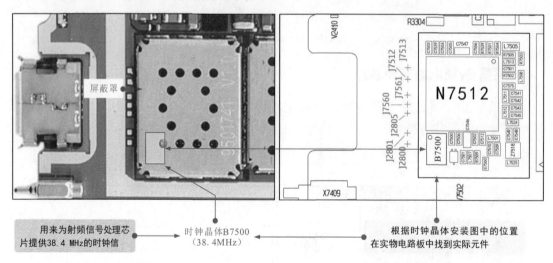

图 9-11　时钟晶体 B7500（38.4MHz）的实物外形

7 射频天线模块

射频天线模块是一种能辐射和感应（接收）电磁能的金属导体，它被制成一个天线模块，通过触点压接的方式固定在电路板上，主要用来接收和发送射频信号，保证智能手机可正常通话，收发短信，其实物外形如图9-12所示。

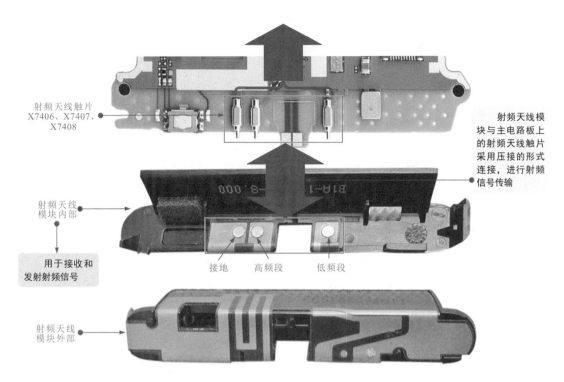

射频天线触片
X7406、X7407、
X7408

射频天线
模块内部

用于接收和
发射射频信号

射频天线
模块外部

接地　　高频段　　低频段

射频天线模
块与主电路板上
的射频天线触片
采用压接的形式
连接，进行射频
信号传输

图 9-12　射频天线模块的实物外形

射频天线模块与主电路板上的射频天线触片通过压接的方式与主电路板相连，当智能手机接听电话或接收短信时，射频天线模块将接收到的射频信号传送到射频电路中；当进行拨打电话或发送短信时，射频天线模块便会向外发出射频信号。

9.2　射频电路的工作原理

9.2.1　射频电路的基本信号流程

射频电路是智能手机实现通信的主要电路单元，主要用于接收手机基站送来的射频信号和发射用户讲话的声音或数据信号。

图 9-13 为射频电路的基本信号流程。

由图 9-13 可以看到，射频电路具有接收信号和发射信号的两项主要功能：

接收信号时，来自基站的信号经射频天线、射频收发电路切换等处理后，作为接收的射频信号（RX）送入射频信号处理芯片，在射频信号处理芯片中进行混频（降频）、放大和解调处理恢复出接收数据信号送往后级电路中。

发射信号时，由智能手机中微处理器和数据处理电路产生的发射数据信号在射频信号处理芯片中经变频（升频）和调制处理，变成发射的射频信号（TX），该信号经滤波器和射频功率放大后，再经射频收发电路切换后由射频天线发射出去。

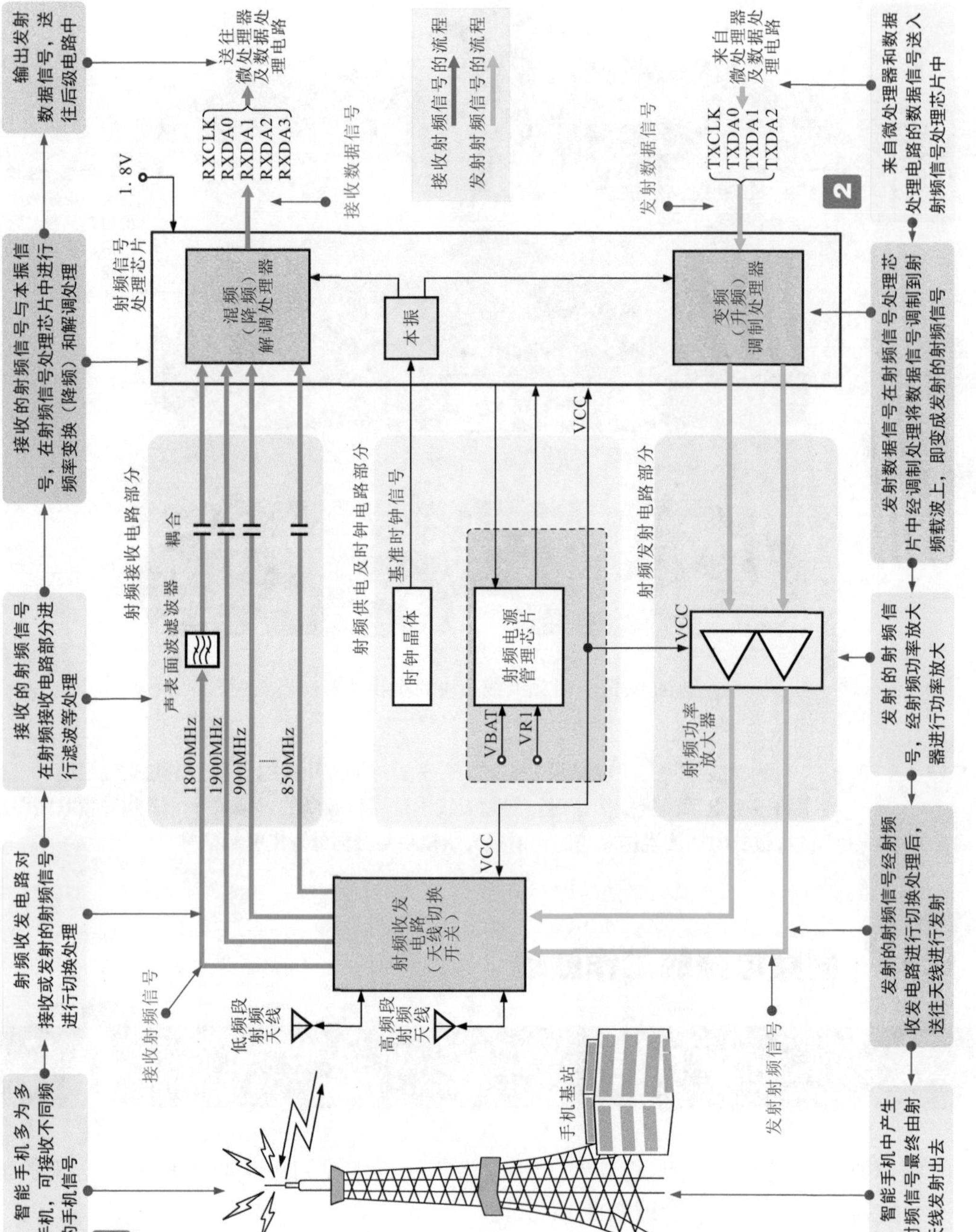

图9-13 射频电路的基本信号流程

智能手机，多为多频段的手机，可接收不同频段的手机信号

接收的射频信号分进行滤波等处理

接收的射频信号分进在射频接收电路部分进行滤波等处理

接收的射频信号与本振信号，在射频信号处理芯片中进行频率变换（降频）和解调处理

输出发射数据信号，送往后级电路中

送往器处理 微处理器 发送数据处电路 理电路

RXCLK RXDA0 RXDA1 RXDA2 RXDA3

1.8V

接收数据信号

射频信号处理芯片

混频（降频）解调处理器

本振

耦合

射频接收电路部分

声表面波滤波器

1800MHz 1900MHz 900MHz 850MHz

接收射频信号

低频段射频天线 高频段射频天线

发射射频信号

射频收发电路（天线切换开关）

手机基站

射频供电及时钟电路信号

基准时钟信号

射频供电及时钟电路部分

时钟晶体

射频电源管理芯片

VBAT VR1

VCC

VCC

射频功率放大器

射频发射信号

接收射频信号的流程 发射射频信号的流程

TXCLK TXDA0 TXDA1 TXDA2

来自器处理 微处理器 发送数据处电路 理电路

发射数据信号

变频（升频）调制处理器

射频信号处理芯片

来自微处理器和数据信号送入射频电路的数据信号处理芯片中

处理电路射频信号处理芯片

发射数据信号在射频信号处理芯片中经调制处理将数据信号调制到射频载波上，即变成发射的射频信号

智能手机中产生的射频信号最终由射频天线发射出去

发射的射频信号经射频收发电路进行切换处理后，送往天线进行发射

发射的射频信号，经射频功率放大器进行功率放大

射频发射电路部分

9.2.2 射频电路的具体信号流程分析

图9-14为典型智能手机射频电路的具体信号流程分析（见196页），其处理过程包括射频接收、射频发射和射频供电及时钟电路三方面。

9.3 射频电路的检修方法

9.3.1 射频电路的检修分析

射频电路是接收和发射信号的关键电路，若该电路出现故障通常会引起智能手机（平板电脑）出现接听、拨打电话异常、无法接听或拨打电话等现象。

如图 9-15 所示，根据射频电路的信号流程，检测电路中关键点的电压或信号波形、信号频谱等，找到故障部位，排除故障。

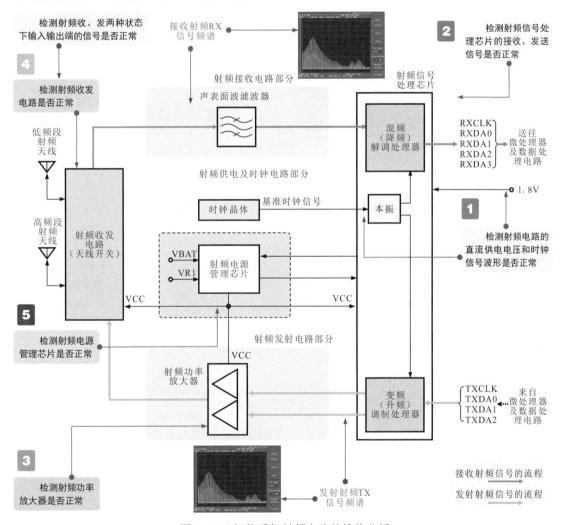

图 9-15　智能手机射频电路的检修分析

提示说明

检修射频电路时，还可根据具体的故障表现进行分析和判断，进一步缩小故障范围，如：

若接听和拨打电路均出现异常，应检查射频电路中的公共通道部分，如供电及时钟条件、射频天线、射频收发电路、射频信号处理芯片等；

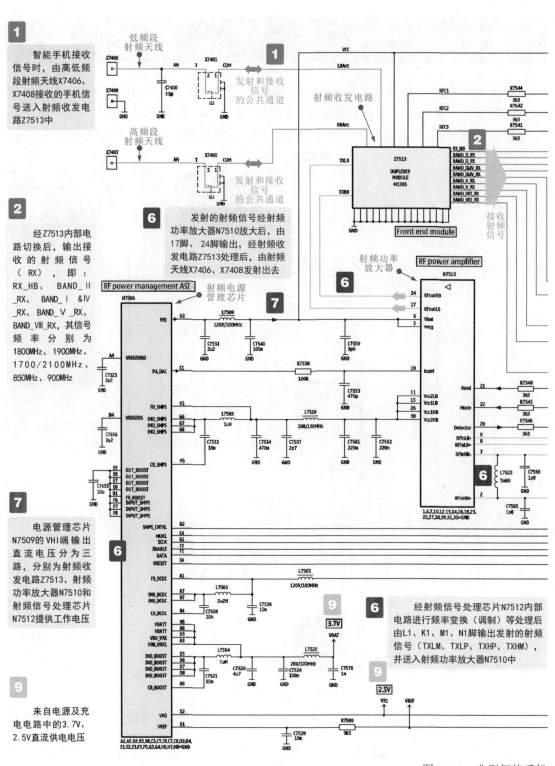

1 智能手机接收信号时，由高低频段射频天线X7406、X7408接收的手机信号送入射频收发电路Z7513中

2 经Z7513内部电路切换后，输出接收的射频信号（RX），即：RX_HB、BAND_Ⅱ_RX、BAND_Ⅰ&Ⅳ_RX、BAND_Ⅴ_RX、BAND_Ⅷ_RX，其信号频率分别为1800MHz、1900MHz、1700/2100MHz、850MHz、900MHz

6 发射的射频信号经射频功率放大器N7510放大后，由17脚、24脚输出，经射频收发电路Z7513处理后，由射频天线X7406、X7408发射出去

7 电源管理芯片N7509的VHI端输出直流电压分为三路，分别为射频收发电路Z7513、射频功率放大器N7510和射频信号处理芯片N7512提供工作电压

6 经射频信号处理芯片N7512内部电路进行频率变换（调制）等处理后由L1、K1、M1、N1脚输出发射的射频信号（TXLM、TXLP、TXHP、TXHM），并送入射频功率放大器N7510中

9 来自电源及充电电路中的3.7V、2.5V直流供电电压

图9-14　典型智能手机

3 1800MHz的射频信号RX_HB，经1842.5MHz的声表面波滤波器Z7518和耦合电容C7548、C7549耦合后送入射频信号处理芯片N7512的A13、A14脚；其他四路的射频信号直接经耦合电容器后，送入射频信号处理芯片N7512的A11、A12、C14、B14、A9、A10、A7、A8脚。

4 接收的射频信号在射频信号处理芯片N7512中进行频率变换（降频）和解调等处理后，由P10、N9、M9、N10、M10脚输出所接收的数据信号（RXCLK、RXDA0～RXDA3），送往后级微处理器及数据处理电路中。

8 时钟晶体B7500为射频信号处理芯片N7512提供38.4MHz的时钟信号。该信号在手机接收和发送信号过程中与射频信号进行混频和变频处理。

5 智能手机向外发射信号时，由微处理器及数据处理电路送来的发射数据信号（TXCLK、TXDA0～TXDA2）送入射频信号处理芯片N7512的N6、M5、N5、M6脚。

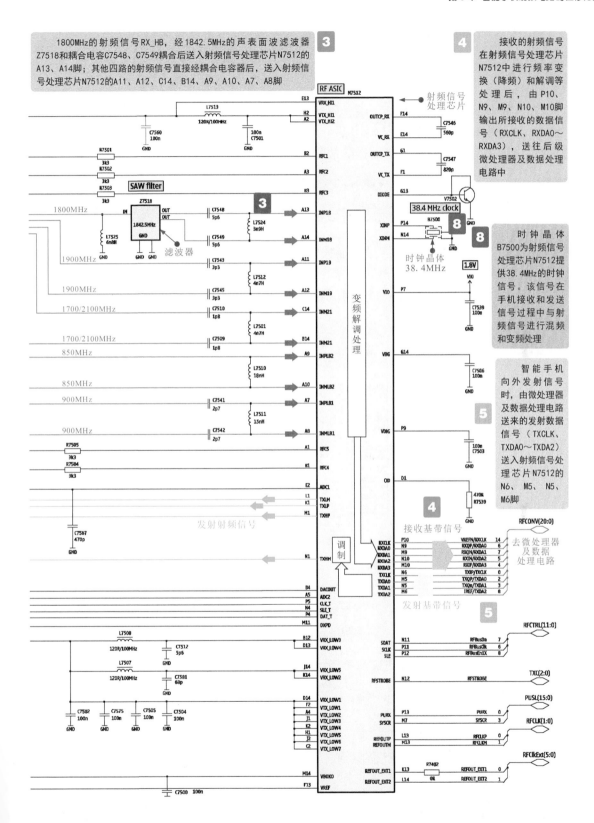

射频电路的具体信号流程分析

若只接听电话异常，应重点检查射频接收电路相关元件，如声表面波滤波器、耦合电容器等部分；

若只拨打电话异常，应重点检查射频发射电路相关元件，如射频功率放大器等部分。

在实际检测射频电路时，一般可首先检测该电路相关范围内的工作条件，在此基础上，再逆电路的信号流程从输出部分作为入手点逐级向前进行检测，信号消失的地方即可作为关键的故障点，进而排除故障。

9.3.2 射频电路工作条件的检测方法

当射频电路出现收、发信号功能失常时，应首先检测射频电路中的工作条件进行检测，即检测供电电压和时钟信号，如图9-16所示。

若经检测直流供电正常，表明射频电路的供电部分均正常，应进一步检测射频电路其他工作条件或信号波形。

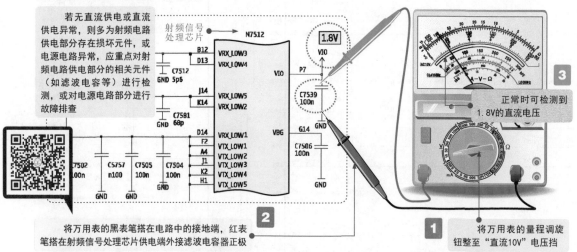

图 9-16　智能手机射频电路供电电压的检测方法

如图9-17所示，大多智能手机的射频电路封装在屏蔽罩内，直接检测不容易找到检测元件的位置，可结合电路关系，找到与之关联的供电电路再进行检测。

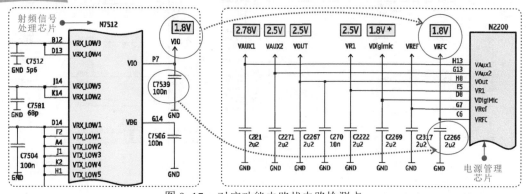

图 9-17　对应功能电路找电路检测点

如图 9-18 所示，射频电路中的工作条件除了需要供电电压外，还需要时钟晶体提供的时钟信号（本振信号）才可以正常工作，因此怀疑射频电路工作异常时，还应对时钟信号进行检测。

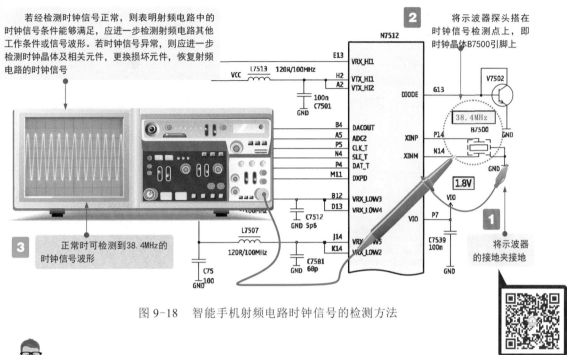

图 9-18　智能手机射频电路时钟信号的检测方法

提示说明

如图 9-19 所示，在射频电路中，除基本的时钟晶体产生的 38.4 MHz 的时钟信号外，射频电路输出的射频时钟信号（RFCLK）也是十分关键的信号。

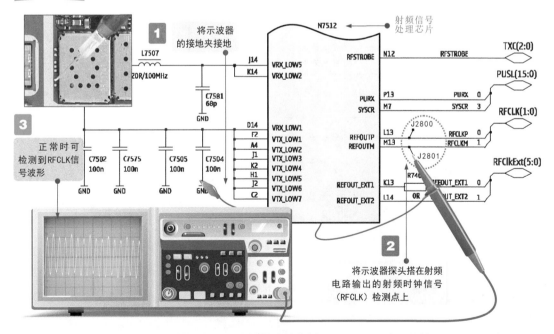

图 9-19　射频电路中的射频时钟信号（RFCLK）波形的检测

9.3.3 射频信号处理芯片的检测方法

射频信号处理芯片是射频电路中的核心模块，若该芯片损坏将造成射频电路收、发信号异常。检测时，在基本工作条件正常的前提下，可分别在接听电话和拨打电话两种状态下，通过示波器和频谱分析仪检测射频信号处理芯片输入、输出信号是否正常进行判断。

如图9-20所示，在接听电话状态下，检测输出的接收数据信号和输入端接收的射频信号（RX）。

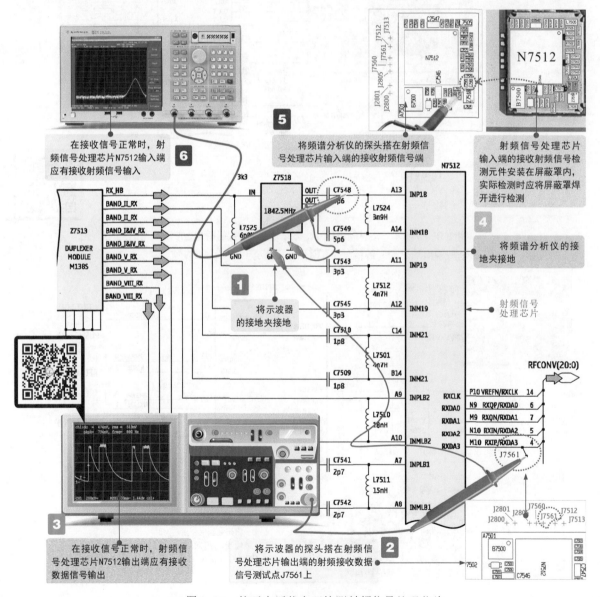

图 9-20 接听电话状态下检测射频信号处理芯片

若射频信号处理芯片输出的接收数据信号正常，则说明射频信号处理芯片输出及前级相关的电路均正常；若无接收数据信号输出，应进一步检测射频信号处理芯片输入端接收的射频信号（RX）。

若射频信号处理芯片输入端接收的射频信号正常，而无输出（供电、时钟等条件均正常的前提下），则多为射频信号处理芯片损坏；若输入端也无信号，则应顺信号流程检测器前级电路。

如图 9-21 所示，在拨打电话状态下，检测输入的发射数据信号和输出端发射的射频信号（TX）。

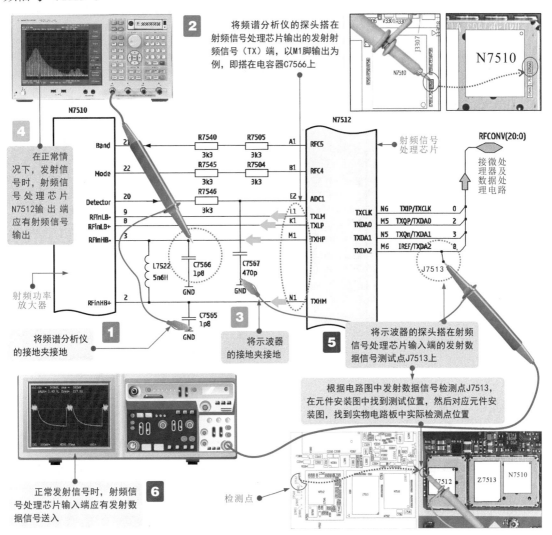

图 9-21　拨打电话状态下检测射频信号处理芯片

若射频信号处理芯片输出的发射射频信号（TX）正常，则说明射频信号处理芯片及前级电路均正常；若无发射射频信号（TX）输出，应进一步检测射频信号处理芯片输入端的发射数据信号。

若射频信号处理芯片输入端的发射数据信号正常，而无输出（供电、时钟等条件均正常的前提下），则多为射频信号处理芯片损坏；若输入端也无信号，则应顺信号流程检测其前级电路。

9.3.4 射频功率放大器的检测方法

　　射频功率放大器损坏通常会引起射频电路的发射信号失常，如无法拨打电话或拨打电话时功能失常等。检测时，可在其基本工作条件正常的前提下，检测其输入和输出端的发射射频信号（TX）。

　　如图 9-22 所示，在拨打电话状态下，借助频谱分析仪检测射频功率放大器输入和输出端的发射射频信号（TX）频谱。

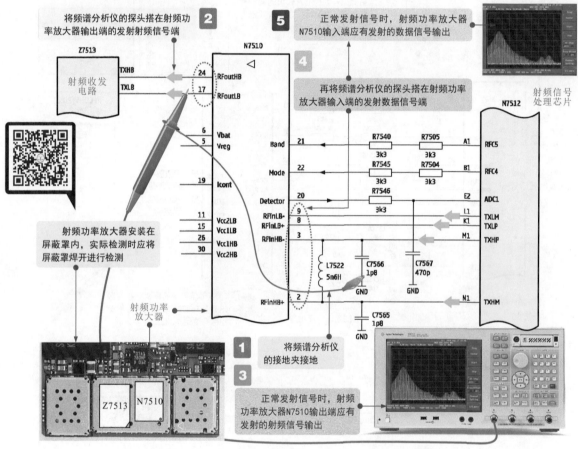

图 9-22　射频功率放大器的检测方法

　　若射频功率放大输出端的发射射频信号正常，则说明射频功率放大器及前级电路均正常；若射频功率放大器无信号输出，而输入端的发射射频信号正常，则说明射频功率放大器损坏。

9.3.5 射频收发电路的检测方法

　　射频收发电路是射频电路中的公共通道，该电路损坏通常会引起智能手机接听和拨打电话功能均失常的故障。检测时，可在其基本工作条件正常的前提下，检测其输入和输出端的信号是否正常。

如图 9-23 所示，在接听电话状态下，检测输出端的接收射频信号（RX）是否正常。若输出端的接收射频信号正常，则说明射频收发电路正常；若输出端无信号输出，则应进一步检测其输入端的信号波形。若输入正常，而无输出，则多为射频收发电路损坏。

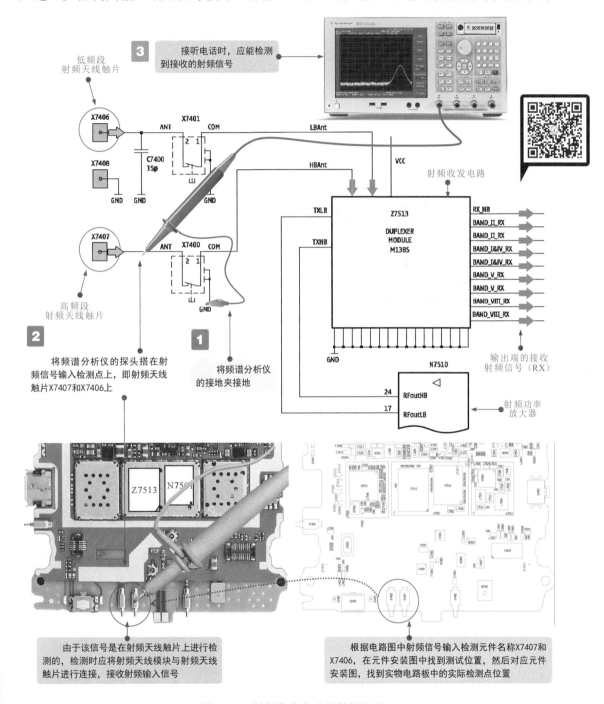

图 9-23　射频收发电路的检测方法

9.3.6 射频电源管理芯片的检测方法

射频电源管理芯片也是射频电路中的公共电路部分,该芯片损坏也将导致智能手机接听和拨打电话功能均失常的故障。

如图 9-24 所示,检测时,可首先检测其本身供电电压是否正常,若供电正常,检测其输出到其他各元器件的电压是否正常。

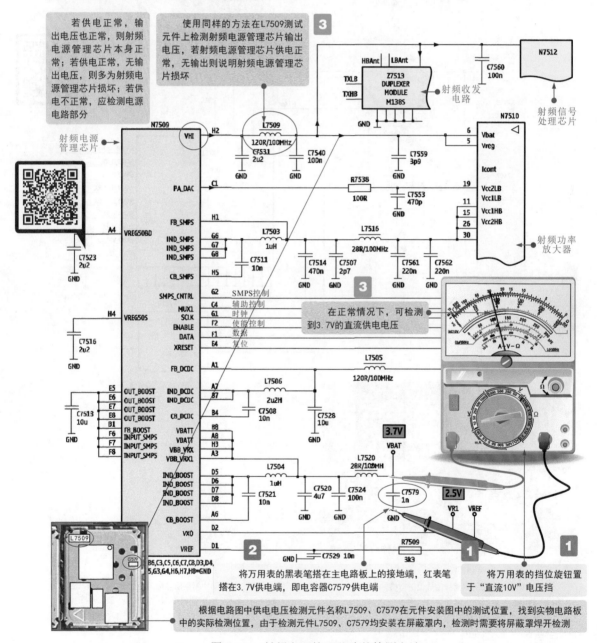

图 9-24　射频电源管理芯片的检测方法

第 **10** 章

智能手机语音电路的检修方法

10.1 语音电路的结构

10.1.1 语音电路的特征

语音电路是用来处理听筒信号、话筒信号、扬声器信号、耳机信号以及收音/录音信号的电路。语音电路与微处理器和数据处理电路相关，数据处理后的信号由语言电路还原成音频信号。

语音电路中的芯片等元器件均采用贴片式安装，不同的智能手机其语音电路的位置都有所不同，查找时需根据电路原理图和元件安装图在实物电路板中找到该电路的大体位置。图10-1为典型智能手机中语音电路的安装位置。

目前，大多数智能手机语音电路中的听筒、话筒、扬声器、耳麦接口等部件采用独立部件的形式设置，电路中的芯片则多采用两种结构形式。

一种是将音频处理芯片与电源管理芯片集成在一起，一种是将音频信号处理芯片与微处理器集成在一起。除此之外，有些音频信号处理芯片内集成有功率放大器，有些则采用独立的音频功率放大器。

无论采用何种结构形式，语音电路的信号处理过程基本相同。

智能手机的电路结构比较复杂，想要找到所需的电路部分，其过程十分复杂，如图10-2所示，通常需要找到与智能手机相对应的电路原理图和元件安装图，在电路原理图中找到电路的主要芯片，根据芯片的电路名称在元件安装图上找到安装位置，即可在实物电路板上圈出电路的大体位置。

不同品牌智能手机电路板设计不同，语音电路的位置也不同，但结构组成基本相似。如图10-3所示，典型智能手机中语音电路各组成部件的分布比较分散，其中的耳麦接口、扬声器、听筒和话筒等可根据外形特征和一般的安装位置来识别，音频信号处理芯片、音频功率放大器位于手机中的主电路板上，可结合电路原理图、元件布局图和实物电路板来辨认。

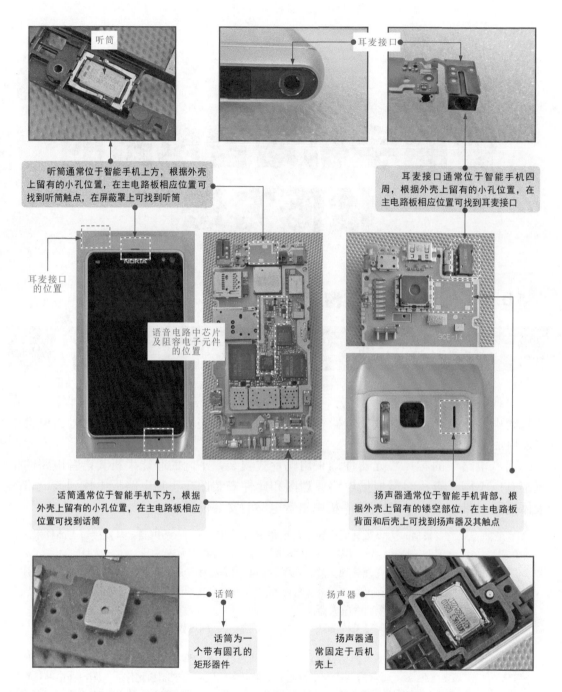

图 10-1 典型智能手机语音电路的安装位置

10.1.2 语音电路的结构组成

　　一般来说，语音电路主要是由音频信号处理芯片、音频功率放大器、耳机信号放大器以及听筒、话筒、扬声器、耳麦接口等组成的。

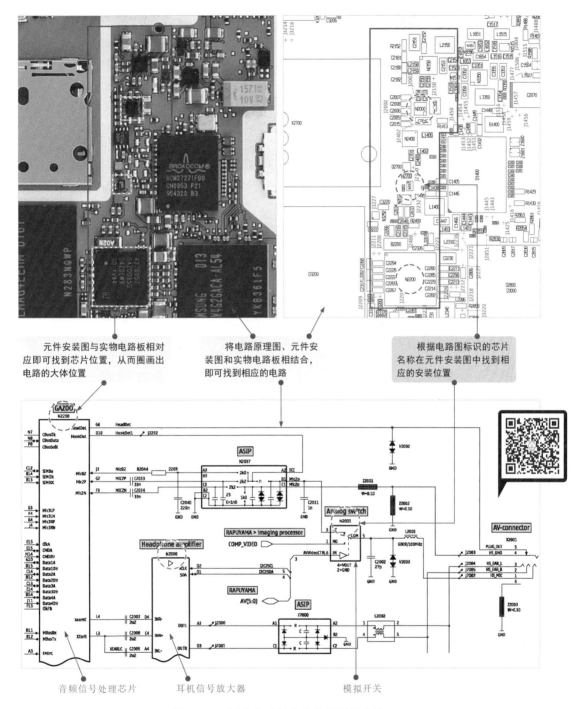

元件安装图与实物电路板相对
应即可找到芯片位置，从而圈画出
电路的大体位置

将电路原理图、元件安
装图和实物电路板相结合，
即可找到相应的电路

根据电路图标识的芯片
名称在元件安装图中找到相
应的安装位置

音频信号处理芯片　　　耳机信号放大器　　　模拟开关

图 10-2　语音电路的安装位置寻找方法

1 音频信号处理芯片

　　语音电路中的音频信号处理芯片主要是对音频信号进行编码、解码、数字处理以
及 A/D、D/A 变换等，有时也称为音频解码器芯片。

　　智能手机的音频信号处理芯片的功能和外形特性基本相同，不同的是，不同品牌

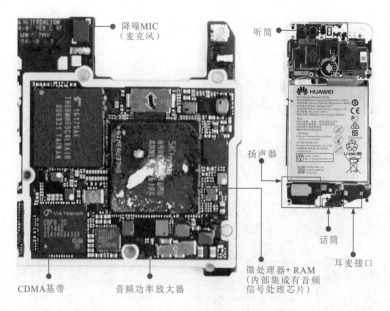

降噪MIC
（麦克风）

听筒

扬声器

话筒

耳麦接口

微处理器＋RAM
（内部集成有音频
信号处理芯片）

CDMA基带　　　　音频功率放大器

图 10-3　典型智能手机语言电路各组成部件的分布

型号的智能手机所采用音频信号处理芯片的厂商或型号不同。

图 10-4 为几种常见的音频信号处理芯片。

音频解码芯片
（ALC5671）

扬声器驱动芯片
（NXP　TFA9890）

音频信号处理芯片
（WM8900L）

音频信号处理芯片
（WM8903L）

图 10-4　常见的音频信号处理芯片

提示说明

很多情况下，音频信号处理芯片常与电源管理芯片集成在一起，称为音频信号处理
及电源管理芯片。例如，图 10-5 为典型智能手机中音频信号处理及电源管理芯片的实
物外形。

该芯片上标有
型号：GAZ0035G

该芯片中的音
频信号处理部分用
对音频信号进行编
码、解码、数字处
理以及A/D、D/A变
换

音频信号处理及
电源管理芯片N2200

该电路还具有开关
机控制、电压调节等电
源管理方面的功能

图 10-5　音频信号处理及电源管理芯片的实物外形

2 音频功率放大器和耳机信号放大器

音频功率放大器和耳机信号放大器均属于音频信号的放大器件。由音频信号处理芯片输出的音频信号功率不足以驱动扬声器或耳机，需要对信号进行放大。

例如，图 10-6 为典型智能手机中音频功率放大器和耳机信号放大器的实物外形。

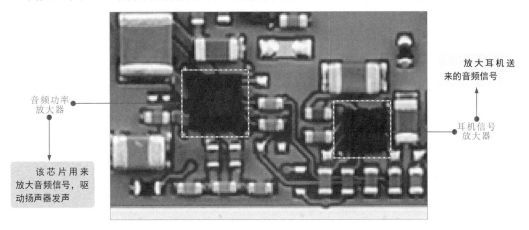

图 10-6　音频功率放大器和耳机信号放大器的实物外形

3 话筒

话筒是一种声电转换器件，主要用来拾取声音信号，并转换为电信号。当用户拨打电话时、语音聊天时、录音时，话筒将声音进行收集，并变为电信号（话筒信号）再送入音频信号处理电路。

在智能手机中，话筒的体积比较小，大部分为矩形外观，且表面有一个明显的小圆孔，图 10-7 为典型智能手机中话筒的实物外形。

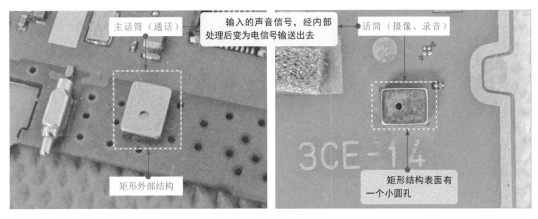

图 10-7　典型智能手机中话筒的实物外形

4 听筒

听筒的功能与话筒相反，是一种电声转换器件，主要用来将电路中送来的数据信号转换为声音信号。如在接听电话时，将对方送来的语音信号变成声波使用户能够听到对方的声音。

听筒是智能手机中的关键部件，一般通过触片、触点相连接的方式，与主电路板相连，图 10-8 为典型听筒的实物外形。

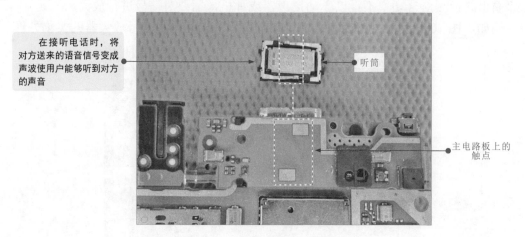

在接听电话时，将对方送来的语音信号变成声波使用户能够听到对方的声音

听筒

主电路板上的触点

图 10-8　典型听筒的实物外形

5　扬声器

扬声器与听筒功能相同，也属于电声转换器件，主要用来将电路中送来的数据信号转换为声音信号，同时具有输出功率大，声音传播范围广的特点。当用户听外放的音乐、通话免提、播放来电铃声、信息或通知提醒声等都由扬声器输出声音。

图 10-9 为典型扬声器实物外形。

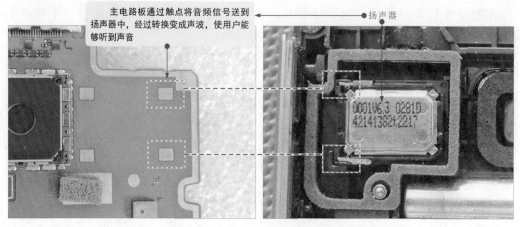

主电路板通过触点将音频信号送到扬声器中，经过转换变成声波，使用户能够听到声音

扬声器

图 10-9　典型扬声器的实物外形

6　耳麦接口

耳麦接口用来与外部耳麦（带有麦克风的耳机）相连，用于输出声音信号和拾取声音信号，同时在接入耳机状态下，作为 FM 收音电路的接收天线使用。

一般当用户通过耳机接听电话时、听音乐时，收听 FM 广播时都需要该接口发挥作用。图 10-10 为耳麦接口的实物外形。

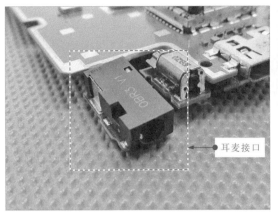
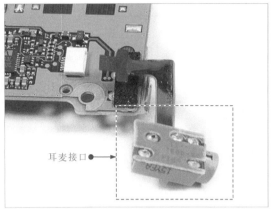

图 10-10　耳麦接口的实物外形

10.2　语音电路的工作原理

10.2.1　语音电路的基本信号流程

语音电路是智能手机中用来处理音频信号的电路，包括听筒信号、话筒信号、扬声器信号、耳机信号以及收音 / 录音信号等。语音电路通常与微处理器和数据处理电路相关，接收的数据信号经处理后由语言电路还原成音频信号；话筒信号经语音电路处理后送到数据处理电路中进行处理，再进行调制和发射。

该电路主要由音频信号处理芯片、音频功率放大器、耳机信号放大器、听筒、扬声器、耳机接口、话筒等构成。图 10-11 为智能手机中语音电路的基本信号流程框图。

从图 10-11 中可以看到，语音电路可以分别对接收和发射的音频信号进行处理：

① 接听电话时　由微处理器及数据信号处理芯片送来的基带数据信号经音频信号处理芯片进行解码、D/A 转换、音频放大等处理后，输出音频信号送往后级电路中经功放后去驱动耳机或扬声器。

默认使用听筒通话时，听筒将音频信号变为声波，使用户可以听到对方的声音。

当用户选择扬声器或耳机通话时，音频信号经音频功率放大器或耳机信号放大器放大处理后，送往扬声器或耳机听筒中，用户便可听到声音。

② 拨打电话时　声音信号由主话筒送入微处理器及数据信号处理芯片中进行数字处理，处理后输出的话筒信号再送入音频信号处理芯片中进行编码处理，然后输出基带数据信号送回微处理器及数据信号处理芯片中进行下一步的处理，最后经射频电路调制后由射频天线发射出去。

当用户插上耳麦拨打电话时，外接话筒形成的音频信号经模拟开关后送入音频信号处理芯片中进行音频放大、A/D 转换、编码等处理，处理后输出的基带数据信号再送入微处理器及数据信号处理芯片中。

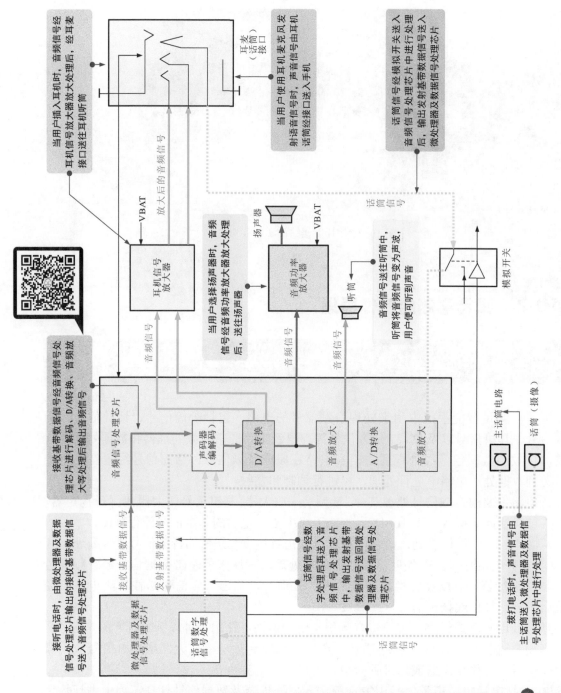

图 10-11 语音电路的基本信号流程框图

10.2.2 语音电路的具体信号流程分析

如图 10-12（见 214 ～ 215 页）所示，典型智能手机语音电路的处理过程包括接收音频、送话和耳机通话等部分，处理过程包括 A/D、D/A、数字音频信号处理和模拟音频信号放大等。

10.3 语音电路的检修方法

10.3.1 语音电路的检修分析

语音电路是智能手机处理音频信号的关键电路，若该电路出现故障经常会引起智能手机听筒无声音、对方听不到声音、扬声器或耳麦功能异常等现象。

如图 10-13 所示，检测智能手机语音电路，一般可先检测该电路的工作条件，然后在此基础上，可根据电路中主要部件的特点，对相关的信号波形进行检测，信号消失的地方即可作为关键的故障点，进而排除故障。

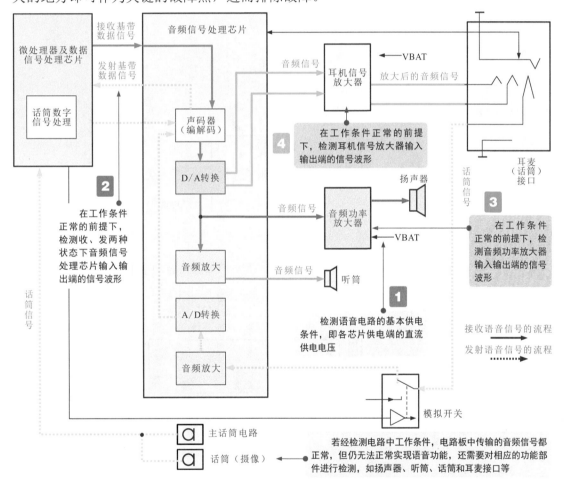

图 10-13　典型智能手机语音电路的检修分析

当怀疑语音电路异常时，也可根据具体的故障表现进行分析和判断，缩小故障范围，如：若接打电话时，听筒无声音，对方也不能听到声音，则应重点检查音频信号处理电路；若收音正常，但对方听不到电话声音，则应重点检测话筒、耳麦接口、耳机信号放大器等部分；若收音异常，但对方可以听到电话声音，则应重点检测听筒、扬声器、耳麦接口、音频功率放大器、耳机信号放大器等部分。

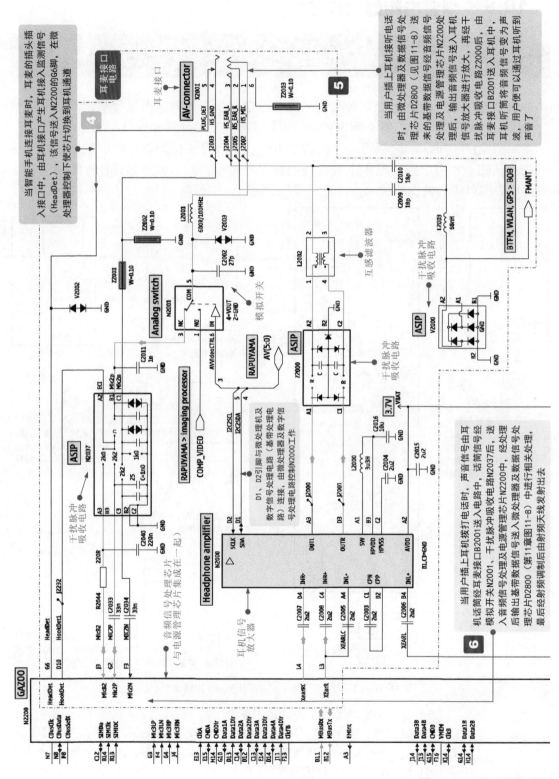

图 10-12　典型智能手机

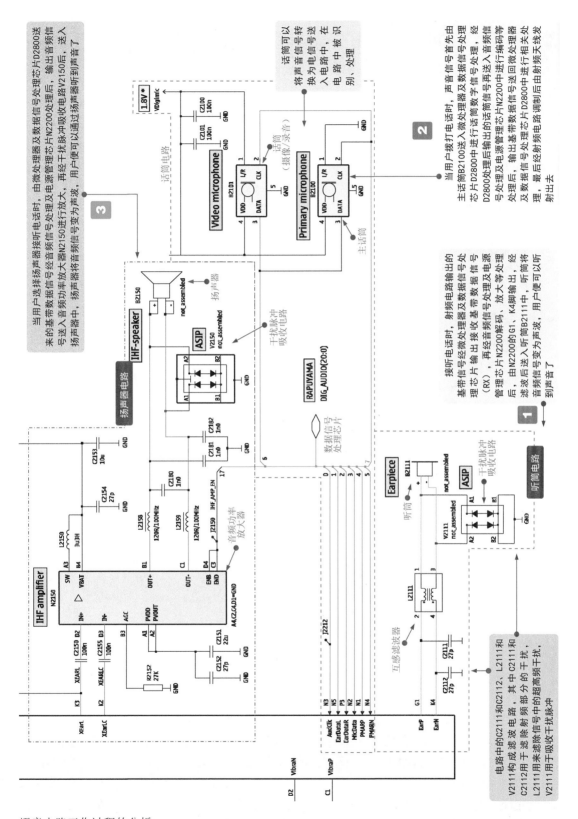

语音电路工作过程的分析

10.3.2 语音电路工作条件的检测方法

语音电路正常工作需要一定的工作电压，若供电电压不正常，各主要芯片便无法工作。因此，当智能手机出现听筒无声音、话筒不能发送声音等故障时，应首先检测语音电路中的基本供电电压是否正常。

如图 10-14 所示，检测智能手机语音电路，一般可先检测该电路的工作条件，然后在此基础上，可根据电路中主要部件的特点，对相关的信号波形进行检测，信号消失的地方即可作为关键的故障点，进而排除故障。

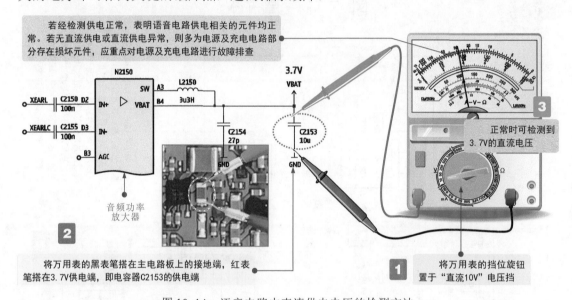

图 10-14　语音电路中直流供电电压的检测方法

10.3.3 音频信号处理芯片的检测

音频信号处理芯片是语音电路中的核心模块，若该芯片损坏将引起智能手机收音、发音异常的故障。检测时，在基本工作条件正常的前提下，可分别在接听电话和拨打电话两种状态下，通过示波器检测音频信号处理芯片输入、输出的语音信号是否正常进行判断。

如图 10-15 所示，接听电话信号状态下，由微处理器及数据信号处理芯片输出的基带数据信号送入音频信号处理芯片中，经处理后输出音频信号送往听筒、扬声器、耳机中。根据这一信号流程，检测输入和输出的信号波形。

如图 10-16 所示，拨打电话状态下，来自主话筒或耳机话筒的话筒信号送入音频信号处理芯片中，经处理后输出基带数据信号送入微处理器及数据信号处理芯片，借助示波器和频谱分析仪检测这一信号处理过程中传递的信号，判断电路好坏。

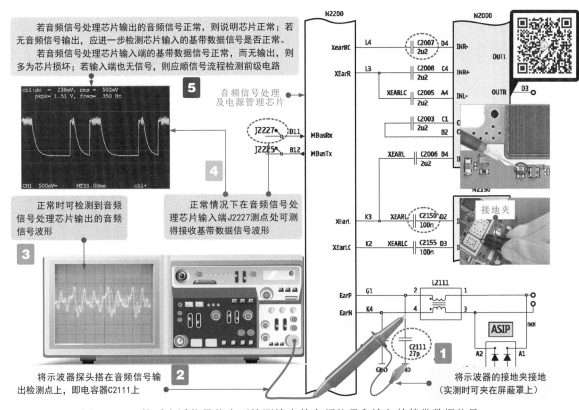

图 10-15 接听电话信号状态下检测输出的音频信号和输入的基带数据信号

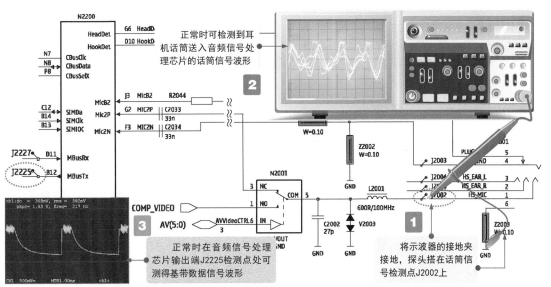

图 10-16 拨打电话状态下检测输入的话筒信号和输出的基带数据信号

提示说明

若音频信号处理芯片输出的基带数据信号正常，则说明音频信号处理芯片及前级电路均正常；若无基带数据信号输出，则应进一步检测音频信号处理芯片输入端的话筒信号是否正常。

若音频信号处理芯片输入端的话筒信号正常，而无输出，则多为音频信号处理芯片损坏；若输入端也无信号，则应对前级话筒信号输入部件进行检测，如主话筒、耳机话筒等。

10.3.4 音频功率放大器的检测方法

如图10-17所示，音频功率放大器损坏通常会引起智能手机使用扬声器时发声异常。检测时，可在基本工作条件正常的前提下，检测其输入和输出端的音频信号。

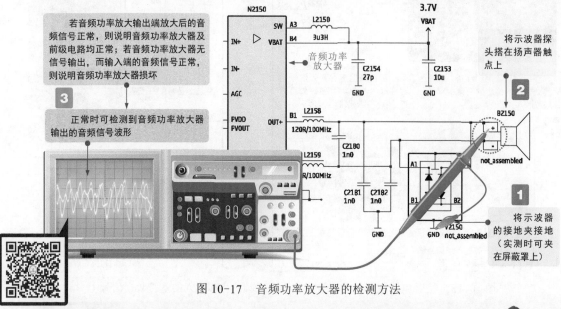

图 10-17 音频功率放大器的检测方法

10.3.5 耳机信号放大器的检测方法

如图 10-18 所示，耳机信号放大器损坏，通常会引起智能手机使用耳机接听电话或音乐时声音异常的现象。检测时，可在其基本工作条件正常的前提下，检测其输入和输出端的音频信号。

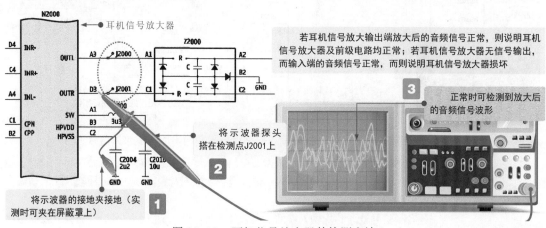

图 10-18 耳机信号放大器的检测方法

第11章

智能手机微处理器及数据处理电路的检修方法

11.1　微处理器及数据处理电路的结构

11.1.1　微处理器及数据处理电路的特征

微处理器及数据处理电路是智能手机中用来实现整机控制和进行各种数据处理的单元电路，智能手机播放视频时显示出的所有景物、人物、图形、图像、字符等信息都与这个电路相关。

图 11-1 为典型智能手机中微处理器及数据处理电路的安装位置。

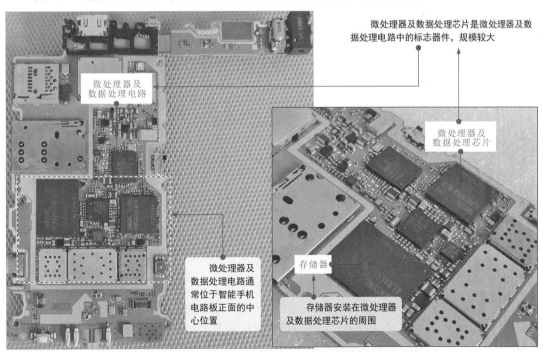

微处理器及数据处理芯片是微处理器及数据处理电路中的标志器件，规模较大

微处理器及数据处理电路

微处理器及数据处理芯片

微处理器及数据处理电路通常位于智能手机电路板正面的中心位置

存储器

存储器安装在微处理器及数据处理芯片的周围

图 11-1　微处理器及数据处理电路的安装位置

微处理器及数据处理电路的核心部分是一只大规模集成电路，该芯片通常称之为微处理器及数据处理芯片，该电路常采用贴片的方式安装在电路板上，由于其外形很大，比较容易识别。且在微处理器及数据处理芯片外围都设置有金属外壳封装的晶体以及存储器器芯片等特征元件，读者可先在主电路板中找到这些特征元件，即可确定微处理器及数据处理电路的大体位置，这也是圈定智能手机微处理器及数据处理电路范围的重要依据。

不同品牌、不同型号的智能手机中，微处理器及数据处理电路的安装位置基本相同，但具体到结构细节并不完全相同，图11-2为不同品牌、型号智能手机中微处理器及数据处理电路的结构特征。

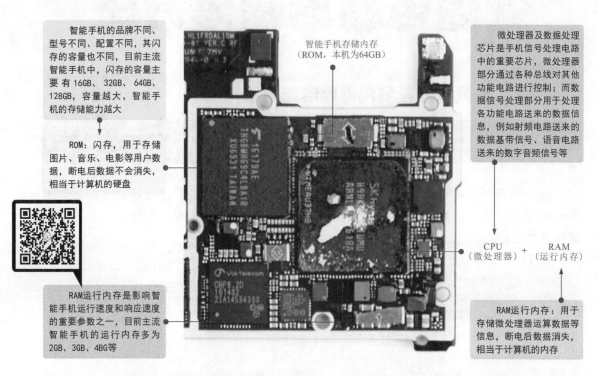

智能手机的品牌不同、型号不同、配置不同，其闪存的容量也不同，目前主流智能手机中，闪存的容量主要有16GB、32GB、64GB、128GB，容量越大，智能手机的存储能力越大

ROM：闪存，用于存储图片、音乐、电影等用户数据，断电后数据不会消失，相当于计算机的硬盘

智能手机存储内存（ROM，本机为64GB）

微处理器及数据处理芯片是手机信号处理电路中的重要芯片，微处理器部分通过各种总线对其他功能电路进行控制；而数据信号处理部分用于处理各功能电路送来的数据信息，例如射频电路送来的数据基带信号、语音电路送来的数字音频信号等

RAM运行内存是影响智能手机运行速度和响应速度的重要参数之一，目前主流智能手机的运行内存多为2GB、3GB、4BG等

CPU（微处理器）＋RAM（运行内存）

RAM运行内存：用于存储微处理器运算数据等信息，断电后数据消失，相当于计算机的内存

图11-2　不同品牌、型号智能手机中微处理器及数据处理电路的结构特征

由于智能手机电路板的高度集成性，电路板上通常没有任何文字或字母性的标识，直接根据结构特征和安装位置，有时并不能准确判断出各电路组成元件之间的连接关系，这种情况下，我们通常的做法是借助电路原理图、元件安装图来准确圈定电路范围，如图11-3所示。

① 根据电路原理图中的英文标识明确电路功能，如"RAPUYAMA""RAPJDOY"标识的含义为该电路为微处理器及数据处理芯片，该标识下对应芯片的名称标识为"D2800"。

② 在元件安装图中找到"D2800"。

③ 将元件安装图与实际电路板对应，找到电路板中实际的"D2800"元件。

④ 以此明确圈定出微处理器及数据处理电路的范围。

另外，其他几个电路也有明显的英文字母标识，如存储器在电路原理图中的标识为"COMBO""eMMC"，这些电路均可借助上述方法明确划分。

提示说明

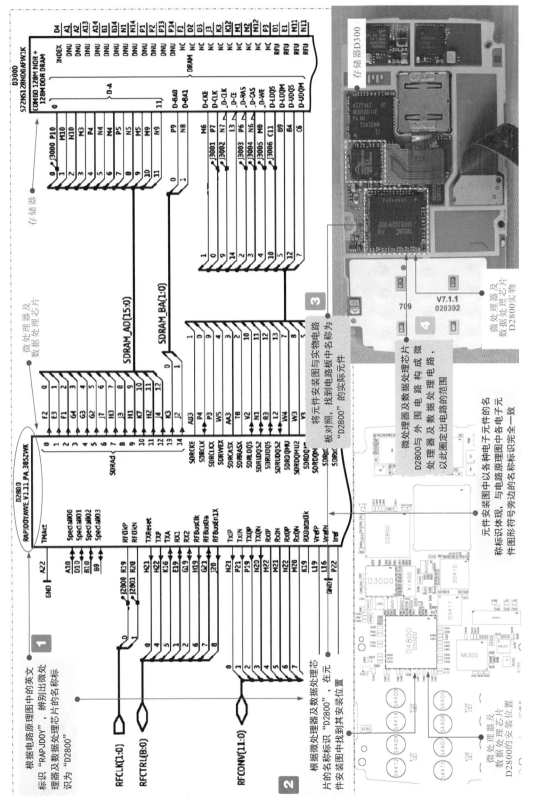

图 11-3 准确圈定微处理器及数据处理电路范围的常用方法

11.1.2　微处理器及数据处理电路的结构组成

一般来说，智能手机的微处理器及数据处理电路主要是由微处理器及数据处理芯片、存储器等组成的。在智能手机中找到微处理器及数据处理电路之后，就需要对微处理器及数据处理电路结构组成进行深入的了解，掌握微处理器及数据处理电路中各组成部件的功能特点和相互关系。

图11-4为典型智能手机的微处理器及数据处理电路。该电路部分占据了智能手机电路板上的大部分空间，经仔细观察电路元件和查询集成电路手册可知，该电路是由微处理器及数据处理芯片 D2800（K5W4G2GACA-AL54）、16GB 存储器 D3200（KLMAG4EEHM-B101）组成的。

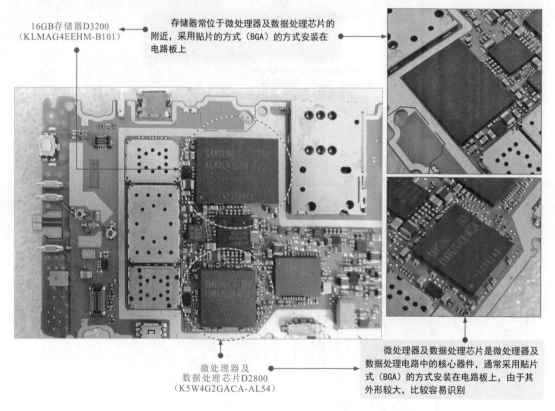

图11-4　典型智能手机的微处理器及数据处理电路

1 微处理器及数据处理芯片

微处理器及数据处理芯片是电路中的主要芯片，用于完成控制和数据处理两大最基本、最核心的功能。图11-5为典型智能手机中微处理器及数据处理芯片的实物外形及电路标识。

微处理器部分通过各种总线对其他功能电路进行控制；而数据信号处理部分用于处理各功能电路送来的数据信息，例如射频电路送来的数据基带信号等。

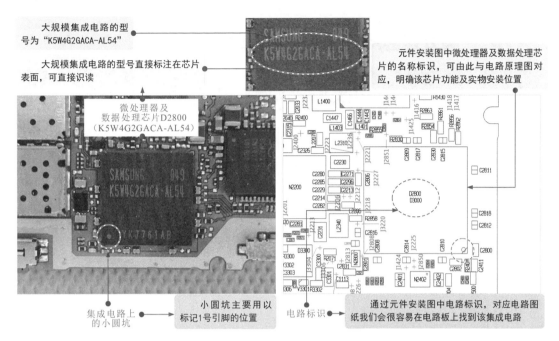

大规模集成电路的型号为"K5W4G2GACA-AL54"

大规模集成电路的型号直接标注在芯片表面，可直接识读

微处理器及数据处理芯片D2800（K5W4G2GACA-AL54）

元件安装图中微处理器及数据处理芯片的名称标识，可由此与电路原理图对应，明确该芯片功能及实物安装位置

集成电路上的小圆坑

小圆坑主要用以标记1号引脚的位置

电路标识

通过元件安装图中电路标识，对应电路图纸我们会很容易在电路板上找到该集成电路

图 11-5　典型智能手机的微处理器及数据处理芯片的实物外形及电路标识

2　存储器

存储器是用于存储数据的器件。在智能手机和平板电脑中，存储器有内存和闪存两种。其中，内存（RAM）是用于存储微处理器运算数据等新信息，断电后数据消失，相当于计算机的内存；闪存（ROM）用于存储图片、音乐、电影等用户数据，断电后数据不会消失，相当于计算机的硬盘。

图 11-6 为典型智能手机中 16GB 存储器（闪存）的实物外形及电路标识。

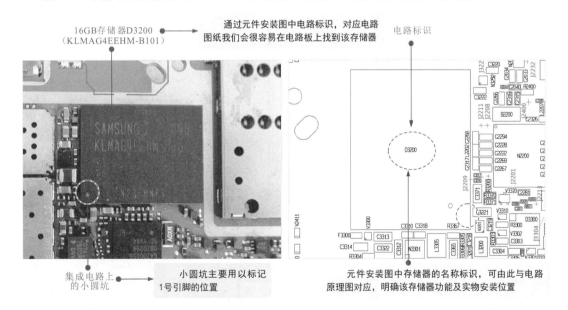

16GB存储器D3200（KLMAG4EEHM-B101）

通过元件安装图中电路标识，对应电路图纸我们会很容易在电路板上找到该存储器

电路标识

集成电路上的小圆坑

小圆坑主要用以标记1号引脚的位置

元件安装图中存储器的名称标识，可由此与电路原理图对应，明确该存储器功能及实物安装位置

图 11-6　16GB 存储器的实物外形及电路标识

11.2 微处理器及数据处理电路的工作原理

11.2.1 微处理器及数据处理电路的基本信号流程

微处理器及主数据处理电路是智能手机中用来实现整机控制和进行各种数据处理的电路，该电路主要由微处理器及主数据处理芯片和相关的外围元件构成。

图 11-7 为典型智能手机中微处理器及主数据处理电路的流程框图。

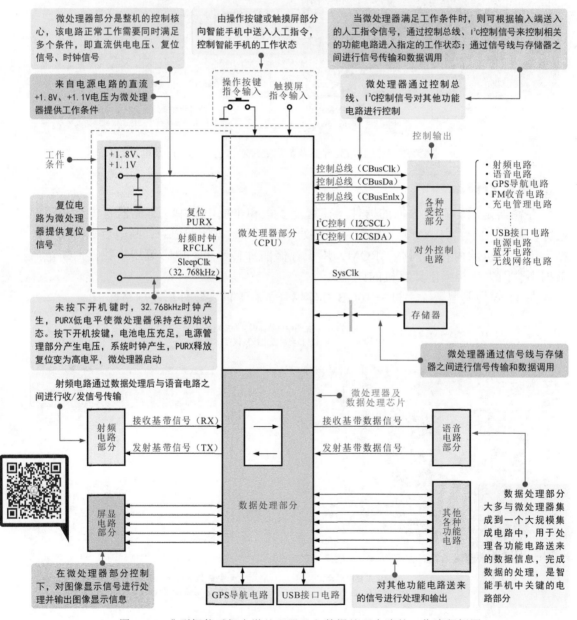

图 11-7　典型智能手机中微处理器及主数据处理电路的工作流程框图

11.2.2 微处理器及数据处理电路的具体信号流程分析

图 11-8 为典型智能手机中的微处理器及数据处理电路原理图。

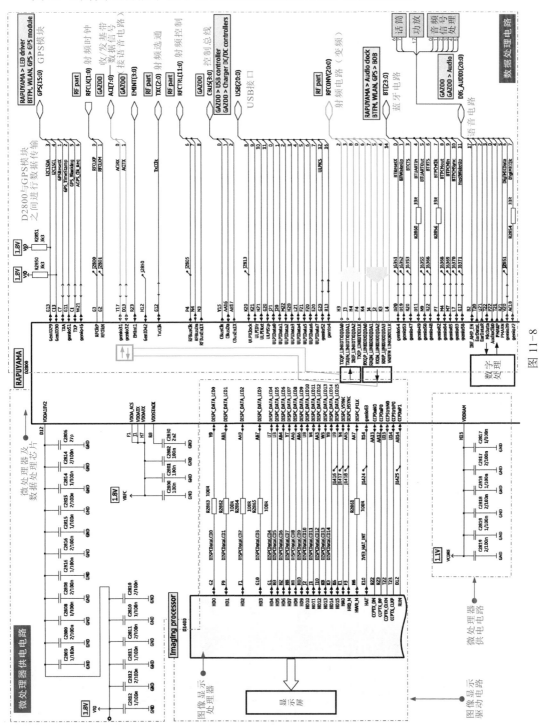

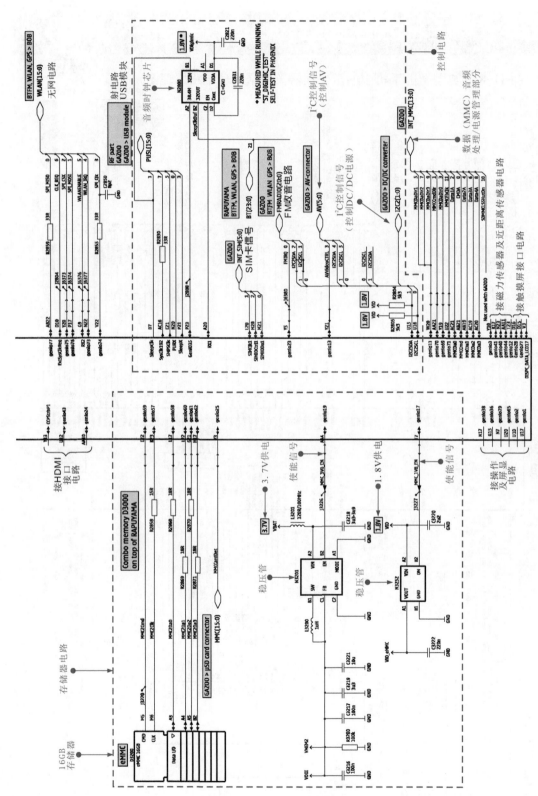

图 11-8 典型智能手机的微处理器及数据处理电路原理图

提示说明

微处理器部分是整机的控制核心，该电路正常工作需要同时满足多个条件，即直流供电电压、复位信号、时钟信号。

当微处理器满足其工作条件时，则可根据输入端送入的人工指令信号，通过控制总线、I^2C 控制信号来控制相关的功能电路进入指定的工作状态；通过信号线与存储器之间进行信号的传输和数据调用。

数据处理部分大多与微处理器集成到一个大规模集成电路中，用于处理各功能电路送来的数据信息，完成数据的处理，是智能手机和平板电脑中关键的电路部分。

根据电路的功能和信号处理关系，智能手机的主控电路可以划分成供电电路、存储器电路、图像显示驱动电路、数据处理电路和控制电路几部分。

1 微处理器供电电路

典型智能手机的微处理器供电电路主要由微处理器及数据处理芯片 D2800 相关引脚及两组 1.8 V 和一组 1.1 V 直流供电电路构成。

图 11-9 为典型智能手机微处理器供电电路的信号流程分析。

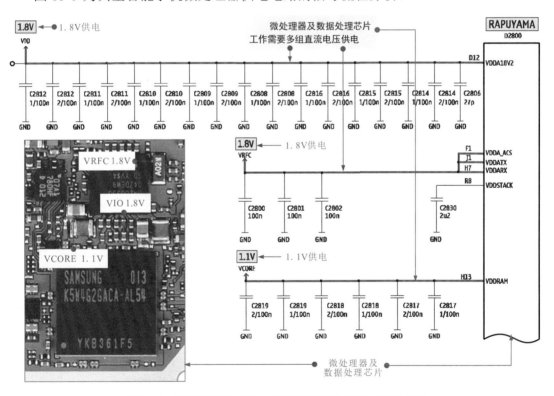

图 11-9　典型智能手机微处理器供电电路的信号流程分析

提示说明

智能手机开机后，由电源电路送来的两组 1.8 V 直流供电和一组 1.1 V 直流供电加到微处理器及数据处理芯片 D2800 的供电引脚，为微处理器及数据处理芯片 D2800 正常工作提供基本的工作条件。

2 存储器电路

图 11-10 为 Nokia N8-00 型智能手机存储器电路的信号流程分析。典型智能手机

的存储器电路主要由 16GB 存储器 D3200（KLMAG4EEHM-B101）、微处理器及数据信号处理芯片 D2800 的相关引脚及两组 1.8 V 和一组 1.1 V 直流供电电路构成。

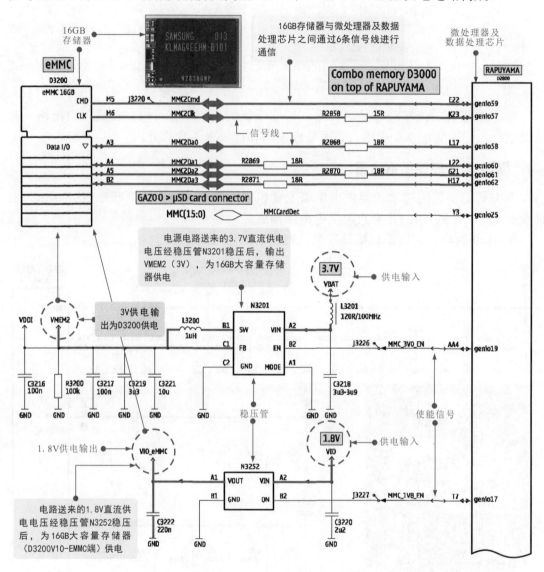

图 11-10　Nokia N8-00 型智能手机存储器电路的信号流程分析

16GB 存储器 D3200 工作需要 3 V 和 1.8 V 两组供电，这两组供电电压由稳压管电路 N3201、N3252 提供。

16GB 大容量存储器与微处理器及数据处理芯片之间通过 6 条信号线进行通信，完成数据的存储及调用。

3 图像显示驱动电路

图 11-11 为典型智能手机图像显示驱动电路的信号流程分析。可以看到，该智能手机的图像显示驱动电路主要由图像显示处理器 D1400、微处理器及数据信号处理芯片 D2800 的相关电路等构成。

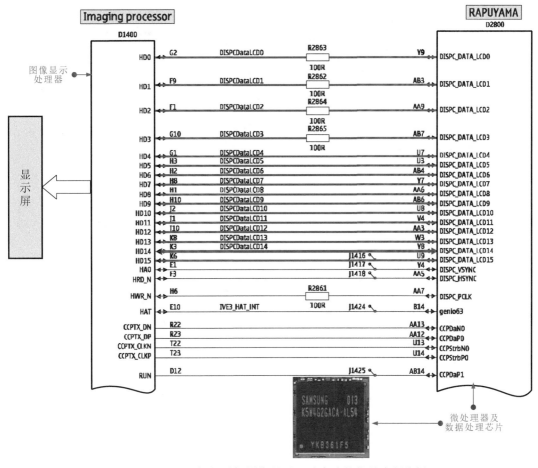

图 11-11　典型智能手机图像显示驱动电路的信号流程分析

在典型智能手机的微处理器及数据处理芯片中的数据处理部分，将智能手机中的各种状态信息及相关数据进行处理后输出，转换为显示屏的 16 个数据信号（DISPDataLCD0 ~ DISPDataLCD15）送入图像显示处理器 D1400 中。最后，再由图像显示处理器 D1400 将显示数据信号转换为驱动显示屏的驱动信号，使智能手机显示屏显示图像信息。

4　数据处理电路

图 11-12 为典型智能手机数据处理电路的信号流程分析。可以看到，该智能手机的数据处理电路主要由微处理器及数据信号处理芯片 D2800 内部的数据处理部分及相关引脚等构成，对各种数据信息进行处理和对处理后的数据再送到其他电路。

微处理器及数据信号处理芯片 D2800 内部的数据处理部分处理智能手机中大部分数据信号，包括：GPS 模块数据信号、射频电路数据信号、USB 电路数据信号、蓝牙电路数据信号、语音电路数据信号、无线网络电路数据信号、SIM 卡电路数据信号及音频处理及电源管理部分的数据信号。

其中，射频电路部分在收 / 发两种状态下的数据都先送往或来自微处理器及数据处理芯片 D2800，经 D2800 后与后级语音电路之间进行信号传输（收 / 发基带数据信号）。

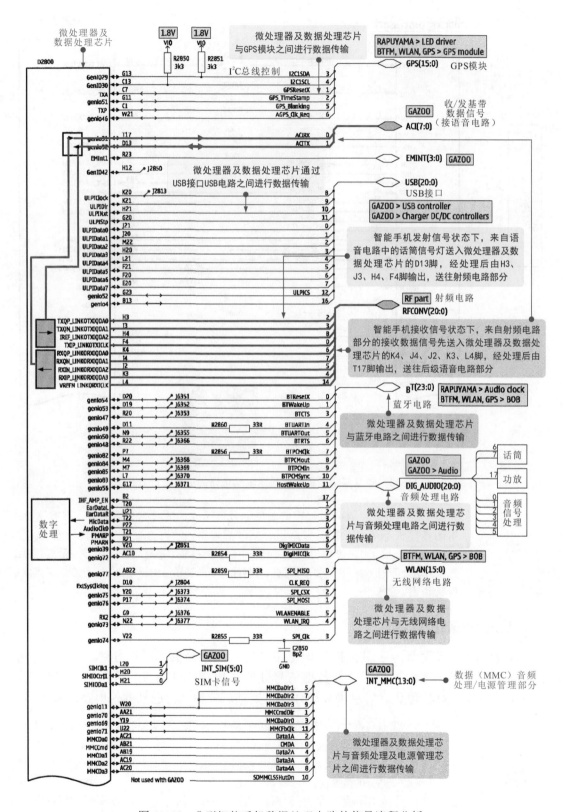

图 11-12 典型智能手机数据处理电路的信号流程分析

5 控制电路

图 11-13 为典型智能手机控制电路的信号流程分析。可以看到，该智能手机的控制电路主要由微处理器及数据信号处理芯片 D2800 内部的微处理器控制部分及相关引脚等构成，主要用于对智能手机各单元模块及工作状态进行控制。

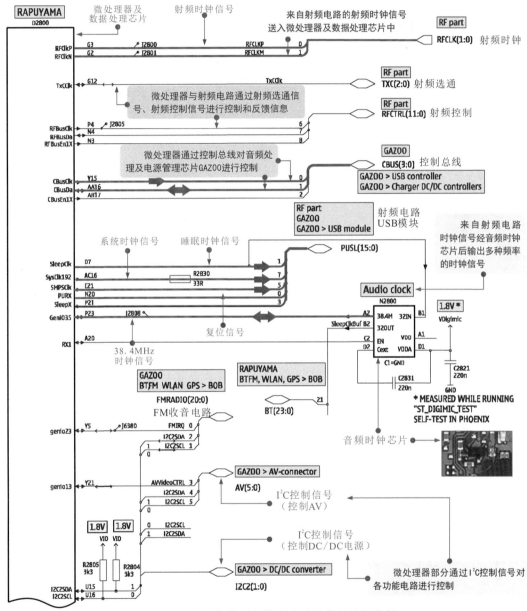

图 11-13 典型智能手机控制电路的信号流程分析

微处理器及数据信号处理芯片 D2800 内部的控制电路部分通过控制总线和 I^2C 控制信号对其他功能电路及主要元件进行控制。

另外，由射频电路送来的射频时钟信号和音频时钟芯片 N2800 产生的 38.4MHz 的系统时钟信号等都是控制电路部分及整机中不可缺少的时钟信号，用以保证整机工作的同步性。

11.3 微处理器及数据处理电路的检修方法

11.3.1 微处理器及数据处理电路的检修分析

微处理器及数据处理电路是智能化控制和几乎所有数据处理功能的核心电路，若该电路出现故障经常会引起控制功能失常、部分功能电路失常、系统紊乱、无法开机、接听或拨打电话失常等现象。

如图 11-14 所示，检测微处理器及数据处理电路时，一般首先检测该电路相关范围内的工作条件（如微处理器的供电、时钟、复位三要素），在此基础上，结合电路的特点，检测电路中关键点的信号参数，信号消失的地方即为主要的故障点。

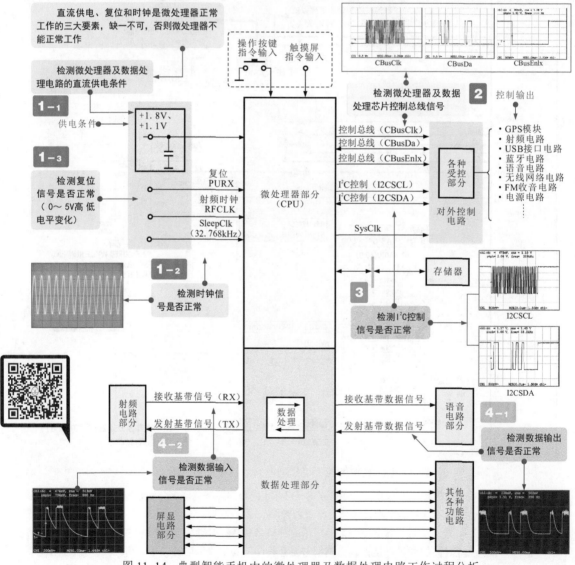

图 11-14 典型智能手机中的微处理器及数据处理电路工作过程分析

11.3.2 微处理器三大要素的检测方法

当怀疑微处理器工作异常时，首先应确认微处理器正常工作所需的三大基本要素是否正常，即检测供电、复位和时钟是否正常。

1 检测微处理器及数据处理电路的直流供电条件

当出现整机控制功能均失常，怀疑控制电路部分异常时，应首先检测微处理器的基本供电电压是否正常。微处理器直流供电电压的检测方法如图 11-15 所示。

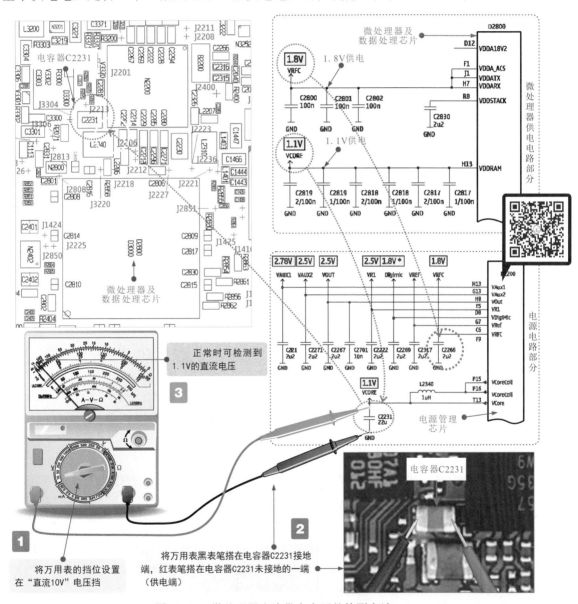

图 11-15 微处理器直流供电电压的检测方法

若经检测直流供电正常，表明微处理器的供电部分均正常，应进一步检测微处理器其他工作条件或信号波形。若无直流供电或直流供电异常，则多为微处理器供电部分存在损坏元件或电源电路异常，应重点对微处理器供电部分的相关元件（如限流电阻、滤波电容等）进行检测，或对电源电路进行故障排查。

一般大多智能手机中的微处理器采用多组直流供电方式，用万用表测量任何一只供电引脚均应能测得相应的直流供电电压（可参考图纸参数标识，大部分情况下为 +1.8 V、+1.1 V 两种电压值）。

在智能手机实际检测操作过程中，在实物电路板上找准接地点十分重要，特别是测试电压及信号波形时都需要将仪器仪表的一根测试线（黑表笔或接地夹）接地。一般情况下，可将电路板中芯片的屏蔽罩作为接地点，也可根据相关图纸资料信息找到智能手机电路板上的接地端。

2 检测时钟信号

微处理器的工作条件除了需要供电电压外，还需要正常的时钟信号才可以正常工作，因此怀疑微处理器工作异常时，还应对时钟信号进行检测。微处理器时钟信号波形的检测方法如图 11-16 所示。

在微处理器及数据处理电路中，除基本的射频时钟信号、睡眠时钟信号外，微处理器及数据处理芯片会输出系统时钟信号（SysClk）送到数据处理电路中，该信号也十分重要。

若经检测时钟信号正常，则表明微处理器的时钟信号条件能够满足，应进一步检测微处理器其他工作条件或信号波形。若时钟信号异常，则应进一步检测微处理器时钟信号产生电路部分及相关元件，更换损坏元件，恢复微处理器的时钟信号。

3 检测复位信号

复位信号也是微处理器工作的条件之一，若无复位信号，则微处理器不能正常工作，因此对微处理器进行检测时也应检测复位信号是否正常。微处理器复位信号的检测方法如图 11-17 所示。

正常情况下，用万用表检测微处理器的复位端，在开机瞬间应能检测到低到高电平跳变。若检测复位信号正常，则说明微处理器的复位条件也能够满足；若无复位信号，应进一步检测复位电路部分。

11.3.3 控制总线的检测方法

微处理器中一些功能电路通过微处理器中的控制总线进行控制，控制总线包括总线数据信号（CBusDa）、总线时钟信号（CBusClk）和总线使能信号（CBusEnlx）信号，若控制总线信号失常，将引起智能手机中某些功能失常。

微处理器控制总线信号的检测方法如图 11-18 所示。

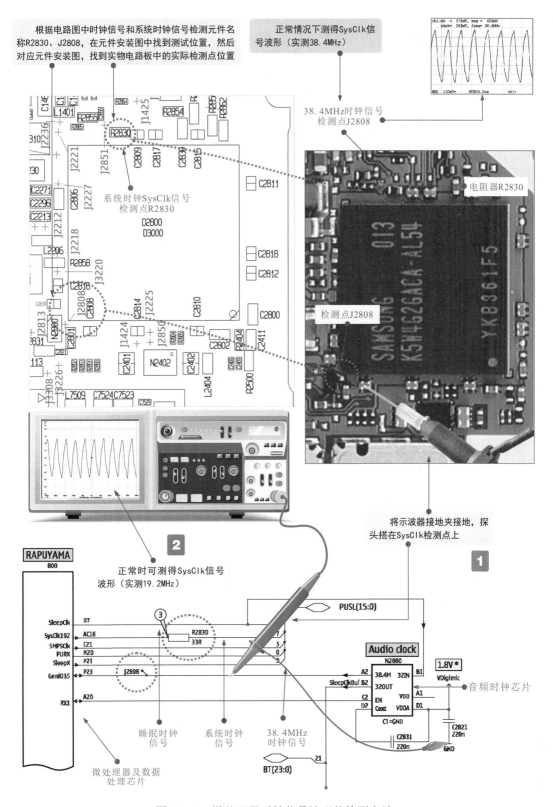

图 11-16 微处理器时钟信号波形的检测方法

根据电路图中复位信号PURX的间接测试点J2208,
在元件安装图中找到测试位置,然后对应元件安装
图,找到实物电路板中的实际检测点位置

检测点J2208

检测点J2208

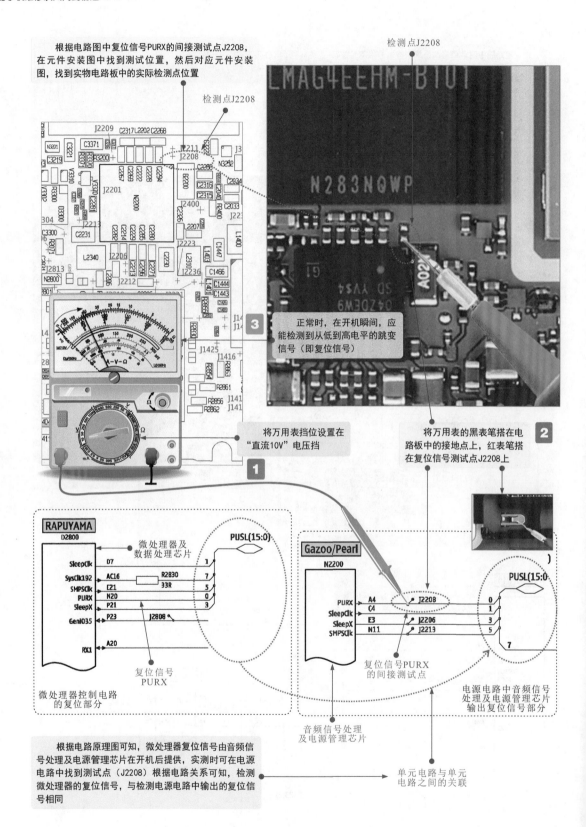

3 正常时,在开机瞬间,应
能检测到从低到高电平的跳变
信号(即复位信号)

将万用表挡位设置在
"直流10V"电压挡 **1**

2 将万用表的黑表笔搭在电
路板中的接地点上,红表笔搭
在复位信号测试点J2208上

复位信号PURX
的间接测试点

微处理器及
数据处理芯片

复位信号
PURX

微处理器控制电路
的复位部分

音频信号处理
及电源管理芯片

电源电路中音频信号
处理及电源管理芯片
输出复位信号部分

根据电路原理图可知,微处理器复位信号由音频信
号处理及电源管理芯片在开机后提供,实测时可在电源
电路中找到测试点(J2208)根据电路关系可知,检测
微处理器的复位信号,与检测电源电路中输出的复位信
号相同

单元电路与单元
电路之间的关联

图 11-17 微处理器复位信号的检测方法

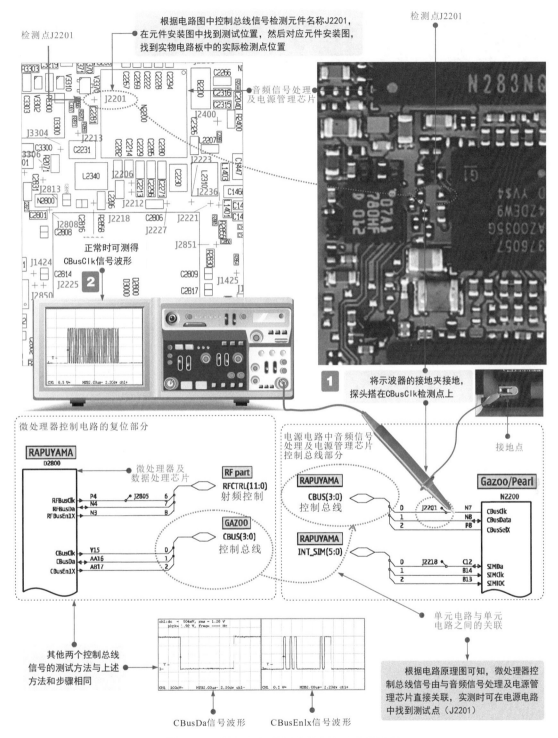

图 11-18　微处理器控制总线信号的检测方法

正常情况下，用示波器检测微处理器的控制总线端应能检测到相应的信号波形。若控制总线信号正常，说明微处理器工作正常；若无控制总线信号则多为微处理器损坏或未进入工作状态。

11.3.4 I²C 总线信号的检测方法

智能手机中大部分功能电路受微处理器 I²C 控制信号的控制，I²C 控制信号包括时钟信号（I2CSCL）和数据信号（I2CSDA），若 I²C 控制信号失常，将引起智能手机中大部分功能失常。微处理器 I²C 控制信号的检测方法如图 11-19 所示。

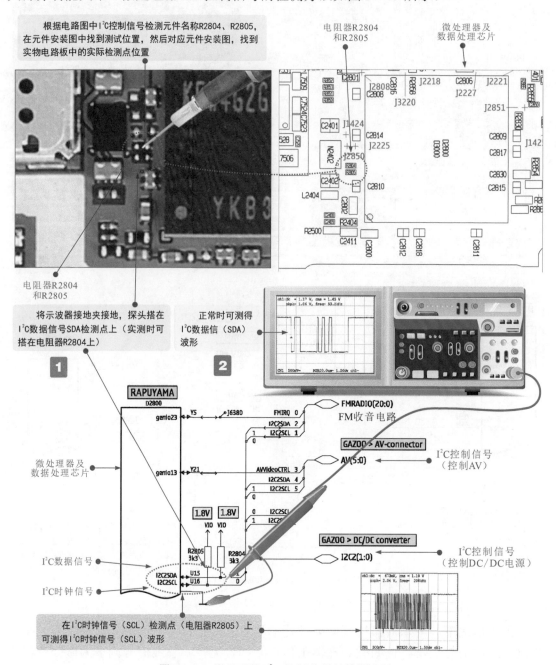

图 11-19　微处理器 I²C 控制信号的检测方法

正常情况下,用示波器检测微处理器的 I^2C 控制信号端应能检测到相应的信号波形。若 I^2C 控制信号正常,说明微处理器工作正常;若无 I^2C 控制信号则多为微处理器损坏或未进入工作状态。

11.3.5 输入、输出数据信号的检测方法

微处理器及数据处理电路中,数据处理部分接收和输出各种数据信号送往后级电路中。若无数据信号输出则多为数据处理电路部分异常。

智能手机的数据处理电路部分与多个功能电路关联,输出多种数据信号,以射频电路送入数据处理电路部分的收 / 发数据信号及经数据处理后输出到语音电路的收 / 发基带数据信号为例,图 11-20 为数据处理电路部分输入、输出数据信号的检测方法。

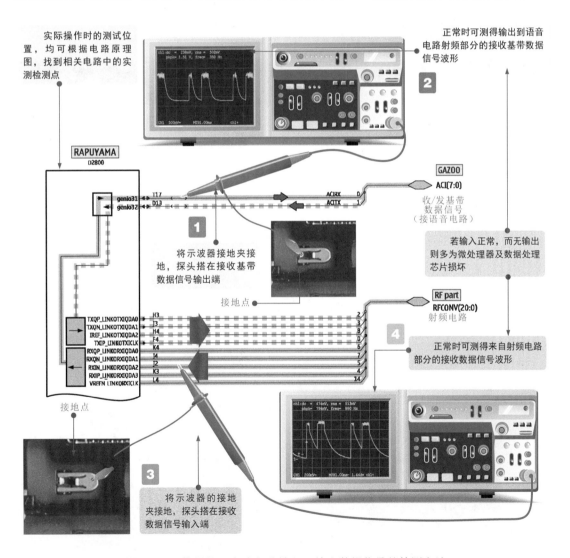

图 11-20　数据处理电路部分输入、输出数据信号的检测方法

第12章

智能手机电源及充电电路的检修方法

 12.1 电源及充电电路的结构

12.1.1 电源及充电电路的特征

电源及充电电路主要功能是用来为智能手机各单元电路和元器件提供工作电压，保证智能手机正常开机、拨打和接听电话。由于智能手机中元器件的集成度较高，该电路中元器件均采用贴片式的安装方式，不同的智能手机其电源及充电电路的位置都有所不同，查找时需根据主电路板的电路图和安装图在实物图中找到该电路的大体位置。

图12-1为电源及充电电路在智能手机中的位置。

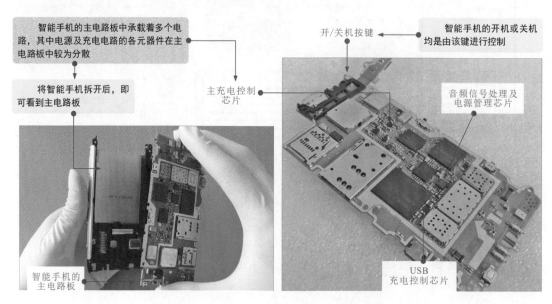

图12-1　电源及充电电路在智能手机中的位置

在手机中音频信号处理及电源管理芯片、充电控制芯片、开 / 关机按键、充电器接口以及电源接口等都是电源及充电电路的组成部分，对于读者来说，当确定了电源及充电电路的大体位置后，可通过从电源及充电电路中的关键部件入手，找到该电路中的主要元器件，然后再圈定出电源及充电电路。

图 12-2 为电源及充电电路的特征。

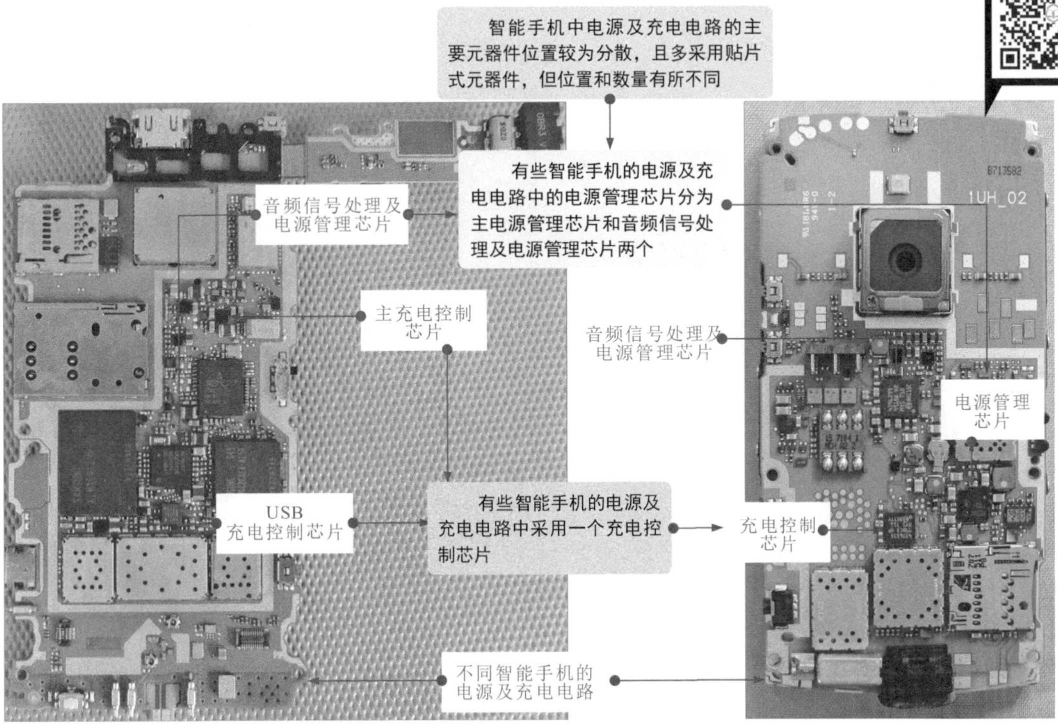

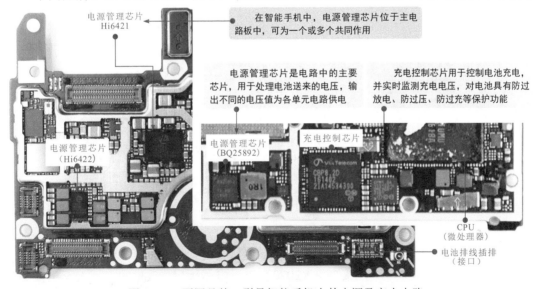

图 12-2　电源及充电电路的特征

不同品牌、型号的智能手机中，电源及充电电路的安装位置不同，如图 12-3 所示。

图 12-3　不同品牌、型号智能手机中的电源及充电电路

12.1.2　电源及充电电路的结构组成

一般来说，智能手机的电源及充电电路主要是由音频信号处理及电源管理芯片、充电控制芯片、开/关机按键、充电器接口以及电源接口等组成的。

图 12-4 为典型智能手机中电源及充电电路的结构组成。

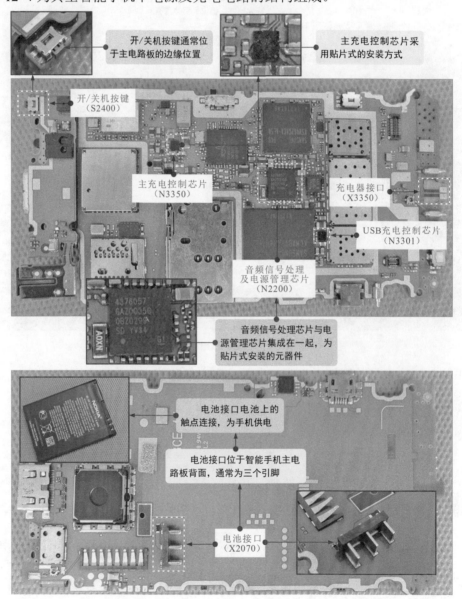

开/关机按键通常位于主电路板的边缘位置

主充电控制芯片采用贴片式的安装方式

开/关机按键（S2400）

主充电控制芯片（N3350）

充电器接口（X3350）

USB充电控制芯片（N3301）

音频信号处理及电源管理芯片（N2200）

音频信号处理芯片与电源管理芯片集成在一起，为贴片式安装的元器件

电池接口电池上的触点连接，为手机供电

电池接口位于智能手机主电路板背面，通常为三个引脚

电池接口（X2070）

图 12-4　典型智能手机中的电源及充电电路的结构组成

可以看到，该电源及充电电路主要是有音频信号处理及电源管理芯片（N2200）、开/关机按键（S2400）、电池接口（X2070）、充电器接口（X3350）、主充电控制芯片（N3350）、USB 充电控制芯片（N3301）及外部元件等组成的。

1 电源管理芯片

电源管理芯片是电路中的主要芯片，用于将电池送来的电压进行处理，输出不同的电压值为手机的各个单元电路进行供电。例如，图 12-5 为典型智能手机中音频信号处理及电源管理芯片 N2200 的实物外形。

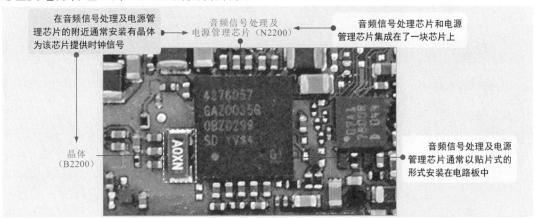

图 12-5　典型智能手机中音频信号处理及电源管理芯片 N2200 的实物外形

2 主充电控制芯片

使用充电器充电时，主充电控制芯片则会对电池进行充电并实时检测充电的电压值。例如，图 12-6 为典型智能手机中主充电控制芯片 N3350 的实物外形。

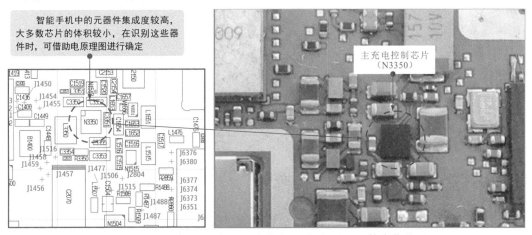

图 12-6　典型智能手机中主充电控制芯片 N3350 的实物外形

3 USB 充电控制芯片

使用 USB 接口进行充电时，USB 充电控制芯片会对电池充电并实时检测充电的电压值，当充电到额定值时自动停止充电。例如，图 12-7 为典型智能手机中 USB 充电控制芯片 N3301 的实物外形。

4 开 / 关机按键

开 / 关机按键用于控制开关机操作，当按下开 / 关机按键时，显示屏则会显示启动或关闭的界面。这类开 / 关机按键通常安装在智能手机、平板电脑的顶部或侧面，被称为独立按键式开关。例如，图 12-8 为典型智能手机中开 / 关机按键 S2400 的实物外形。

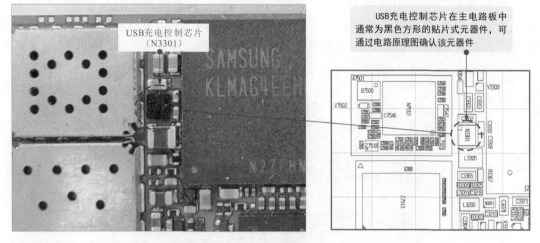

图 12-7　典型智能手机 USB 充电控制芯片 N3301 的实物外形

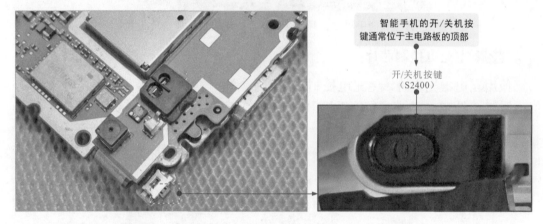

图 12-8　典型智能手机中开 / 关机按键 S2400 的实物外形

5　电池接口

电池接口位于主电路板的背面，主要是来与电池上的触点进行连接，为手机进行供电。例如，图 12-9 为典型智能手机中电池接口 X2070 的实物外形。

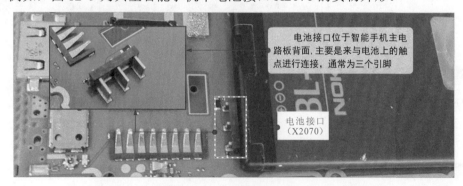

图 12-9　典型智能手机中电池接口 X2070 的实物外形

6 充电器接口

充电器接口是用于连接充电器，为智能手机进行充电以及供电，该接口通常安装在智能手机电路板的四周。图 12-10 为典型智能手机中充电器接口 X3350 的实物外形。

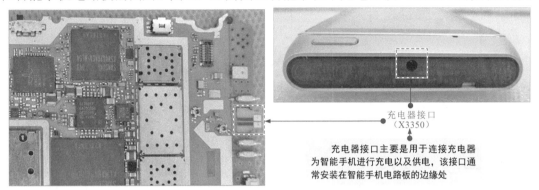

充电器接口
（X3350）

充电器接口主要是用于连接充电器
为智能手机进行充电以及供电，该接口通
常安装在智能手机电路板的边缘处

图 12-10　典型智能手机中充电器接口 X3350 的实物外形

12.2　电源及充电电路的工作原理

12.2.1　电源及充电电路的基本信号流程

智能手机电源及充电电路的工作过程即为在电路作用下，实现电池放电（为各电路供电）和充电的过程。

如图 12-11 所示，智能手机的电源及充电电路用于将电池电压进行处理、分配、稳压等，输出多组不同数值的、稳定的直流电压，为各单元电路供电。

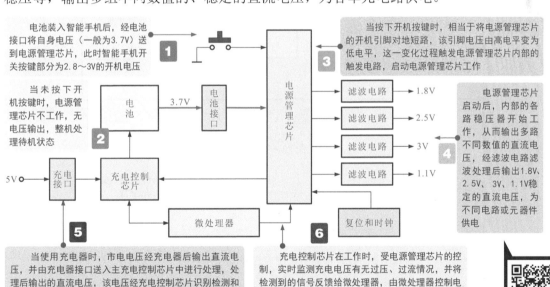

电池装入智能手机后，经电池接口将自身电压（一般为3.7V）送到电源管理芯片，此时智能手机开关按键部分为2.8～3V的开机电压

当按下开机按键时，相当于将电源管理芯片的开机引脚对地短路，该引脚电压由高电平变为低电平，这一变化过程触发电源管理芯片内部的触发电路，启动电源管理芯片工作

当未按下开机按键时，电源管理芯片不工作，无电压输出，整机处理待机状态

电源管理芯片启动后，内部的各路稳压器开始工作，从而输出多路不同数值的直流电压，经滤波电路滤波处理后输出1.8V、2.5V、3V、1.1V稳定的直流电压，为不同电路或元器件供电

当使用充电器时，市电电压经充电器后输出直流电压，并由充电器接口送入主充电控制芯片中进行处理，处理后输出的直流电压，该电压经充电控制芯片识别检测和处理、监测后，输出直流电压为电池补充电能

充电控制芯片在工作时，受电源管理芯片的控制，实时监测充电电压有无过压、过流情况，并将检测到的信号反馈给微处理器，由微处理器控制电池的充电状态，避免出现过充、过流或过压等情况

图 12-11　智能手机电源及充电电路的工作过程

图 12-12 为典型智能手机中电源及充电电路的流程框图。

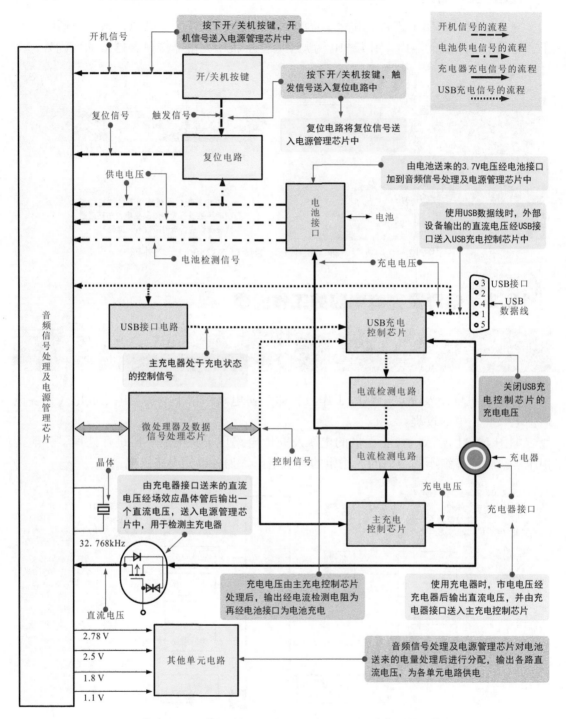

图 12-12 典型智能手机中电源及充电电路的流程框图

从图 12-12 可以看到，电源及充电电路具有供电及充电两种功能：

① 当使用电池为智能手机供电时，按下开 / 关机按键，开机信号、复位信号以及由电池送来的 3.7 V 电压分别送入音频信号处理及电源管理芯片中，电源管理芯片启动，

对电池送来的电量进行分配后，输出各路直流电压，为各单元电路供电。

② 当使用充电器时，市电电压经充电器后输出直流电压，并由充电器接口送入主充电控制芯片中进行处理，处理后输出的直流电压经电流检测电路后，再经电池接口为电池充电。同时由充电器接口送来的另一路直流电压经场效应晶体管产生一个脉冲送入电源管理芯片中，用于检测主充电器。

当使用 USB 充电器时，外部设备输出的直流电压由 USB 接口送入 USB 充电控制芯片中进行处理，处理后输出的直流电压经电流检测电路后，再经电池接口为电池充电。

当同时插入充电器和 USB 充电器时，充电器的充电电压送入 USB 充电控制芯片中，关闭 USB 充电控制芯片，并由 USB 模块输出主充电器处于充电状态的控制信号送入 USB 充电控制芯片中，从而改变 USB 充电控制芯片充电电流的输出。

提示说明 如图 12-13 所示，智能手机连接充电器后，由充电控制芯片控制电池的充电状态，该芯片具有充电检测、充电控制、电量检测和过流过压保护功能。

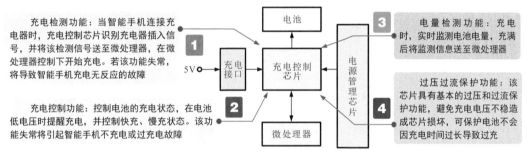

图 12-13　充电控制芯片的保护功能

12.2.2　电源及充电电路的具体信号流程分析

图 12-14 为典型智能手机的电源及充电电路原理图。

提示说明 不同类型和型号智能手机的电源及充电电路虽结构各异，但其基本信号处理过程大致相同。为了更加深入了解电源及充电电路的特点，我们根据智能手机电源及充电电路的流程图，综合当前电源及充电电路中各主要部件的功能特点，将电源及充电电路划分成复位电路、电池供电电路、主充电电路、USB 充电电路几部分，然后依据信号流程对电源及充电电路进行逐级分析。

1 复位电路

图 12-15 为典型智能手机复位电路的信号流程分析。可以看到，该智能手机的复位电路主要由开 / 关机按键（S2400）、复位电路（N2400）、音频信号处理及电源管理芯片（N2200）的相关引脚以及外围元件等构成。

电路中，由电池供电电路送来的 3.7 V 电压为复位电路提供工作电压，当按下开 / 关机按键 S2400 时，开机控制信号送入音频信号处理及电源管理芯片 N2200 中，同时

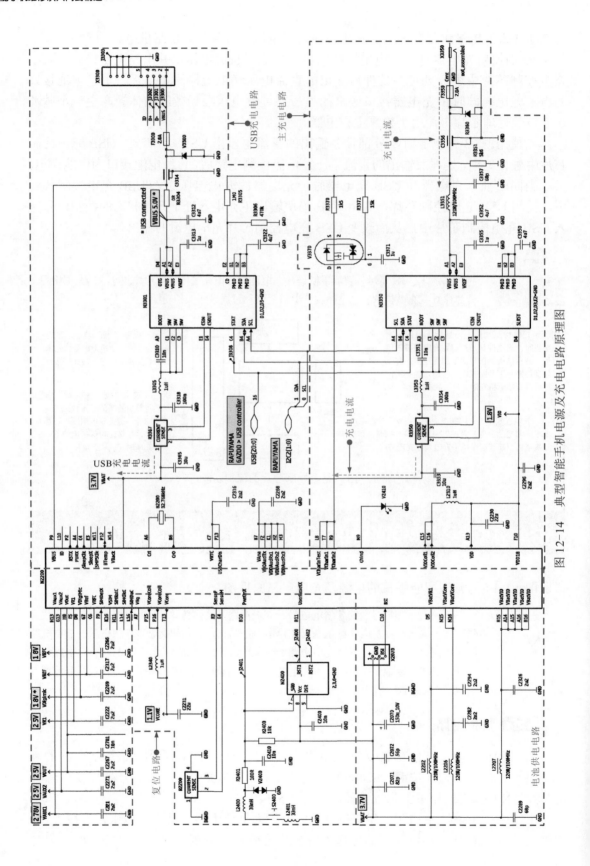

图 12-14　典型智能手机电源及充电电路原理图

复位电路 N2400 将复位信号送入也送入 N2200 中，音频信号处理及电源管理芯片外接的 32.768 MHz 晶体为音频信号处理及电源管理芯片 N2200 提供时钟信号。

音频信号处理及电源管理芯片 N2200 接收到开机、复位信号后，便会对电池、充电器接口、USB 接口送来的电源进行分配。

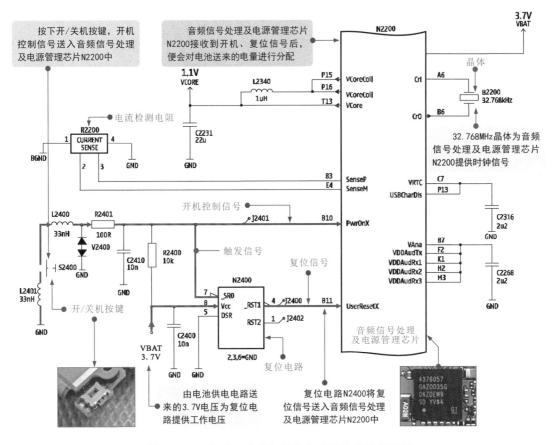

图 12-15　典型智能手机复位电路的信号流程分析

2　电池供电电路

图 12-16 为典型智能手机电池供电电路的信号流程分析。可以看到，该智能手机电池供电电路主要是由电池接口（X2070）、音频信号处理及电源管理芯片（N2200）的相关引脚以及外围元件等构成。

电路中，智能手机连接电池后，开机后，由电池送来的 3.7 V 电压经电池接口 X2070，送到音频信号处理及电源管理芯片 N2200 中，3.7 V 电压经 N2200 处理后进行分配，输出 2.78 V、2.5 V、1.8 V、1.1 V 直流电压，为各单元电路供电。

3　主充电电路

图 12-17 为典型智能手机主充电电路的信号流程分析，该智能手机的主充电电路主要是由充电器接口（X3350）、主充电控制芯片（N3350）、充电电流检测电阻（R3350）、充电指示灯（V2410）、USB 充电控制芯片（N3301）相关引脚、音频信号处理及电源

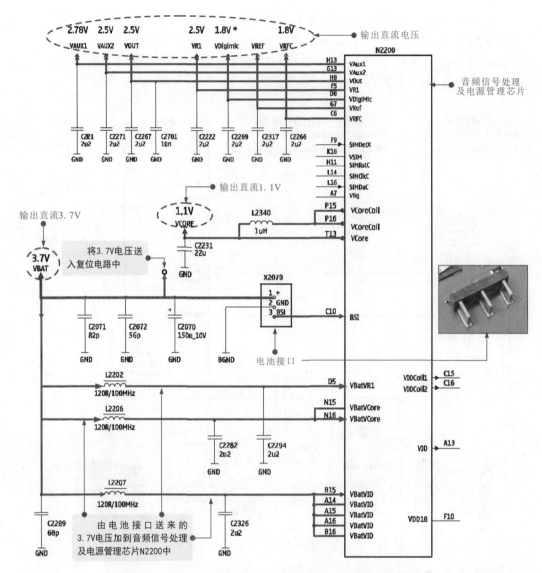

图 12-16　典型智能手机电池供电电路的信号流程分析

管理芯片（N2200）的相关引脚以及外围元件等构成。使用充电器对智能手机进行充电时，市电电压经充电器后输出直流电压，并由充电器接口 X3350 送入充电控制芯片 N3350 中进行处理后，输出 3.7V 供电电压，经电流检测电阻 R3350 为电池充电。

　　由充电器接口 X3350 送来的直流电压另一路经场效应晶体管 V3370 后产生一个电压，送入音频信号处理及电源管理芯片 N2200 中，用于检测主充电器，经 N2200 处理后输出控制信号，控制充电指示灯 V2410 点亮。

　　当同时插入主充电器和 USB 充电器时，主充电器的充电电压送入 USB 充电控制芯片 N3301 中，关闭 USB 充电控制芯片。同时 USB 模块输出主充电器处于充电状态的控制信号送入 USB 充电控制芯片 N3301 中，从而改变 N3301 充电电流的输出。

　　对电池充电后，音频信号处理及电源管理芯片 N2200 便会对电池送来的电源进行分配。

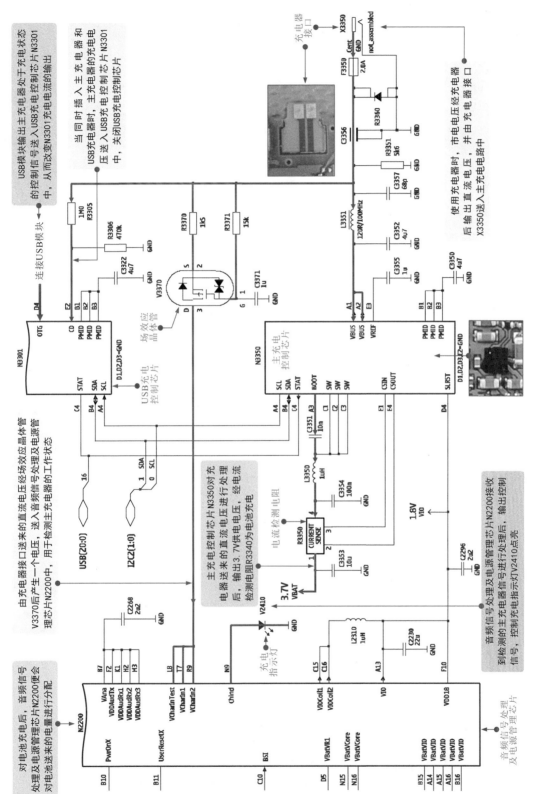

图 12-17　典型智能手机主充电电路的信号流程分析

4 USB 充电电路

图 12-18 为典型智能手机 USB 充电电路的信号流程分析。

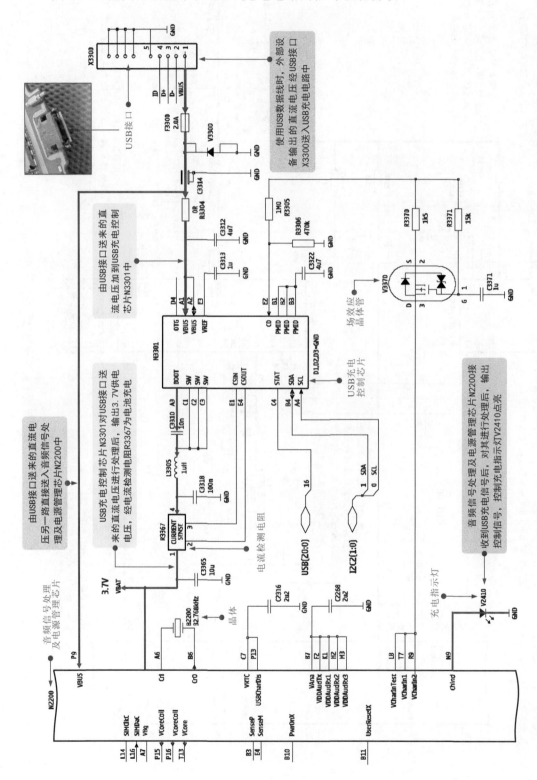

图 12-18 典型智能手机 USB 充电电路的信号流程分析

可以看到，该智能手机充电电路的电路主要是由 USB 接口（X3300）、充电控制芯片、充电电流检测电阻（R3367）、充电指示灯（V2410）、音频信号处理及电源管理芯片的相关引脚以及外围元件等构成。

智能手机使用 USB 数据线时，外部设备输出的直流电压经 USB 接口 X3300 送入 USB 充电电路中。

外部设备送来的 +5V 直流电压经 USB 充电控制芯片处理后输出 +3.7V 的直流低压，该电路分为两种：一路经电流检测电阻 R3367 为电池充电；另一路直接送入音频信号处理及电源管理芯片 N2200 中。

音频信号处理及电源管理芯片 N2200 接收到 USB 充电信号后，对其进行处理后，输出控制信号，控制充电指示灯 V2410 点亮，表明该手机正在充电。

12.3　电源及充电电路的检修方法

12.3.1　电源及充电电路的检修分析

电源及充电电路是供电、充电的能源电路，若该电路出现故障经常会引起不开机、耗电量快、充电不足等故障现象。

当怀疑电源及充电电路出现故障时，可首先采用观察法检查电源及充电电路的主要元件有无明显损坏迹象，如观察充电器接口、USB 接口触点有氧化现象，开 / 关机按键是否有明显损坏迹象等。如出现上述情况则应立即对氧化的接口触点进行清洁处理，或更换损坏的开 / 关机按键。若从表面无法观测到故障部位，按图 12-19 对智能手机的电源及充电电路进行逐级排查。

提示说明

若智能手机不开机时，应重点检查复位电路、电池供电电路中的相关元件，如开 / 关机按键、复位电路、时钟晶体、电池接口、电源管理芯片等部分。

若智能手机不能使用充电器充电时，应重点检查主充电电路中的相关元件，如充电器接口、主充电控制芯片、电流检测电阻、电源管理芯片等部分。

若智能手机不能使用 USB 充电器充电时，应重点检查 USB 充电电路中的相关元件，如 USB 接口、USB 充电控制芯片、电流检测电阻、电源管理芯片等部分。

12.3.2　直流供电电压的检测方法

当智能手机出现不开机、不充电，怀疑电源及充电电路异常时，应首先检测电源及充电电路中的基本供电电压是否正常。电源及充电电路中直流供电电压的检测方法如图 12-20 所示。

若经检测直流供电正常，表明电源及充电电路的电池供电部分正常，应进一步检测电源及充电电路的其他工作条件或信号波形。若无直流供电或直流供电异常，则多为电池或电池接口异常引起的，应重点检查电池接口触点是否锈蚀，电池电量是否用尽。

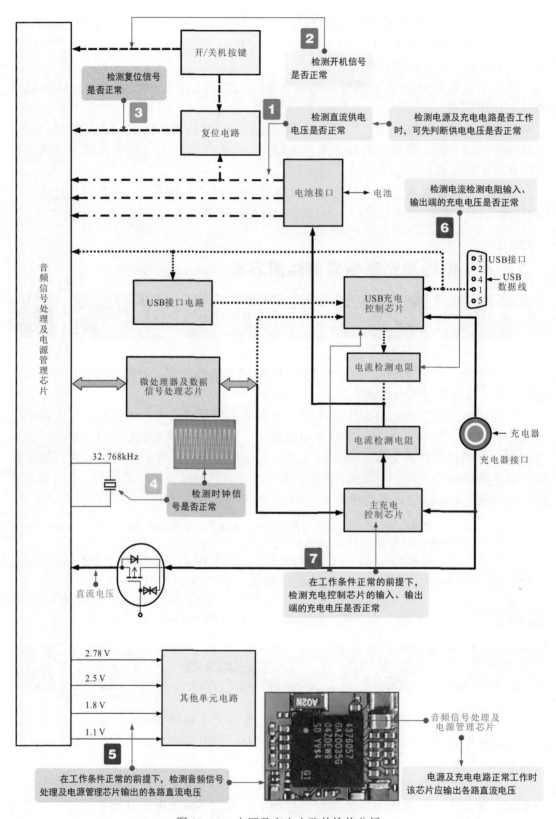

图 12-19　电源及充电电路的检修分析

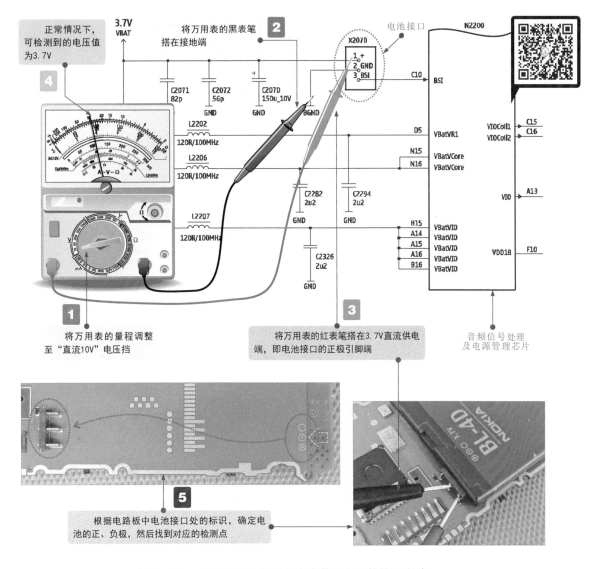

图 12-20 电源及充电电路中直流供电电压的检测方法

12.3.3 开机信号的检测方法

在电源及充电电路直流供电电压正常的前提下,需要为电源及充电电路提供一个开机信号,智能手机才能够正常启动。因此当怀疑电源及充电电路异常时,还应对电源及充电电路中的开机信号进行检测。

电源及充电电路中开机信号的检测方法如图 12-21 所示。

若经检测开机信号正常,表明开机控制部分正常,应进一步检测电源及充电电路的其他工作条件或信号波形。若无开机信号,则多为开 / 关机按键损坏引起的,应重点检查开 / 关机按键,并对损坏的开 / 关机按键进行更换,排除故障。

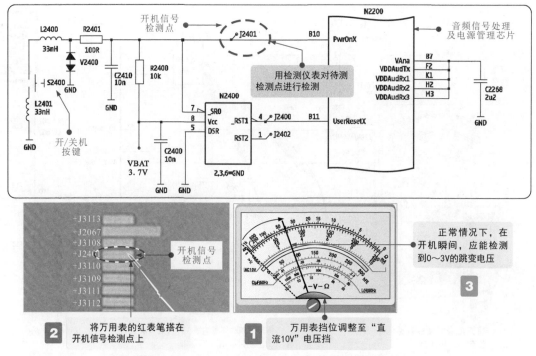

图 12-21　电源及充电电路中开机信号的检测方法

12.3.4　复位信号的检测方法

复位信号也是电源及充电电路的工作条件之一，若无复位信号，则电源及充电电路中的电源管理芯片不能正常工作，因此对电源及充电电路进行检测时也应检测复位信号是否正常。电源及充电电路中复位信号的检测方法如图 12-22 所示。

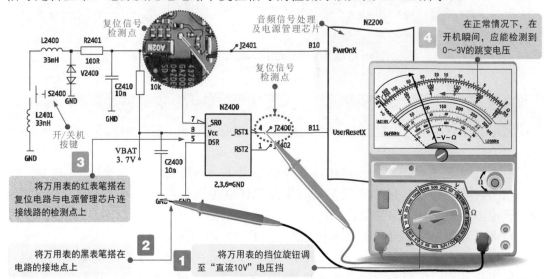

图 12-22　电源及充电电路中复位信号的检测方法

若经检测复位信号正常，表明电源及充电电路的复位条件也能够满足，应进一步检测电源及充电电路的其他工作条件或信号波形。若无复位信号，应进一步检测复位电路部分。

12.3.5　时钟信号的检测方法

电源及充电电路中的工作条件除了需要供电电压、开机信号、复位信号外，还需要时钟晶体提供的时钟信号才可以正常工作，因此当怀疑电源及充电电路工作异常时，还应对时钟信号进行检测。电源及充电电路中时钟信号波形的检测方法如图12-23所示。

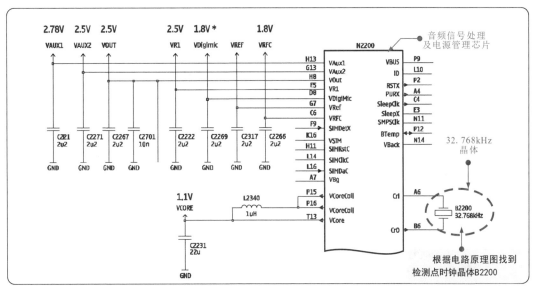

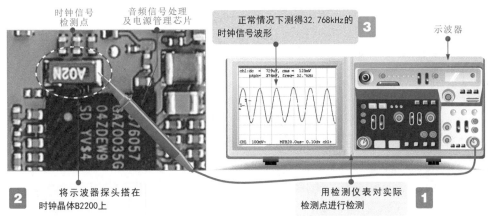

图 12-23　电源及充电电路中时钟信号波形的检测方法

若经检测时钟信号正常，则表明电源及充电电路中的时钟信号条件能够满足，应进一步检测电源及充电电路的其他信号。若时钟信号异常，则应进一步检测时钟晶体及相关元件，更换损坏元件，恢复电源及充电电路的时钟信号。

12.3.6 电源管理芯片的检测方法

电源管理芯片是电源及充电电路中的核心模块，若该芯片损坏将引起智能手机供电、充电异常。检测时，在基本工作条件正常的前提下，可使用万用表检测该芯片输出的各路直流电压是否正常进行判断。电源及充电电路中电源管理芯片的检测方法如图 12-24 所示。

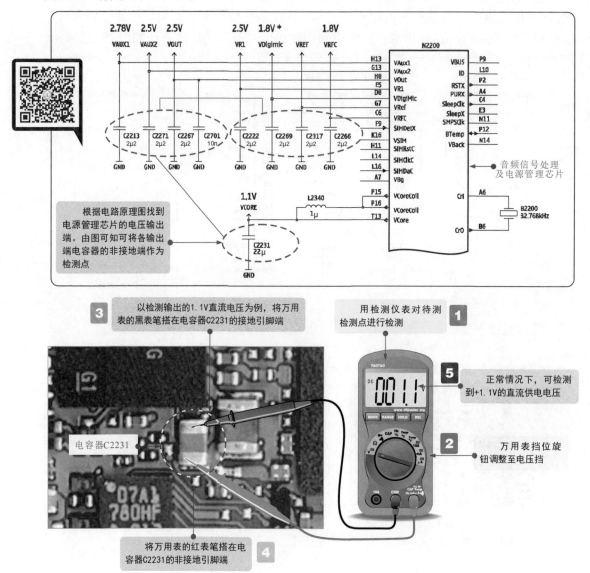

图 12-24　电源及充电电路中电源管理芯片的检测方法

若电源管理芯片输出的各路直流电压正常，则说明电源管理芯片正常；若无直流电压输出，则说明电源管理芯片损坏。

12.3.7 电流检测电阻的检测方法

电流检测电阻用于对充电过程中电流的检测，若该电阻损坏将引起智能手机充电异常。检测时，可使用万用表检测该电阻器两端的阻值进行判断。电源及充电电路中电流检测电阻的检测方法如图 12-25 所示。

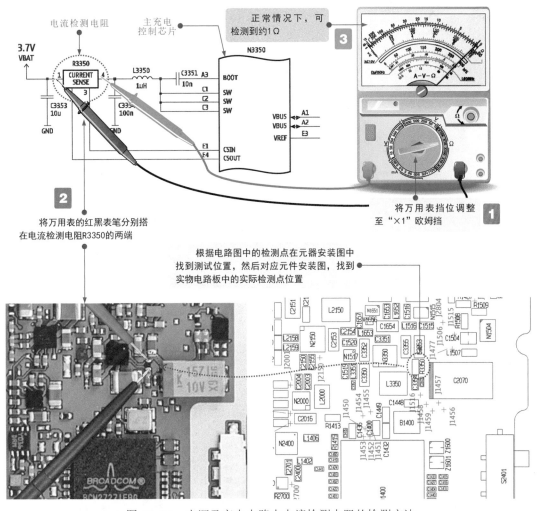

图 12-25 电源及充电电路中电流检测电阻的检测方法

若电流检测电阻正常，则说明充电控制芯片可能损坏；若电流检测电阻损坏，则需更换电流检测电阻排除故障。

12.3.8 充电控制芯片的检测方法

充电控制芯片是在微处理器的控制下对电池进行充电的集成电路，若该芯片损坏，将直接导致智能手机电池不能充电的故障。检测时，在基本工作条件正常的前提下，可使用万用表检测该芯片输入、输出端的充电电压进行判断。电源及充电电路中充电控制芯片的检测方法（以主充电控制芯片为例）如图 12-26 所示。

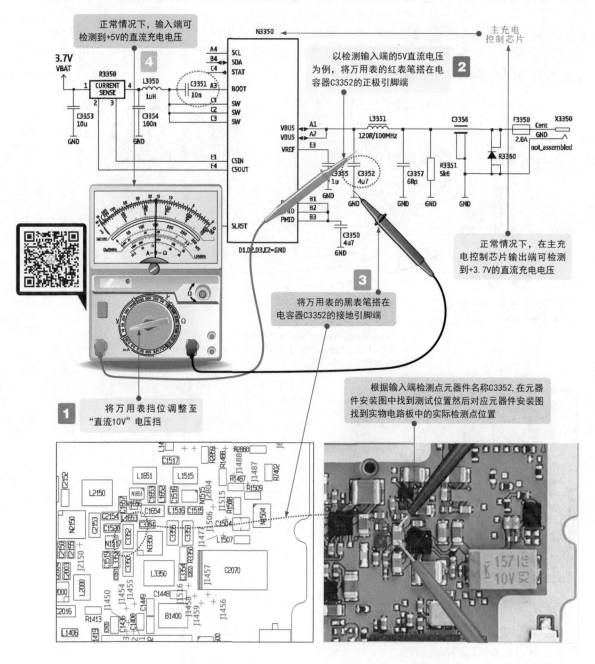

图 12-26　电源及充电电路中充电控制芯片的检测方法

若充电控制芯片输入端充电电压正常，而输出端无充电电压输出，则说明充电控制芯片或前级控制电路损坏，需要进一步检修；若输入端无充电电压输入，则说明前端部件，如充电器接口、USB 接口等出现异常，检修时应重点检查，从而排除故障。

第13章

智能手机操作及屏显电路的检修方法

13.1 操作及屏显电路的结构

13.1.1 操作及屏显电路的特征

　　智能手机中的操作及屏显电路是智能手机的控制及显示部件，其中操作电路通常位于智能手机主电路板的四周或正面下方，而屏显电路则位于显示屏背面的底部边缘部位。

　　智能手机中操作及屏显电路的主要功能是将输入的人工指令信号送入主电路板中进行相应处理，然后由主电路板根据识别的人工指令输出相应的信号，将智能手机当前的工作状态及数据信息等显示数据送入屏显电路中进行处理，最后由显示器件进行显示。

　　通常在主电路板的四周边缘会找到键盘锁键、拍摄按键、音量调整按键等，在主电路板的正面下方会找到菜单按键、显示屏接口等，因此，读者可先在主电路板中找到这些按键及接口，即可确定操作及屏显电路的大体位置，如图 13-1 所示。

　　　　不同品牌、不同型号的智能手机中，操作及屏显电路的安装位置基本相同，功能特点和电路特征也基本相同，但具体的结构细节并不完全相同，需要根据实际机型实际分析和了解。

13.1.2 操作及屏显电路的结构组成

　　一般来说，智能手机的操作及屏显电路主要是由操作按键、屏显电路以及显示屏等组成的。在智能手机中找到操作及屏显电路之后，就需要对操作及屏显电路结构组成进行深入的了解，掌握操作及屏显电路中各组成部件的功能特点和相互关系。

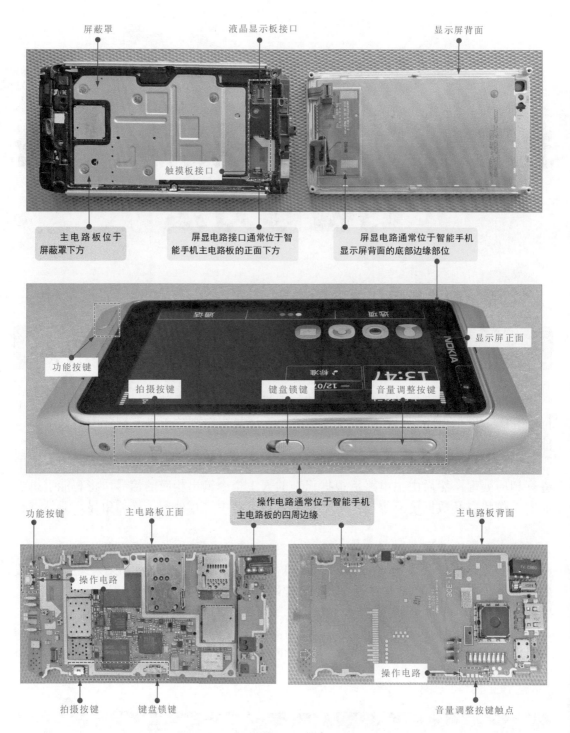

图 13-1　操作及屏显电路的安装位置

　　图 13-2 为典型智能手机的操作及屏显电路板。操作按键用以输入人工指令；屏显电路主要用以接收来自智能手机主电路板送来的图像数据信号和来自显示屏的人工指令（触摸信号）；显示屏主要用于显示智能手机的当前工作状态或输入相应的人工指令。

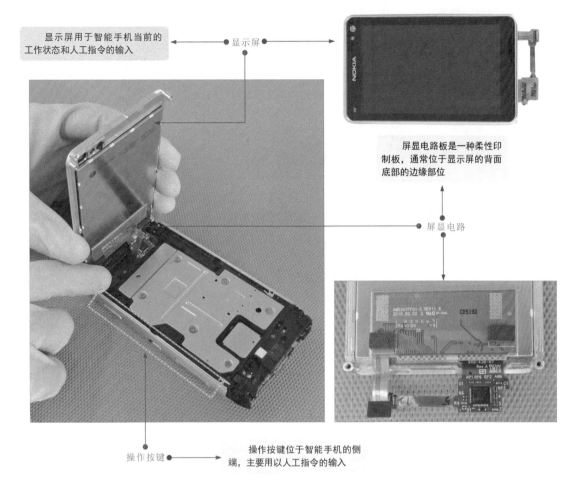

图 13-2 典型智能手机的操作及屏显电路板

1 显示屏

显示屏是智能手机操作及屏显电路中的重要部件，它是智能手机显示当前工作状态或输入人工指令的重要部件，位于智能手机正面的中央位置，是人机交互最直接的窗口，如图 13-3 所示。

市场上流行智能手机的显示屏主要有 LCD（液晶显示屏）和 OLED（有机发光二极管显示屏）两种材质。从屏幕显示技术来看，主要有 TFT 屏、IPS 屏、NOVA 屏、AMOLED 屏，其中 TFT、IPS、NOVA 技术属于 LCD 范围，AMOLED 属于 OLED。大多智能手机采用 TFT 屏，苹果手机为 IPS 屏，有些三星手机为 AMOLED 屏。

① 液晶显示板。液晶显示板主要用于显示视频、图像等，它是由很多整齐排列的像素单元构成的。每一个像素单元是由 R、G、B 三个小的三基色单元组成的，如图 13-4 所示。

② 背部光源。液晶显示屏是不发光的，在图像信号电压的作用下，液晶显示屏上不同部位的透光性不同。每一瞬间（一帧）的图像相当一幅电影胶片，在光照的条件下才能看到图像，因此在液晶显示屏的背部要设有一个矩形平面光源，如图 13-5 所示。

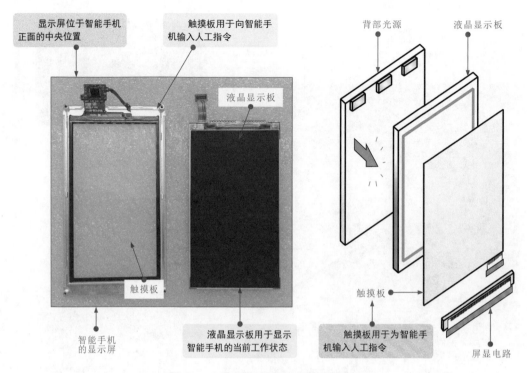

图 13-3　典型智能手机中的显示屏

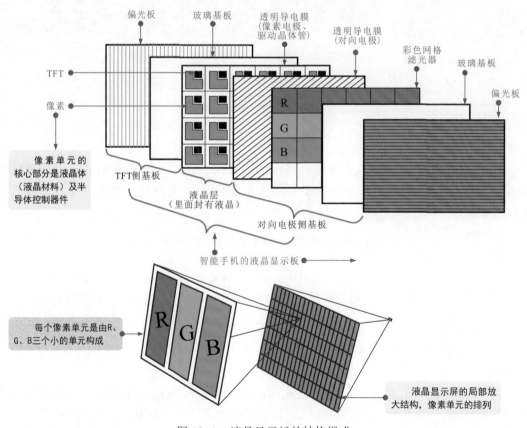

图 13-4　液晶显示板的结构组成

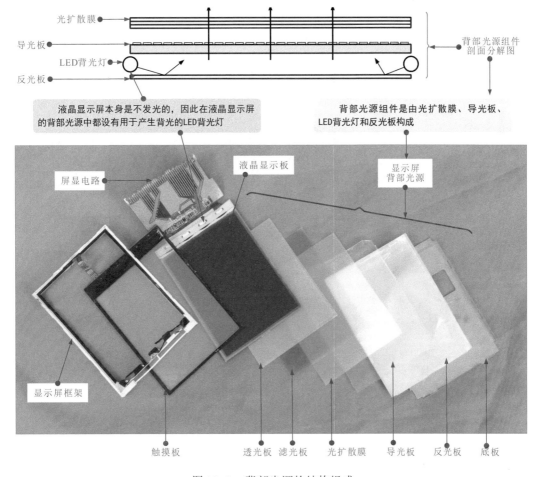

光扩散膜

导光板

LED背光灯

反光板

背部光源组件剖面分解图

液晶显示屏本身是不发光的，因此在液晶显示屏的背部光源中都设有用于产生背光的LED背光灯

背部光源组件是由光扩散膜、导光板、LED背光灯和反光板构成

屏显电路

液晶显示板

显示屏背部光源

显示屏框架

触摸板　　透光板　滤光板　　光扩散膜　　导光板　　反光板　　底板

图 13-5　背部光源的结构组成

③ 触摸板。触摸板用于输入人工触摸信号，从而实现交互功能。触摸板的种类有很多，即电阻式触摸板、电容式触摸板、红外线式触摸板、表面声波式触摸板等。而目前市场上流行的触摸板主要为电容式。

电容式触摸板是利用人体的电流感应原理实现屏幕触摸指令输入功能的。采用电容式触摸板的手机，用户可以通过手指指肚（或身体其他裸露部位的表皮部分）在触摸板上进行触摸操作，利用人体的电场与屏幕表面产生的电流完成。

如图 13-6 所示，电容式触摸板在两层玻璃基板内镀有特殊金属导电涂层，并且在触摸屏的四周设有电极，当手指指肚与电容式触摸板接触时，人体自身电场与触摸板表面就形成了耦合电容，触摸板四周就会输出相应的电流信号，这时控制电路便会根据电流比例及强弱，准确计算出触摸点的位置和移动方向。

提示说明

早期可触摸输入的手机中所采用的触摸板多为电阻式触摸板，它是利用压力感应原理实现触摸指令输入功能的。由于电阻式触摸板是利用压力感应方式，因此这种屏幕质地较软，俗称"软屏"，具有操作便捷、定位精确、成本低廉的特点。

电容式触摸板结构精密，为得到良好的保护效果，在电容式触摸板的外层都会安装保护玻璃，因此，这种触摸板质地坚硬，俗称"硬屏"，其主要特点是交互操作十分方便，可支持多点触摸技术，这使得它的触摸信息输入功能更加灵活、多样。

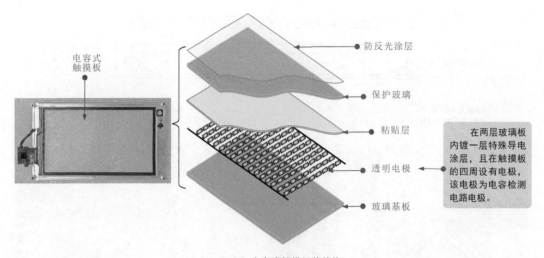

电容式
触摸板

防反光涂层

保护玻璃

粘贴层

透明电极

玻璃基板

在两层玻璃板
内镀一层特殊导电
涂层，且在触摸板
的四周设有电极，
该电极为电容检测
电路电极。

（a）电容式触摸板的结构

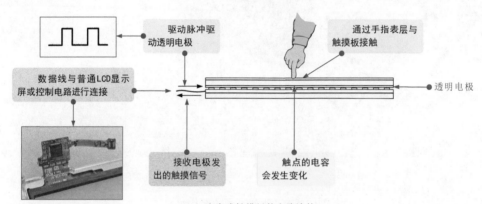

驱动脉冲驱
动透明电极

通过手指表层与
触摸板接触

数据线与普通LCD显示
屏或控制电路进行连接

透明电极

接收电极发
出的触摸信号

触点的电容
会发生变化

（b）电容式触摸板的电路连接

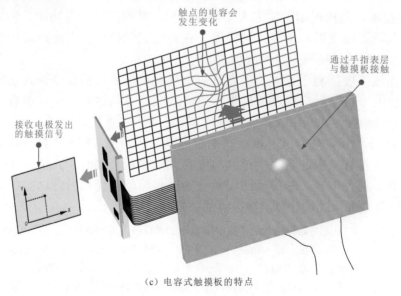

触点的电容会
发生变化

通过手指表层
与触摸板接触

接收电极发出
的触摸信号

（c）电容式触摸板的特点

图 13-6　电容式触摸板的结构组成和功能特点

2 屏显电路

屏显电路主要是处理接收来自智能手机触摸板输入的人工指令信号，并对其进行处理后送入主电路板中进行相应处理，然后由主电路板根据识别的人工指令输出相应的信号，将智能手机当前的工作状态及数据信息等显示数据送入屏显电路中进行处理，最后由显示器件进行显示，如图 13-7 所示。

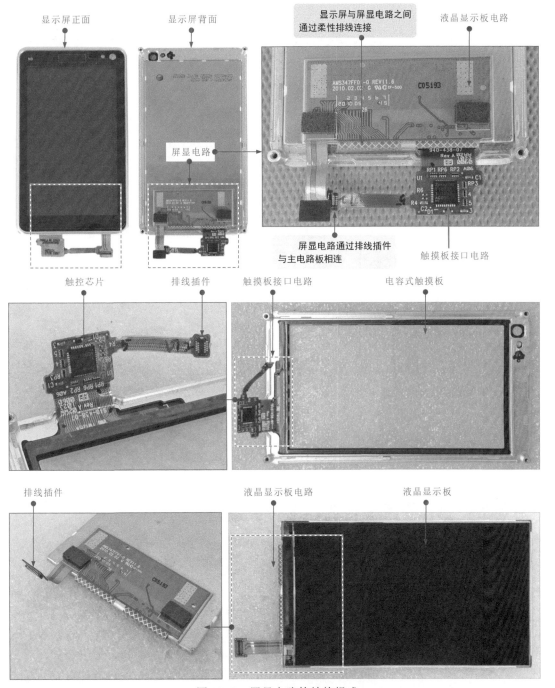

图 13-7　屏显电路的结构组成

3 操作按键

智能手机的操作按键主要包括键盘锁键、功能按键、拍摄按键、音量调整按键等，主要用于向智能手机输入相应的人工指令，如图 13-8 所示。

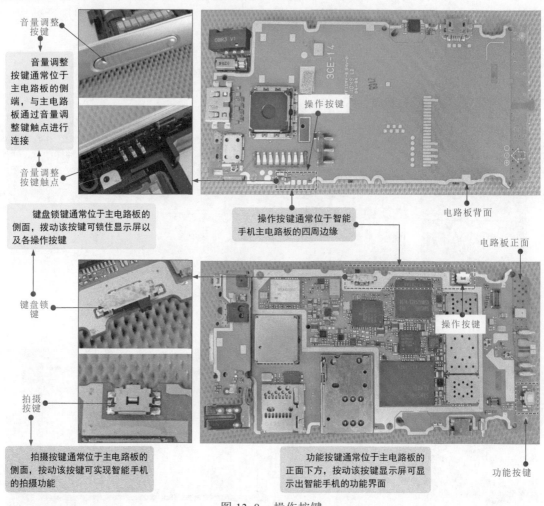

音量调整按键

音量调整按键通常位于主电路板的侧端，与主电路板通过音量调整键触点进行连接

音量调整按键触点

操作按键

键盘锁键通常位于主电路板的侧面，拨动该按键可锁住显示屏以及各操作按键

操作按键通常位于智能手机主电路板的四周边缘

电路板背面

电路板正面

键盘锁键

操作按键

拍摄按键

拍摄按键通常位于主电路板的侧面，按动该按键可实现智能手机的拍摄功能

功能按键通常位于主电路板的正面下方，按动该按键显示屏可显示出智能手机的功能界面

功能按键

图 13-8   操作按键

13.2 操作及屏显电路的工作原理

13.2.1 操作及屏显电路的基本信号流程

操作及屏显电路是智能手机实现人机交互的电路，它是将输入的人工指令信号送入微处理器及数据处理电路中进行相应处理，然后由微处理器及数据处理电路根据识别的人工指令输出相应的信号，对智能手机的工作状态进行控制，使手机按人工指令的要求进行工作，在工作的同时，将智能手机当前的工作状态及数据信息等显示数据送入屏显电路中进行处理，最后由显示器件进行显示，如图 13-9 所示。

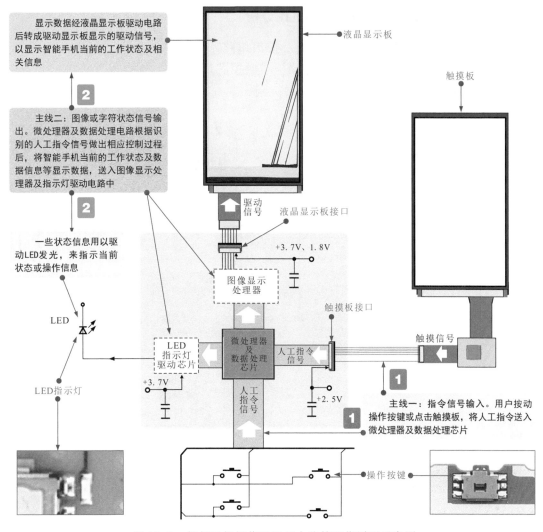

显示数据经液晶显示板驱动电路后转成驱动显示板显示的驱动信号，以显示智能手机当前的工作状态及相关信息

液晶显示板

触摸板

2

主线二：图像或字符状态信号输出。微处理器及数据处理电路根据识别的人工指令信号做出相应控制过程后，将智能手机当前的工作状态及数据信息等显示数据，送入图像显示处理器及指示灯驱动电路中

2

一些状态信息用以驱动LED发光，来指示当前状态或操作信息

LED

LED指示灯

驱动信号

液晶显示板接口

+3.7V、1.8V

图像显示处理器

触摸板接口

触摸信号

微处理器及数据处理芯片

LED指示灯驱动芯片

人工指令信号

+3.7V

人工指令信号

+2.5V

1

主线一：指令信号输入。用户按动操作按键或点击触摸板，将人工指令送入微处理器及数据处理芯片

操作按键

图 13-9　智能手机操作及屏显电路的工作原理示意图

由图可知，整个信号的处理过程根据电路中各主要部件的功能特点的不同大致分可为两条主线，即"指令输入"和"状态输出"。

当向智能手机输入人工指令时，用户通过按动操作按键或点击触摸板，将人工指令送入微处理器及数据处理芯片中；微处理器及数据处理电路根据识别的人工指令信号做出相应控制信号控制手机的工作状态，同时将智能手机当前的工作状态及数据信息息等显示数据，送入图像显示处理器及指示灯驱动电路中。

13.2.2　操作及屏显电路的具体信号流程分析

智能手机的操作及屏显电路大致可划分为触摸板及接口电路、操作按键电路、指示灯电路、液晶显示板电路四大部分。

1 触摸板及接口电路的工作过程分析

图 13-10 为典型智能手机的触摸板及接口电路，可以看到，该电路主要是由电平转换器 N2500、触摸板接口 X2500、触摸板及触控芯片等部分构成。

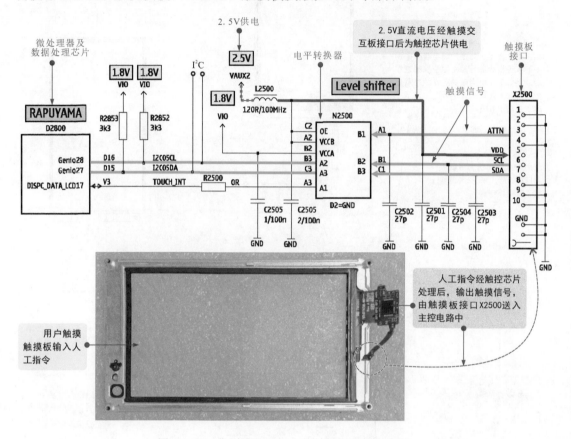

图 13-10　典型智能手机中的触摸板及接口电路

从图 13-10 可以看到，该智能手机采用的是电容式触摸板，通过触摸板接口与智能手机主电路板连接。

当用户触摸板时，手指表层与触摸屏接触，使得触摸屏上触点处电容发生变化，该变化经触控芯片处理后，输出触摸信号，经触摸屏接口 X2500 后，通过 I²C 总线和中断信号线送入主电路板中，再经电平转换器 N2500 进行电平转换后，送入微处理器及数据处理芯片 D2800 中，微处理器根据人工指令使手机进入相应的工作状态。

另外，触控芯片工作需要 VAUX2-2.5 V 供电，也由触摸板接口送入。

2 操作按键电路的工作过程分析

图 13-11 为典型智能手机的操作按键电路，可以看到，该电路主要是由键盘锁键 S2401、功能按键 S2403、拍摄按键 S2402、音量调整按键 S2406 及外围元件等部分构成。

该电路中包括四个独立操作按键，各操作按键均直接连接到微处理器及数据处理芯片 D2800 中，当操作某一按键时，将 D2800 相应引脚对地，引脚电平发生变化，即向 D2800 送入人工指令，D2800 对引脚电平变化进行识别后，输出相应控制信息，控制智能手机执行相应的功能。

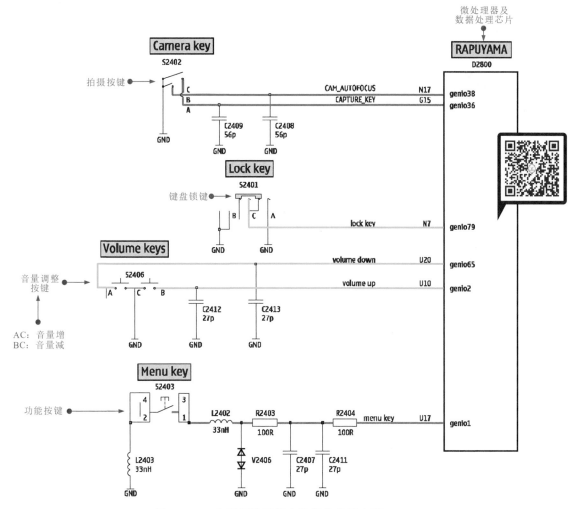

图 13-11　典型智能手机中的操作按键电路

当按下拍摄按键 S2402 时，D2800 的 N17 脚、G15 脚到地，D2800 内部电路接收到两只引脚电平变化，控制相关功能电路执行拍摄功能。

拨动键盘锁键 S2401 向 D2800 输入解锁信号，控制智能手机解锁。

操作 S2406 上下键，即 AC、CB 间按键，向 D2800 送入减、增信号，用以控制智能手机音量的增减。

按下 S2403 时，1、2 触点接通，D2800 的 U17 经电阻器 R2404、R2403 到地，D2800 识别该信号，控制智能手机打开功能表。

　　操作按键电路的主要功能是通过按键将人工操作的指令信号送入微处理器中，经微处理器识别和处理后，输出相应的控制信号，控制相应电路或功能部件响应，同时将操作设置输入的数据信息存储到存储器中。

　　另外，不同品牌智能手机中，按键的安装形式不同，有些直接焊装在电路板上，也有些通过数据排线插接在电路板上。不论采用何种安装形式，其功能特性相同。

3 指示灯电路的工作过程分析

图 13-12 为典型智能手机的指示灯电路，可以看到，该电路主要是由功能按键指示灯（V2420、V2422）、充电指示灯（V2411、V2410）、LED 指示灯驱动芯片 N2402 等部分构成的。

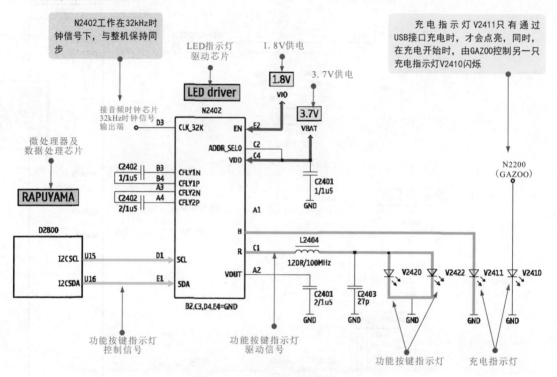

图 13-12　典型智能手机中的指示灯电路

从图 13-12 可以看到，该智能手机中仅有功能按键指示灯 V2420、V2422 和充电指示灯 V2411，均由 LED 驱动芯片 N2402 驱动其工作。

当操作功能按键时，微处理器及数据处理电路通过 I²C 总线输出功能按键指示灯控制信息。功能按键指示灯控制信息，经 LED 驱动芯片 N2402 后由 C1 脚输出驱动信号，驱动指示灯 V2420、V2422 发光。

LED 驱动芯片 N2402 由 VBAT 3.7 V 供电，VIO1.8 V 使其工作，另外，由音频时钟芯片提供 32 kHz 时钟信号，使其与系统保持同步。

4 液晶显示板电路的工作过程分析

图 13-13 为典型智能手机的液晶显示板电路，可以看到，该电路主要是由液晶显示板、显示屏接口 X1600、图像显示处理器 D1400 及外围元件等部分构成。

液晶显示板通过液晶显示板接口 X1600 送入两路供电 VIO（1.8 V）和 VBAT（3.7 V）。

图像显示处理器 D1400 将显示的数据和控制信息经液晶显示板接口 X1600 后送给液晶显示板进行显示。

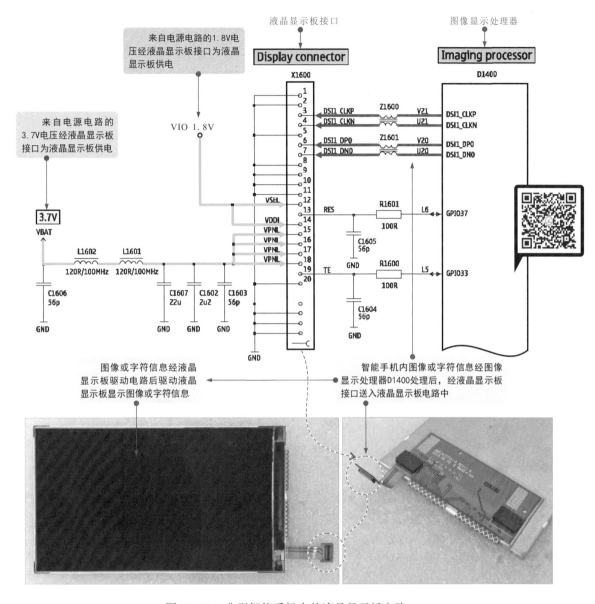

图 13-13 典型智能手机中的液晶显示板电路

13.3 操作及屏显电路的检修方法

13.3.1 操作及屏显电路的检修分析

操作及屏显电路出现故障，经常会出现按键失灵、触摸屏触摸无效、显示异常、不显示、花屏、屏闪等现象。

操作及屏显电路主要用于人工指令的输入和显示，对其进行检测时，主要检测其工作条件、操作按键、显示部件等是否正常，图 13-14 为该电路的检修分析。

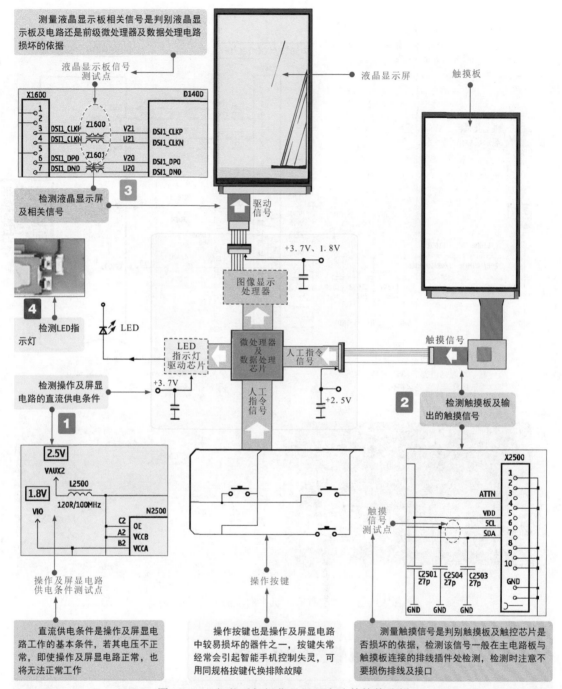

图 13-14　智能手机操作及屏显电路的检修分析

13.3.2　操作及屏显电路工作条件的检测方法

操作及屏显电路正常工作需要一定的工作电压，若供电电压不正常，各功能部件便无法工作。因此，当操作及屏显电路某一部分功能失常引起故障时，首先应检测功能失常电路或部件的工作电压是否正常。

例如，触摸失灵或触摸功能失效时，除检查接口插接情况、排线连接情况外，首先应检查触摸板的供电电压是否正常。若供电正常，连接也正常，触摸功能仍无法正常使用，则多为触摸板及排线中的触控芯片异常，应整体更换。

操作及屏显电路的直流供电条件的检测方法如图 13-15 所示。

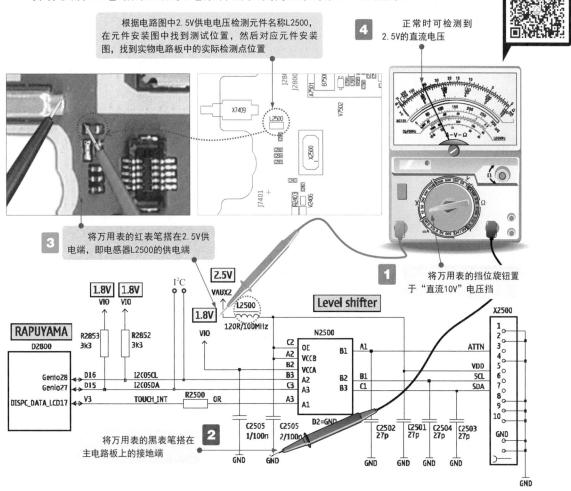

图 13-15　操作及屏显电路的直流供电条件的检测方法

13.3.3　触摸板及相关信号的检测方法

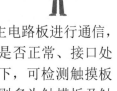

触摸板通过排线组件、触摸板连接插件、触摸板接口与智能手机主电路板进行通信，因此判断触摸板的好坏首先应检查触摸板排线有无折断、插件连接是否正常、接口处有氧化腐蚀等现象。若上述检查均正常，且在供电条件正常的前提下，可检测触摸板输出的触摸信号是否正常。若外围条件均正常，无触摸信号输出，则多为触摸板及触控芯片部分损坏，应进行整体更换。

触摸板输出触摸信号的检测方法如图 13-16 所示。

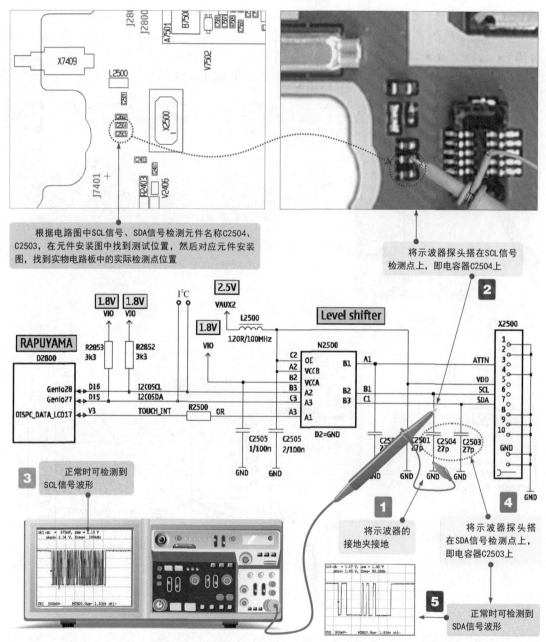

图 13-16　触摸板输出触摸信号的检测方法

13.3.4　液晶显示屏及相关信号的检测方法

显示屏显示异常大多是由屏线连接不良、损坏等引起的，因此检测显示屏时，应首先检查液晶显示板的连接是否正常、屏线本身有无破损、断裂等。

若屏线正常，显示屏仍无法显示，则可在供电条件正常的前提下，检测液晶显示板接口处输出的屏显数据信号是否正常。若无屏显数据信号，则应检查前级微处理器及数据处理电路部分；若屏显数据信号正常，仍无法显示，则多为液晶显示板及液晶显示板电路故障，应整体更换。

液晶显示板及相关信号的检测方法如图 13-17 所示。

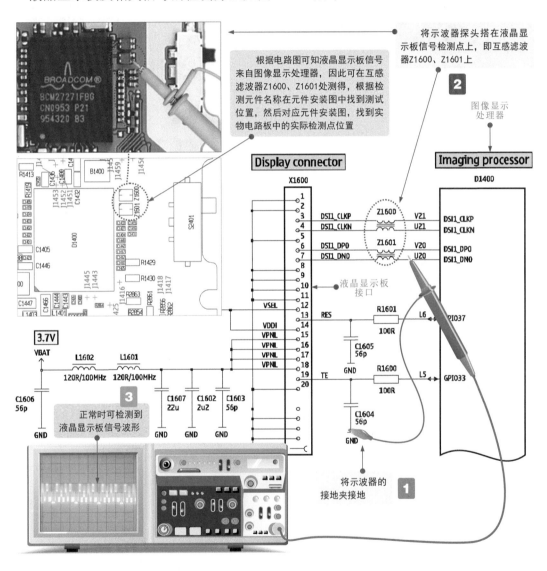

图 13-17　液晶显示板及相关信号的检测方法

13.3.5 LED 指示灯的检测方法

LED 状态指示灯实质上就是发光二极管，其损坏主要表现为不发光，无指示，检测时可用万用表检测正反向阻值的方法判断好坏。

LED 状态指示灯（发光二极管）的检测方法如图 13-18 所示。

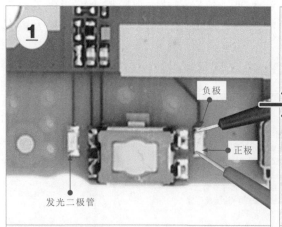

将万用表的挡位旋钮置于二极管测量挡，将万用表的黑表笔搭在发光二极管的负极引脚端，红表笔搭在发光二极管的正极引脚端。

在正常情况下，红表笔搭在二极管的正极，黑表笔搭在二极管的负极测得应有一个固定数值（实测为0.490V）。

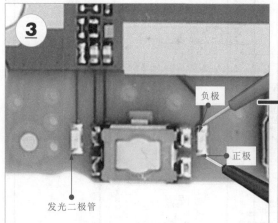

调换万用表的表笔，即将万用表的红表笔搭在发光二极管的负极引脚端，黑表笔搭在发光二极管的正极引脚端，检测发光二极管引脚间导通电压。

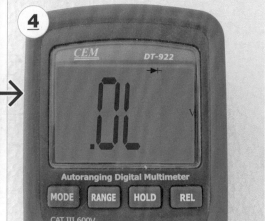

观察数字万用表显示屏的显示结果，在正常情况下，红表笔搭在二极管负极，黑表笔搭在二极管正极测试结果应为"0L"（无穷大）。

图 13-18　LED 状态指示灯（发光二极管）的检测方法

使用数字万用表的二极管挡判断二极管好坏时，用数字万用表的红表笔搭在二极管正极，黑表笔搭在二极管负极测得一个数值 $X1$；调换表笔后再次测量测得另一个数值 $X2$。根据测得两个数值的大小即可判断二极管的好坏：

● 若 $X1$ 为一个固定的数值，$X2$ 读数显示"0L"（无穷大），则说明该二极管正常；
● 若 $X1$、$X2$ 均显示"0L"，则说明二极管开路；
● 若 $X1$、$X2$ 均为很小的数值，则说明二极管短路。

若用指针万用表判别发光二极管好坏时，将量程旋钮设置在"$R \times 1$"欧姆挡，用黑表笔搭在二极管的正极，红表笔搭在二极管的负极测量正向阻值（若用数字万用表测正向阻值，应将红表笔搭在二极管正极，黑表笔搭在负极）时，指针万用表指示一定阻值，同时发光二极管会点亮（若指针万用表输出电流足够），即说明二极管正常。

提示说明

第4篇
品牌手机维修篇

第14章

华为智能手机的综合检修案例

14.1.1 华为荣耀 6 智能手机电路板的芯片功能及检修要点

如图 14-1 所示，华为荣耀 6 智能手机的各种电子元器件、功能部件等都安装或连接在电路板上。当该智能手机出现故障时，应重点检测电路板上怀疑异常的部位。

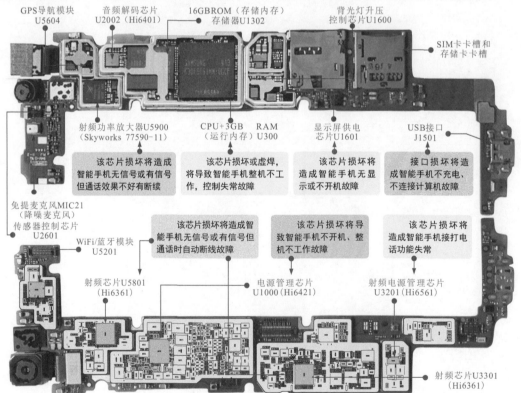

图 14-1　华为荣耀 6 智能手机电路板上的芯片功能及检修要点

14.1.2 华为荣耀 6 智能手机 CPU 供电电路的检修

华为荣耀 6 智能手机 CPU 正常工作需要满足多路直流供电,包括 1.1V、0.9V、1.8V、1.2V 等,怀疑 CPU 工作异常时,可首先检测这些基本供电条件是否正常,如图 14-2 所示。

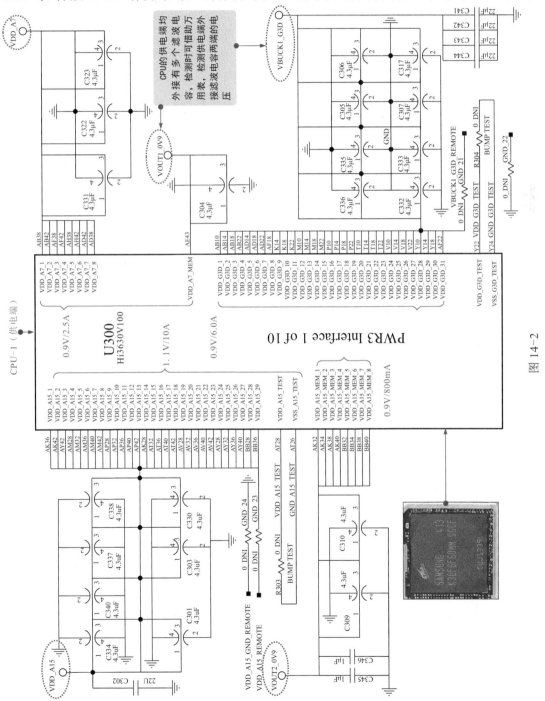

图 14-2

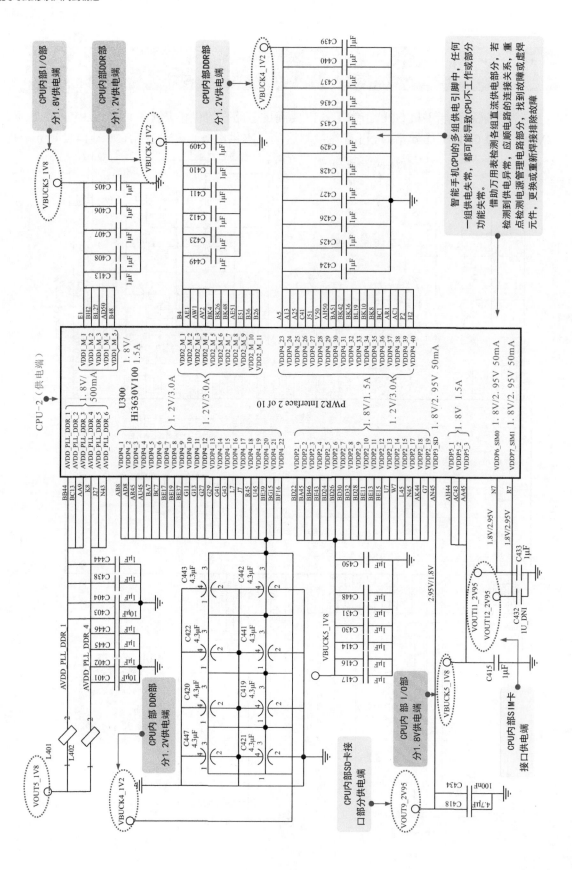

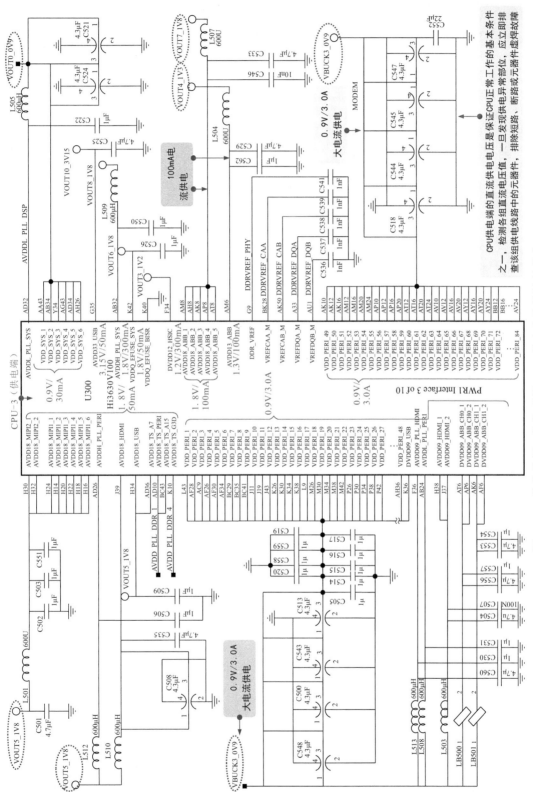

图 14-2 华为荣耀 6 智能手机 CPU 供电电路故障的检修

14.1.3 华为荣耀 6 智能手机电源电路的检修

如图 14-3 所示，华为荣耀 6 智能手机采用型号为 Hi642 的电源管理芯片。该芯片或外围元件异常将导致智能手机加电漏电或加电不开机等故障。

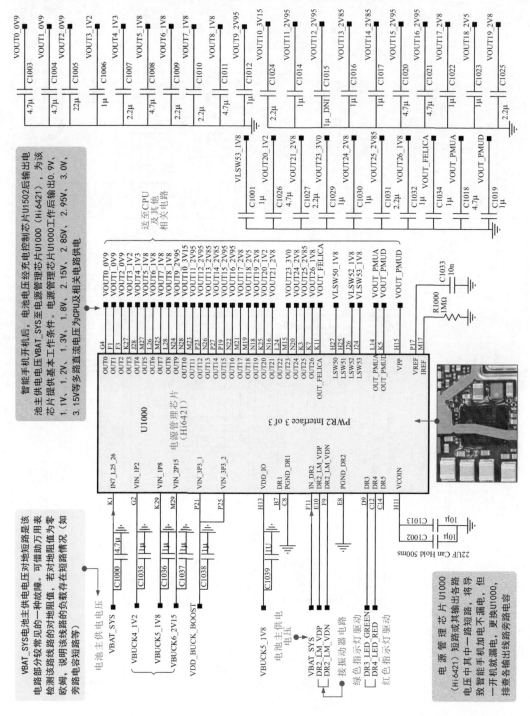

智能手机开机后，电池电压经充电控制芯片 U1502 后输出电池主供电电压 VBAT_SYS 至电源管理芯片 U1000（Hi6421），为该芯片提供基本工作条件。电源管理芯片 U1000 工作后输出 0.9V、1.1V、1.2V、1.3V、1.8V、2.15V、2.85V、2.95V、3.0V、3.15V 等多路直流电压为 CPU 及相关电路供电。

送至 CPU 及其他相关电路

VBAT_SYS 电池主供电电压对地短路是该电路部分较常见的一种故障。可借助万用表检测该线路的对地阻值，若对地阻值为零欧姆，说明该线路的负载存在短路情况（如旁路电容短路等）。

电源管理芯片 U1000（Hi6421）短路或其中一路短路，将导致智能手机加电不漏电，但一开机就漏电，更换 U1000，排查各输出线路旁路电容。

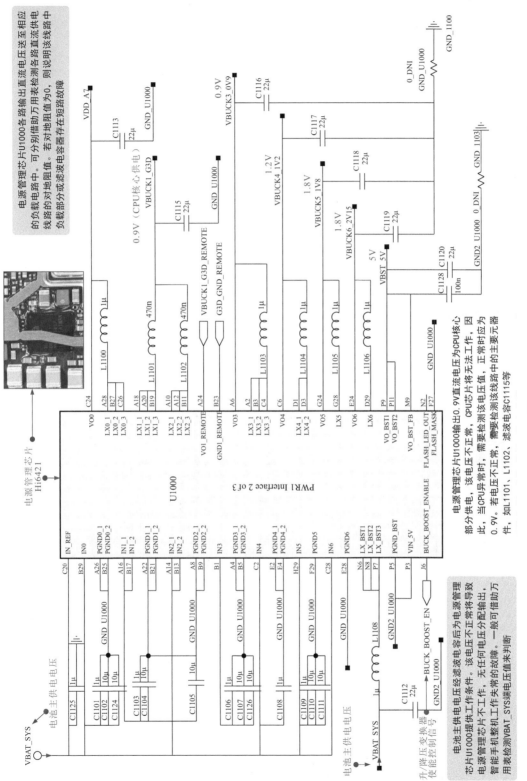

电源管理芯片U1000各路输出直流电压送至相应的负载电路中。可分别借助万用表检测各路直流供电线路的对地阻值。若对地阻值为0，则说明该供电线路中负载部分或滤波电容器存在短路故障

电源管理芯片U1000输出0.9V直流电压为CPU核心部分供电，该电压不正常，CPU芯片将无法工作，因此，当CPU异常时，需要检测该电压值，正常时应为0.9V。若电压不正常，则要检测该供电线路中的主要元器件，如L1101、L1102、滤波电容C1115等

电池主供电电压经滤波电容后为电源管理芯片U1000提供工作条件。该电压不正常将导致电源管理芯片工作不正常，无任何电压分配输出，智能手机整机工作失常的故障。一般可借助万用表检测VBAT_SYS端电压值来判断

图14-3

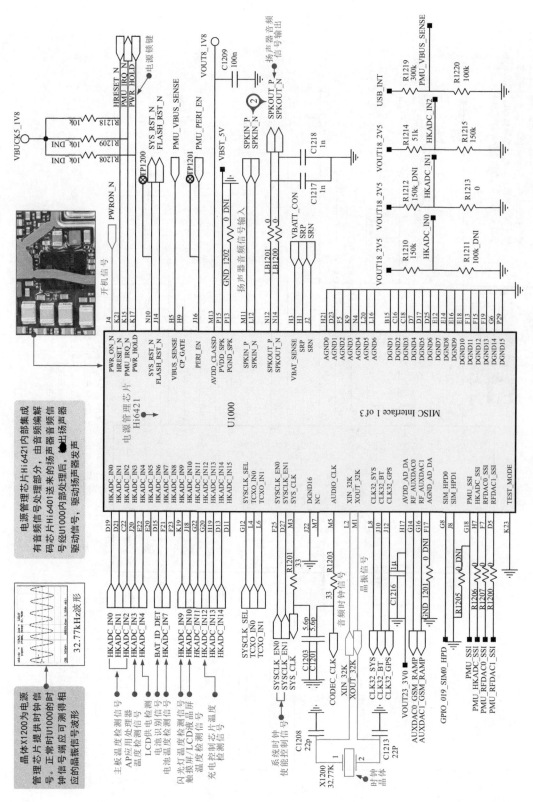

图 14-3 华为荣耀 6 智能手机电源电路故障的检修

14.1.4 华为荣耀 6 智能手机音频信号处理电路的检修

图 14-4 为华为荣耀 6 智能手机的音频信号处理电路，该电路主要由音频编解码芯片 Hi6401 与外围元件构成。电路异常将导致扬声器、麦克风无声，通话功能失常等故障。

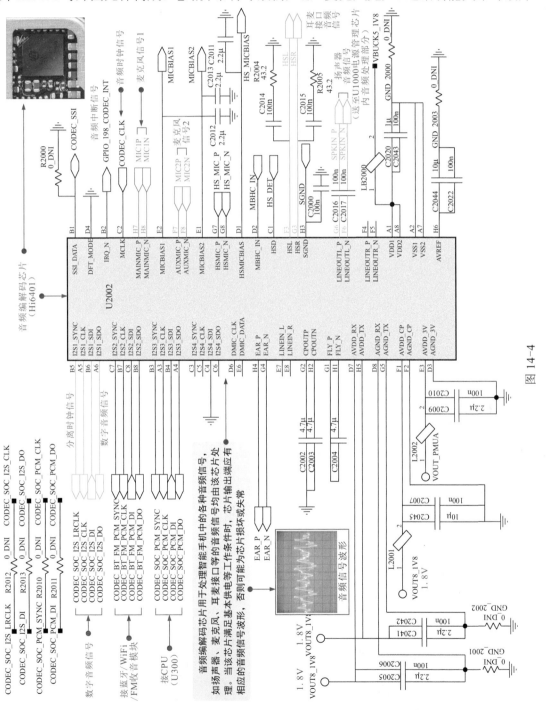

图 14-4

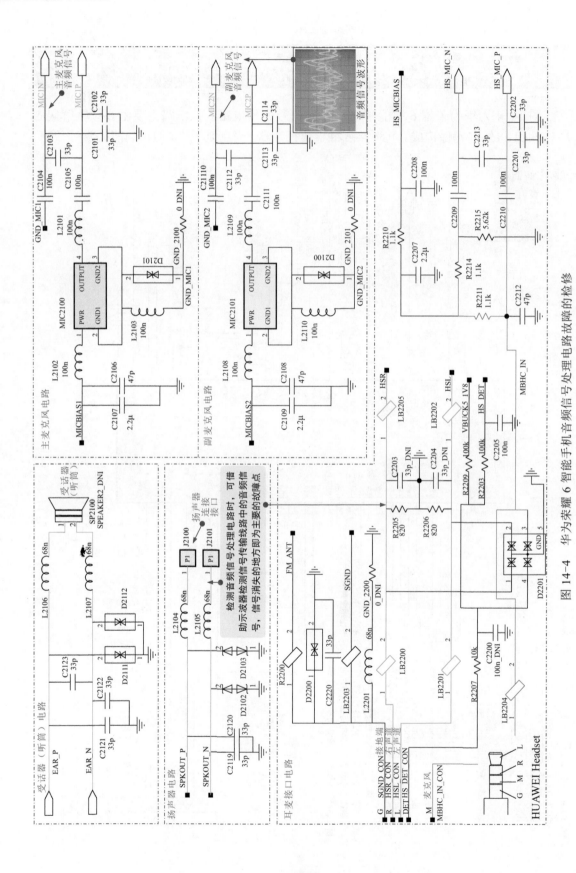

图 14-4　华为荣耀 6 智能手机音频信号处理电路故障的检修

14.2 华为 Mate8 智能手机的综合检修案例

14.2.1 华为 Mate8 智能手机电路板的芯片功能及检修要点

如图 14-5 所示，华为 Mate8 智能手机的各种电子元器件、功能部件等都安装或连接在电路板上。当该智能手机出现故障时，应重点检测电路板上怀疑异常的部位。

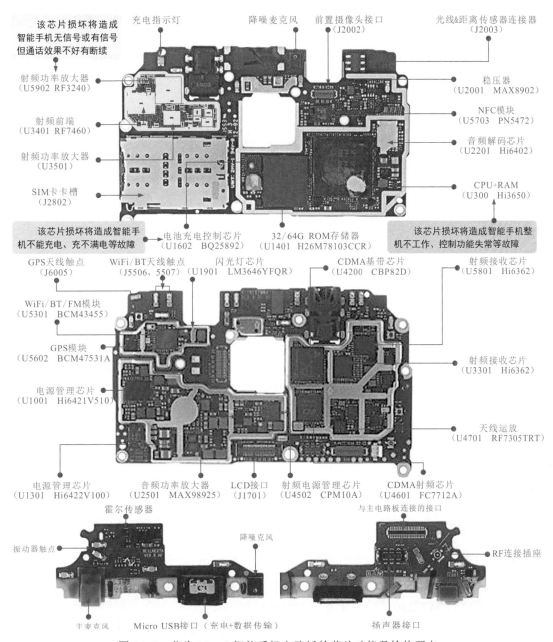

图 14-5　华为 Mate8 智能手机电路板的芯片功能及检修要点

14.2.2 华为 Mate8 智能手机 CDMA 射频电路的检修

如图 14-6 所示，华为 Mate8 智能手机的 CDMA 射频电路由 CDMA 射频芯片 U4601、19.2MHz 时钟晶体及外围元器件构成（见 291 页）。

14.2.3 华为 Mate8 智能手机微处理器电路的检修

如图 14-7 所示，华为 Mate8 智能手机的微处理器电路采用了超大规模集成芯片 U300（HI3650V100），智能手机的各功能电路均直接或间接与微处理器关联。若智能手机控制失常，可重点检测微处理器芯片相关引脚上的信号（见 292 ～ 294 页）。

14.2.4 华为 Mate8 智能手机 NFC 电路的检修

如图 14-8 所示，华为 Mate8 智能手机设有 NFC 电路，NFC 电路是指近距离无线通讯电路，能够在 10cm 以内距离交换数据，比蓝牙电路传输距离更短，可实现接触式支付、接触连接等功能（见 295 页）。

14.3 华为 P9 智能手机的综合检修案例

14.3.1 华为 P9 智能手机电路板的芯片功能及检修要点

如图 14-9 所示，华为 P9 智能手机的各种电子元器件、功能部件等都安装或连接在电路板上。当该智能手机出现故障时，应重点检测电路板上怀疑异常的部位。

14.3.2 华为 P9 智能手机音频信号处理电路的检修

图 14-10 为华为 P9 智能手机的音频信号处理电路，该主要由音频编解码芯片 U2201（HI6402V100）、音频功率放大器 U2501（MAX98925EWVT）、扬声器 SP2301、麦克风 MIC2301 及外围元器件构成。

当该智能手机出现音频类功能失常，如通话无声、播放音乐无声等故障时，可重点检测芯片音频输入、输出引脚端的信号，信号消失的地方为主要的故障点。

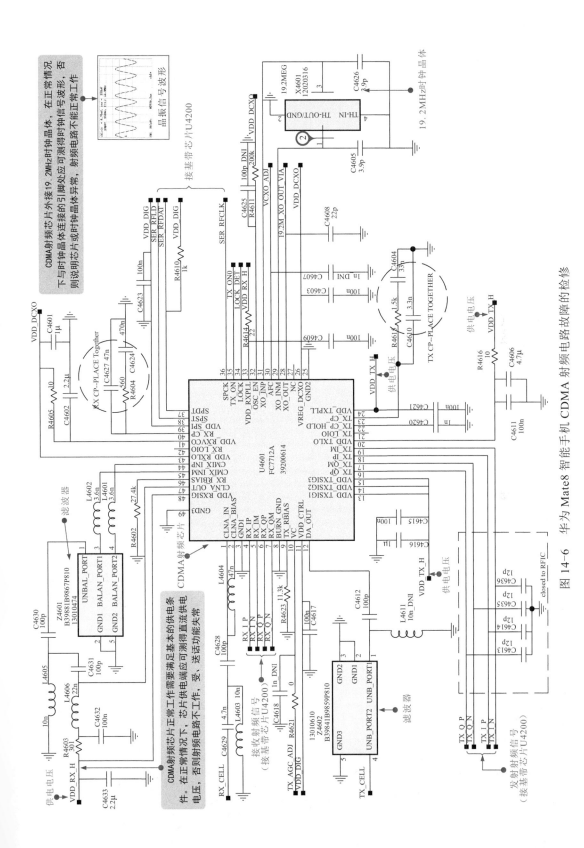

图 14-6 华为 Mate8 智能手机 CDMA 射频电路故障的检修

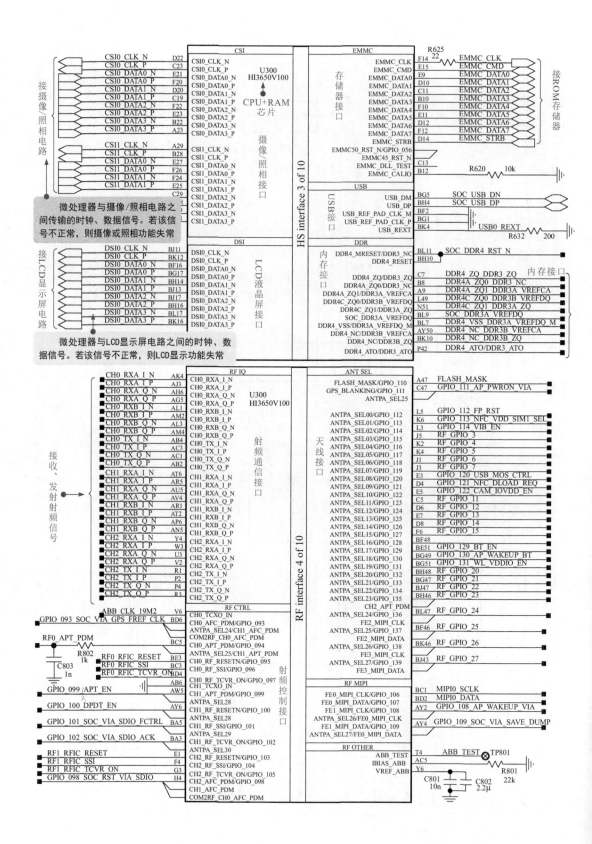

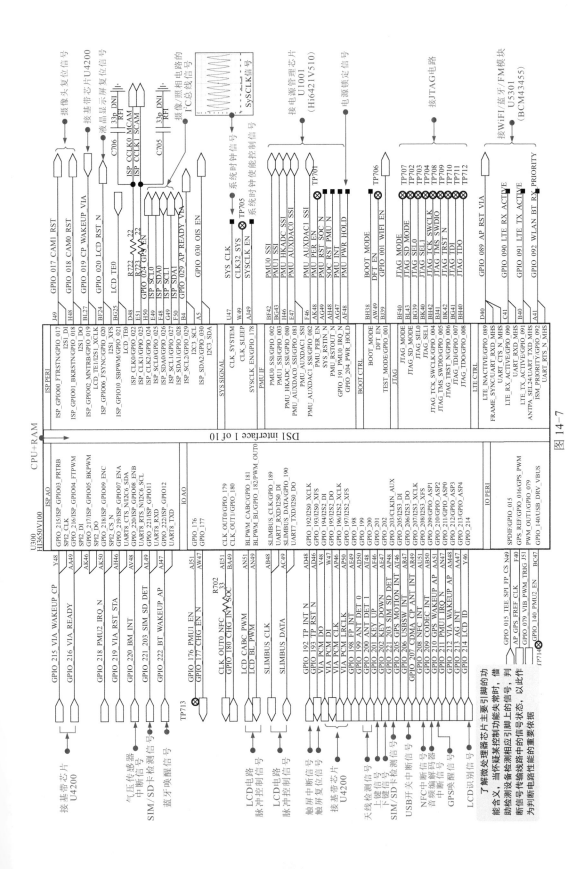

图 14-7

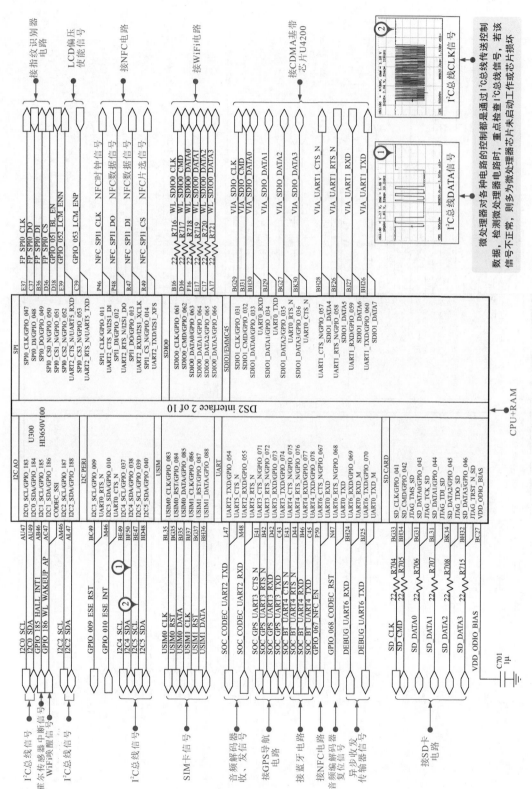

图 14-7 华为 Mate8 智能手机微处理器电路故障的检修

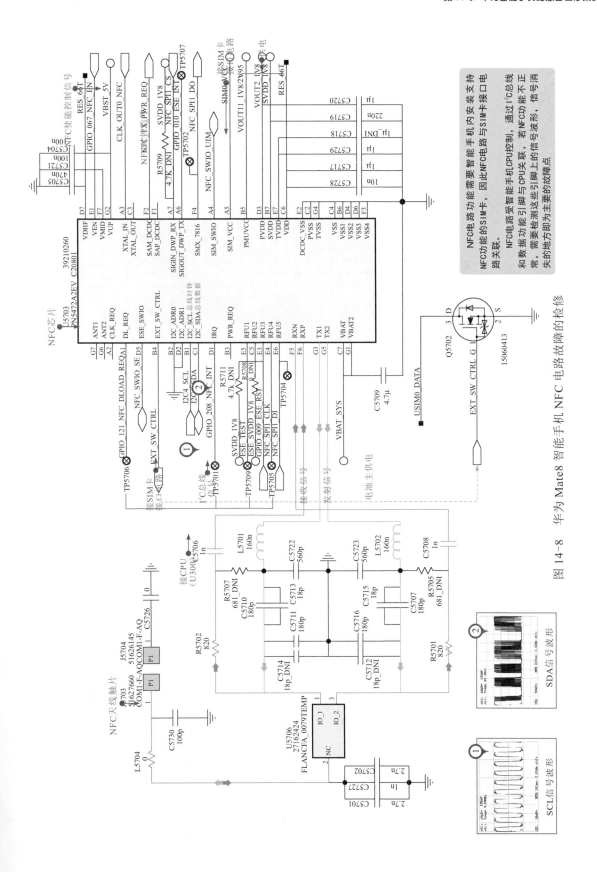

图 14-8 华为 Mate8 智能手机 NFC 电路故障的检修

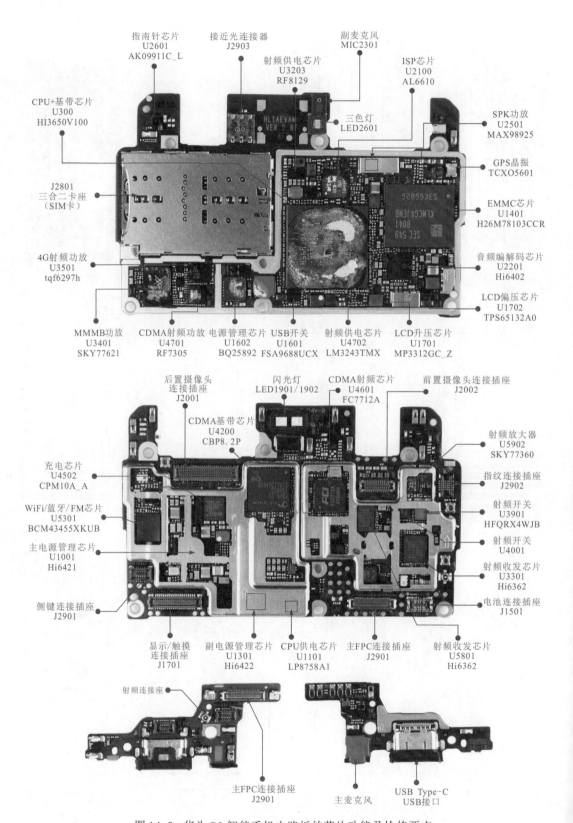

指南针芯片
U2601
AK09911C_L

接近光连接器
J2903

副麦克风
MIC2301

射频供电芯片
U3203
RF8129

ISP芯片
U2100
AL6610

CPU+基带芯片
U300
HI3650V100

三色灯
LED2601

SPK功放
U2501
MAX98925

GPS晶振
TCXO5601

J2801
三合二卡座
（SIM卡）

EMMC芯片
U1401
H26M78103CCR

4G射频功放
U3501
tqf6297h

音频编解码芯片
U2201
Hi6402

LCD偏压芯片
U1702
TPS65132A0

MMMB功放
U3401
SKY77621

CDMA射频功放
U4701
RF7305

电源管理芯片
U1602
BQ25892

USB开关
U1601
FSA9688UCX

射频供电芯片
U4702
LM3243TMX

LCD升压芯片
U1701
MP3312GC_Z

后置摄像头
连接插座
J2001

闪光灯
LED1901/1902

CDMA射频芯片
U4601
FC7712A

前置摄像头连接插座
J2002

CDMA基带芯片
U4200
CBP8.2P

射频放大器
U5902
SKY77360

充电芯片
U4502
CPM10A_A

指纹连接插座
J2902

WiFi/蓝牙/FM芯片
U5301
BCM43455XKUB

射频开关
U3901
HFQRX4WJB

射频开关
U4001

主电源管理芯片
U1001
Hi6421

射频收发芯片
U3301
Hi6362

侧键连接插座
J2901

电池连接插座
J1501

显示/触摸
连接插座
J1701

副电源管理芯片
U1301
Hi6422

CPU供电芯片
U1101
LP8758A1

主FPC连接插座
J2901

射频收发芯片
U5801
Hi6362

射频连接座

主FPC连接插座
J2901

主麦克风

USB Type-C
USB接口

图14-9 华为P9智能手机电路板的芯片功能及检修要点

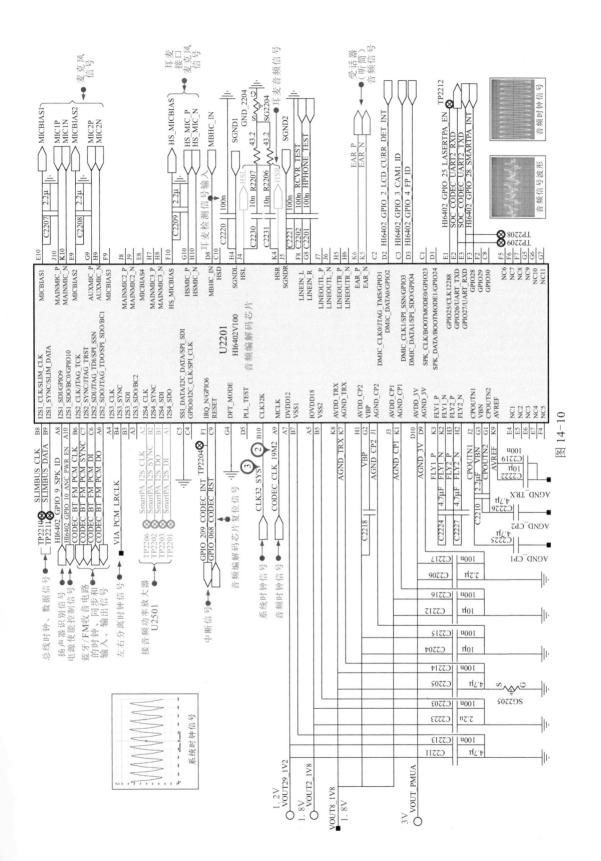

图 14-10

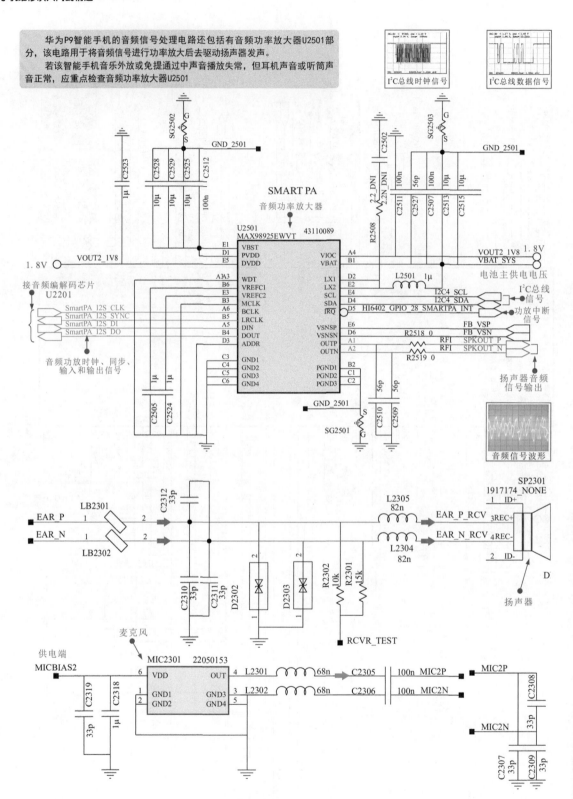

图 14-10　华为 P9 智能手机音频信号处理电路故障的检修

14.3.3 华为 P9 智能手机 LCD 显示屏接口电路的检修

图 14-11 为华为 P9 智能手机的 LCD 显示屏接口电路，该主要由 LCD 显示屏连接插座 J1701、LCD 电流检测电路 U1703（TNA231AIYFFR）、LCD 背光灯驱动电路 U1701（MP3312GC_Z）及外围电子元器件构成。

当智能手机出现显示功能失常时，可首先检查 LCD 显示屏连接插座与排线连接处有无松动情况。若连接正常，接下来针对电路中的 U1703、U1701 芯片及外围连接电子元器件进行检测，排查故障。

14.3.4 华为 P9 智能手机 GPS 导航电路的检修

图 14-12 为华为 P9 智能手机的 GPS 导航电路。可以看到，该电路主要由 GPS 模块 U5602、低噪声放大器 U5601、滤波器及外围电路构成。GPS 信号经过天线和双工后进入滤波器，然后经低噪声放大器放大后，送入 GPS 模块中。

当智能手机 GPS 功能失常时，应重点检查该电路中的芯片、滤波器、天线及线路中所连接的元器件。

14.3.5 华为 P9 智能手机 SIM/SD 卡接口电路的检修

图 14-13 为华为 P9 智能手机 SIM/SD 卡接口电路，该电路主要由三合二卡座 J2801 及外接元器件构成。

当智能手机出现无法识别 SIM 卡或 SD 卡（扩展存储卡）时，先检查卡座有无锈蚀、脏污，SIM 卡或 SD 卡金属触片有无脏污等；若卡座及卡本身正常，仍无法识别 SIM 卡或 SD 卡，则应对 SIM/SD 卡接口电路及外接各元器件进行检查，排除故障。

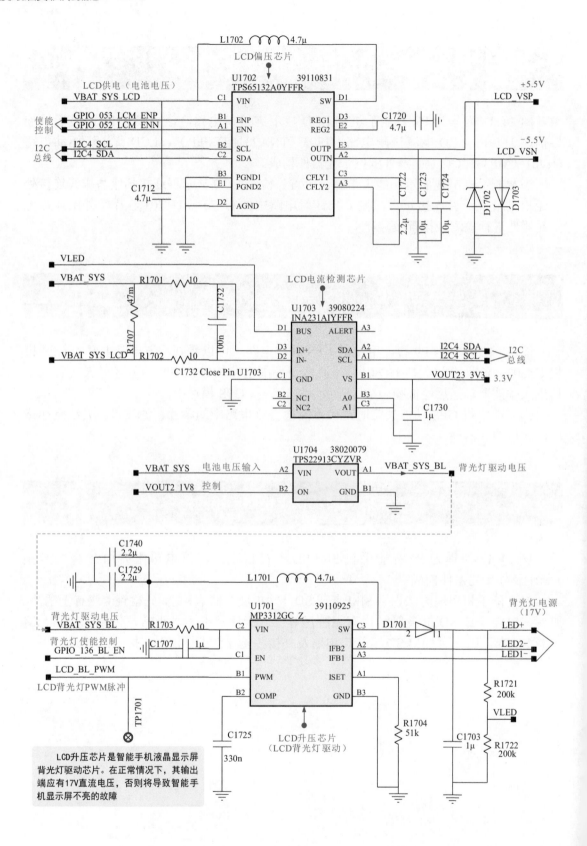

L1702 4.7μ

LCD偏压芯片

U1702 39110831
TPS65132A0YFFR

LCD供电（电池电压）

VBAT SYS LCD

+5.5V

LCD_VSP

C1 VIN SW D1

使能控制 GPIO 053 LCM ENP
GPIO 052 LCM ENN

B1 ENP REG1 D3 C1720
A1 ENN REG2 E2 4.7μ

−5.5V

LCD_VSN

I2C总线 I2C4 SCL
I2C4 SDA

B2 SCL OUTP E3
C2 SDA OUTN A2

B3 PGND1 CFLY1 C3
E1 PGND2 CFLY2 A3

C1712 4.7μ

D2 AGND

C1722 2.2μ C1723 10μ C1724 10μ

D1702 D1703

VLED

VBAT_SYS R1701 10

LCD电流检测芯片

U1703 39080224
INA231AIYFFR

R1707 47m

C1732 100n

D1 BUS ALERT A3

VBAT_SYS LCD R1702 10

D3 IN+ SDA A2
D2 IN- SCL A1

I2C4 SDA
I2C4 SCL

I2C总线

C1732 Close Pin U1703

C1 GND VS B1

VOUT23 3V3 3.3V

B2 NC1 A0 B3
C2 NC2 A1 C3

C1730 1μ

U1704 38020079
TPS22913CYZVR

VBAT SYS 电池电压输入

A2 VIN VOUT A1

VBAT_SYS_BL 背光灯驱动电压

VOUT2 1V8 控制

B2 ON GND B1

C1740 2.2μ

C1729 2.2μ

L1701 4.7μ

背光灯电源（17V）

U1701 39110925
MP3312GC Z

背光灯驱动电压
VBAT SYS BL R1703 10

C2 VIN SW C3

D1701 2   1

LED+

背光灯使能控制
GPIO_136_BL_EN

C1707 1μ

C1 EN IFB2 A2
IFB1 A3

LED2−
LED1−

LCD_BL_PWM

B1 PWM ISET A1

LCD背光灯PWM脉冲

B2 COMP GND B3

R1721 200k

VLED

TP1701

C1725 330n

R1704 51k

LCD升压芯片（LCD背光灯驱动）

C1703 1μ

R1722 200k

LCD升压芯片是智能手机液晶显示屏背光灯驱动芯片。在正常情况下，其输出端应有17V直流电压，否则将导致智能手机显示屏不亮的故障

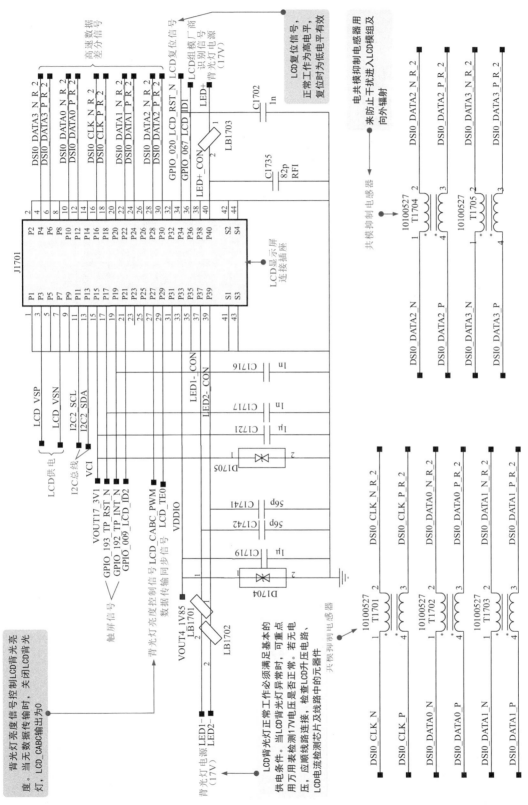

图 14-11 华为 P9 智能手机 LCD 显示屏接口电路故障的检修

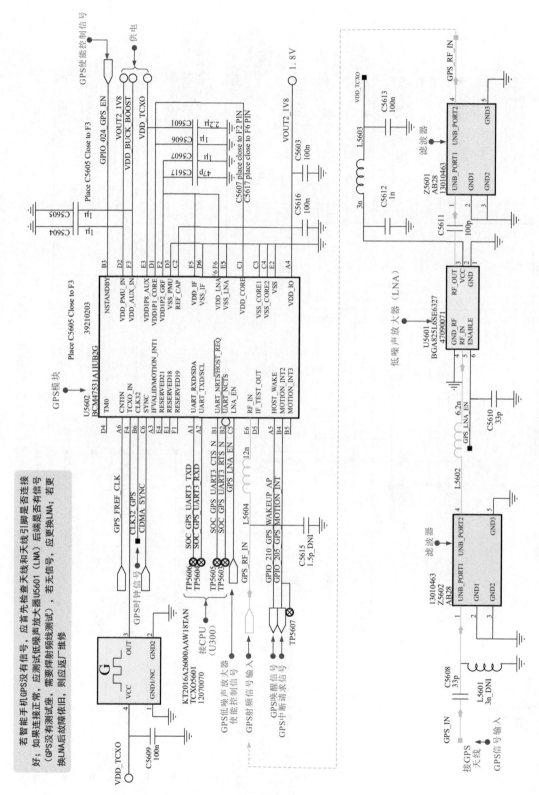

图 14-12　华为 P9 智能手机 GPS 导航电路故障的检修

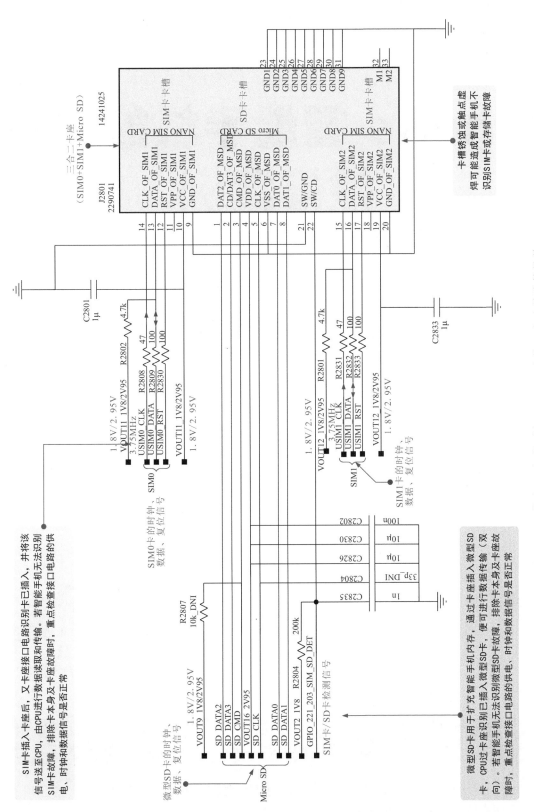

图 14-13　华为 P9 智能手机 SIM/SD 卡接口电路故障的检修

第15章

iPhone 智能手机的综合检修案例

15.1 iPhone 5s 智能手机的综合检修案例

15.1.1 iPhone 5s 智能手机电路板的芯片功能及检修要点

如图 15-1 所示，iPhone 5s 智能手机的各种电子元器件、功能部件等都安装或连接在电路板上。当该智能手机出现故障时，应重点检测电路板上怀疑异常的部位。

15.1.2 iPhone 5s 智能手机主处理器电路的检修

如图 15-2 所示，iPhone 5s 智能手机的主处理器电路是整机的控制和应用核心，该电路中的主处理器芯片中集成了微处理器、存储器、基带处理器等功能，功能强大。

检修主处理器电路主要从主处理器的基本供电、时钟、总线信号等工作条件入手，检测主处理器的主要输入、输出接口或控制接口部分的信号传送情况。

15.1.3 iPhone 5s 智能手机音频信号处理电路的检修

如图 15-3 所示，iPhone 5s 智能手机的音频信号处理电路由音频编解码器 U21（CS42L67）及外围元件构成。

15.1.4 iPhone 5s 智能手机扬声器放大电路的检修

如图 15-4 所示，iPhone 5s 智能手机采用扬声器放大器 U22（CS35L20）将音频信号进行功率放大，驱动扬声器发声。

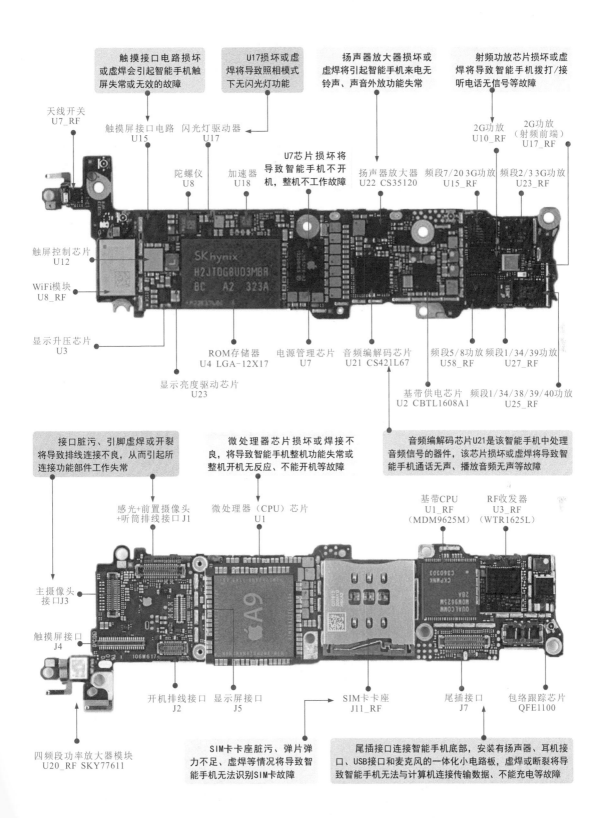

触摸接口电路损坏或虚焊会引起智能手机触屏失常或无效的故障

U17损坏或虚焊将导致照相模式下无闪光灯功能

扬声器放大器损坏或虚焊将引起智能手机来电无铃声、声音外放功能失常

射频功放芯片损坏或虚焊将导致智能手机拨打/接听电话无信号等故障

天线开关
U7_RF

触摸屏接口电路
U15

闪光灯驱动器
U17

2G功放
U10_RF

2G功放
（射频前端）
U17_RF

陀螺仪
U8

加速器
U18

U7芯片损坏将导致智能手机不开机，整机不工作故障

扬声器放大器
U22 CS35120

频段7/20 3G功放
U15_RF

频段2/3 3G功放
U23_RF

触屏控制芯片
U12

WiFi模块
U8_RF

SK hynix
H2JTDG8UD3MBR
BC A2 323A

显示升压芯片
U3

ROM存储器
U4 LGA-12X17

电源管理芯片
U7

音频编解码芯片
U21 CS421L67

频段5/8功放
U58_RF

频段1/34/39功放
U27_RF

显示亮度驱动芯片
U23

基带供电芯片
U2 CBTL1608A1

频段1/34/38/39/40功放
U25_RF

接口脏污、引脚虚焊或开裂将导致排线连接不良，从而引起所连接功能部件工作失常

微处理器芯片损坏或焊接不良，将导致智能手机整机功能失常或整机开机无反应、不能开机等故障

音频编解码芯片U21是该智能手机中处理音频信号的器件，该芯片损坏或虚焊将导致智能手机通话无声、播放音频无声等故障

感光+前置摄像头
+听筒排线接口 J1

微处理器（CPU）芯片
U1

基带CPU
U1_RF
（MDM9625M）

RF收发器
U3_RF
（WTR1625L）

主摄像头
接口J3

A9

触摸屏接口
J4

开机排线接口
J2

显示屏接口
J5

SIM卡卡座
J11_RF

尾插接口
J7

包络跟踪芯片
QFE1100

四频段功率放大器模块
U20_RF SKY77611

SIM卡卡座脏污、弹片弹力不足、虚焊等情况将导致智能手机无法识别SIM卡故障

尾插接口连接智能手机底部，安装有扬声器、耳机接口、USB接口和麦克风的一体化小电路板，虚焊或断裂将导致智能手机无法与计算机连接传输数据、不能充电等故障

图 15-1 iPhone 5s 智能手机电路板的芯片功能及检修要点

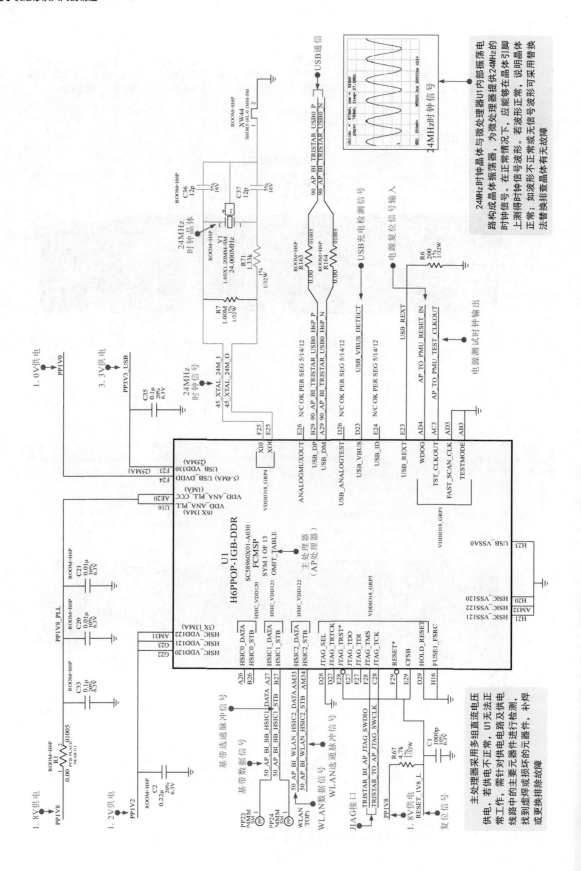

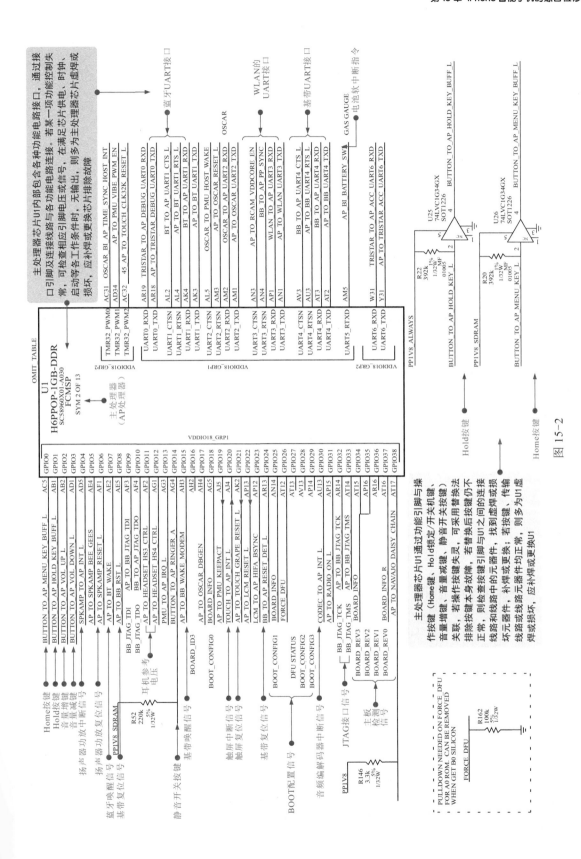

图 15-2

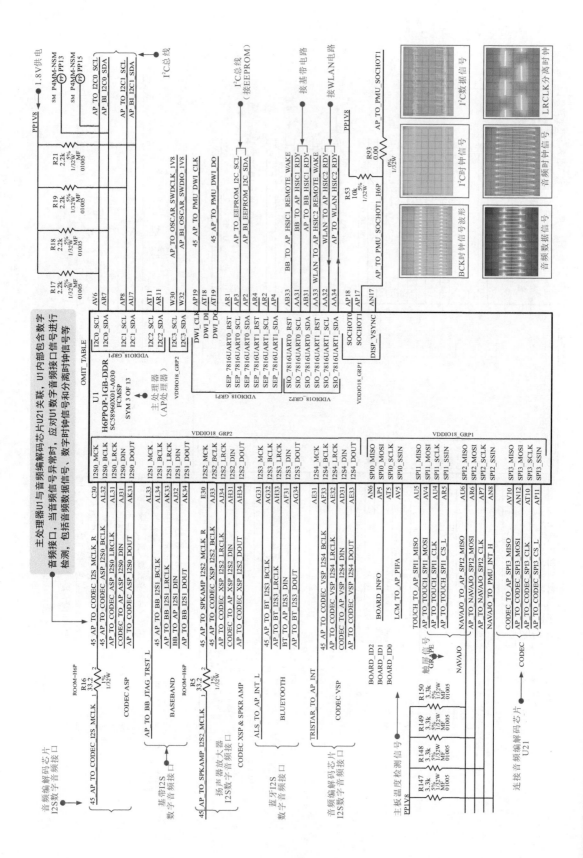

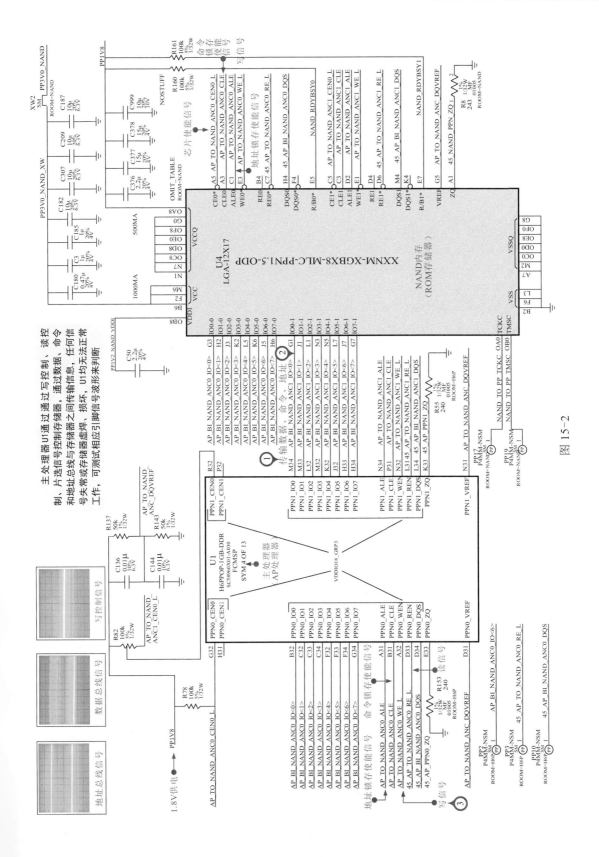

图 15-2

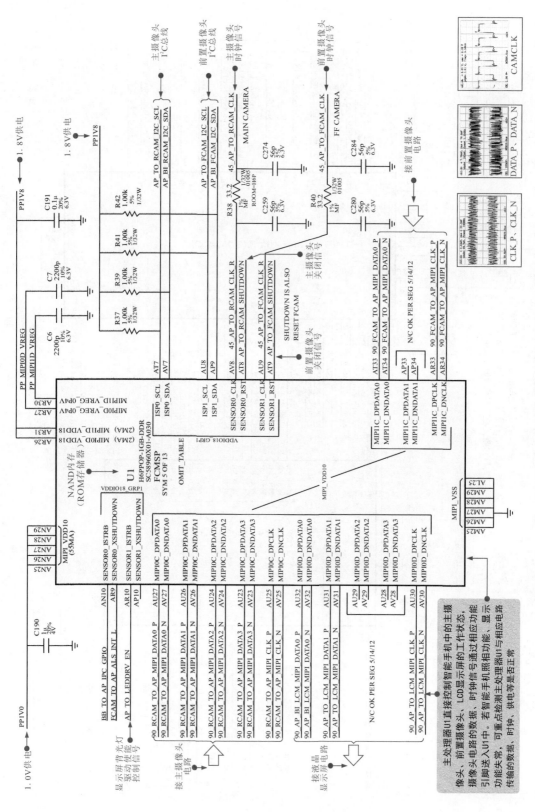

图 15-2　iPhone 5s 智能手机电路主处理器芯片功能及检修要点

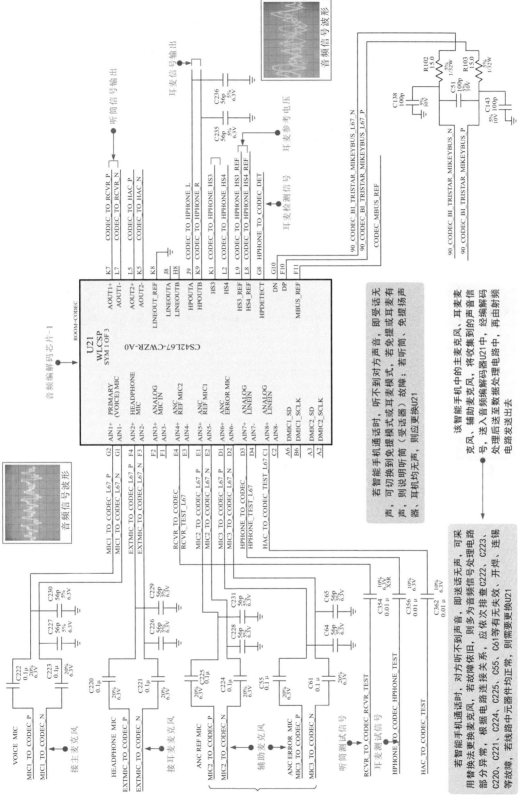

图 15-3

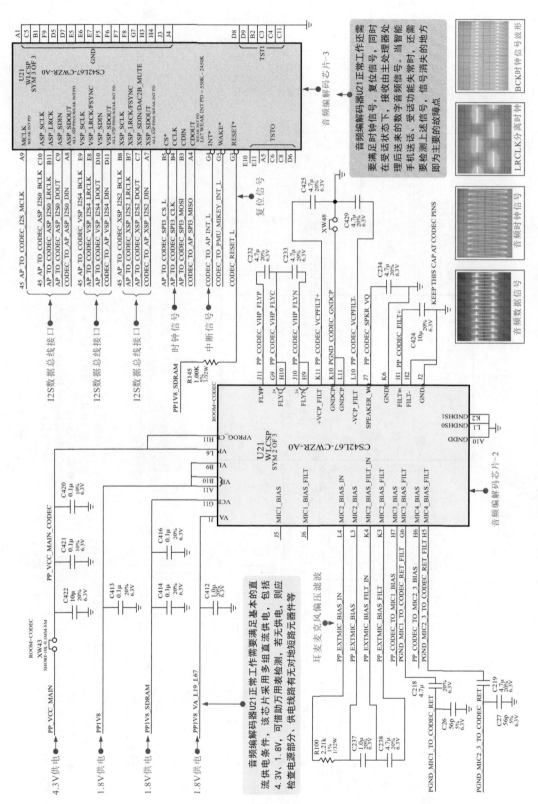

图 15-3　iPhone 5s 智能手机音频信号处理电路故障的检修

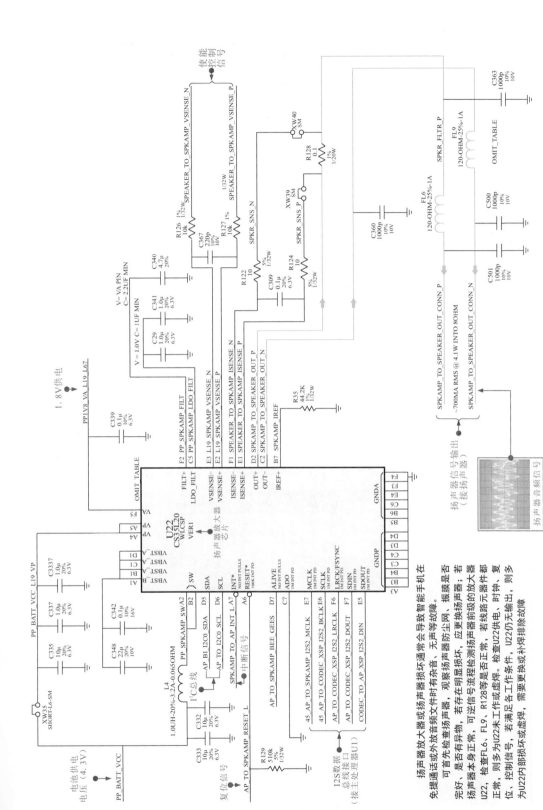

图 15-4 iPhone 5s 智能手机扬声器放大电路故障的检修

扬声器放大器或扬声器损坏通常会导致智能手机在免提通话或外放音频文件时有杂音、无声等故障。

可首先检查扬声器，观察扬声器防尘网、振膜是否完好，是否有异物，若存在明显损坏，应更换扬声器；若扬声器本身正常，可逆信号流程检测扬声器前级的放大器 U22，检查 FL6、FL9、R128 等是否正常。若线路元器件部正常，则多为 U22 未工作或虚焊。检查 U22 供电、时钟、复位、控制信号，若满足各工作条件，U22 仍无输出，则多为 U22 内部损坏或虚焊，需要更换或补焊排除故障。

15.2 iPhone 6Plus 智能手机的综合检修案例

15.2.1 iPhone 6Plus 智能手机电路板的芯片功能及检修要点

如图 15-5 所示，iPhone 6Plus 智能手机的各种电子元器件、功能部件等都安装或连接在电路板上。当智能手机出现故障时，应重点检测电路板上怀疑异常的部位。

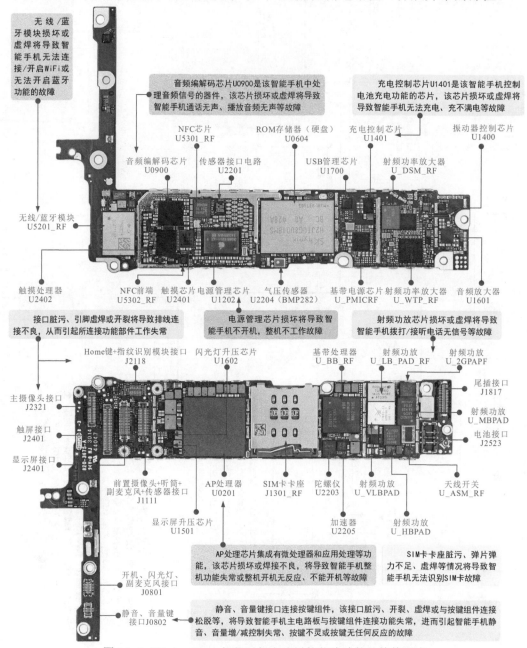

图 15-5 iPhone 6Plus 智能手机电路板的芯片功能及检修要点

15.2.2 iPhone 6Plus 智能手机射频功放电路的检修

如图 15-6 所示，iPhone 6Plus 智能手机中设有不同频段的射频功放电路，以低频段（频段 8，26，20）功率放大器 U_LBPAD 为例。

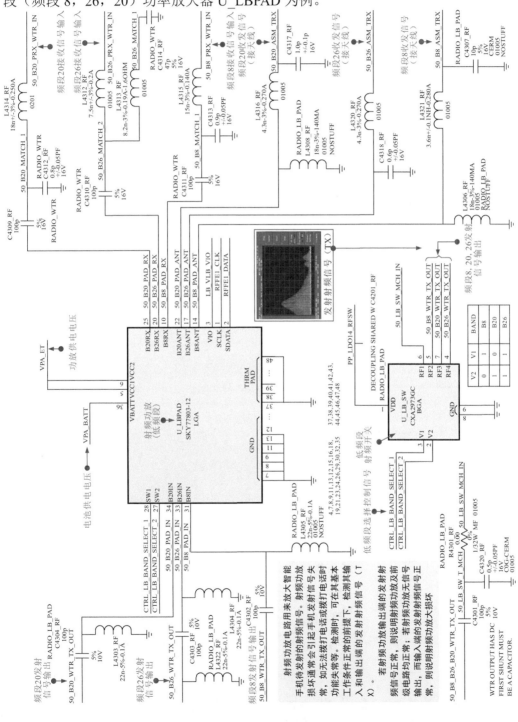

图 15-6 iPhone 6Plus 智能手机射频功放电路故障的检修

15.2.3 iPhone 6Plus 智能手机 AP 处理器电路的检修

如图 15-7 所示，iPhone 6Plus 智能手机的 AP 处理器是整机功能的控制和处理核心，该处理器损坏或虚焊，将导致智能手机不工作和控制失常、开机无反应等故障。

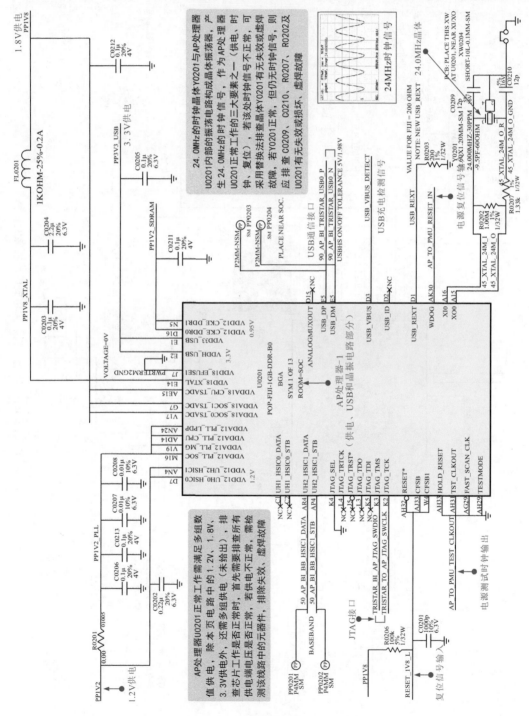

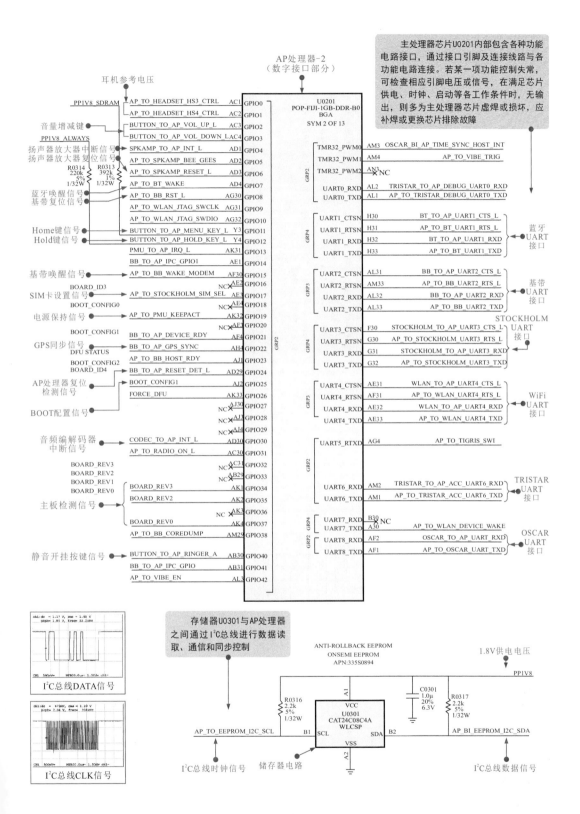

图 15-7

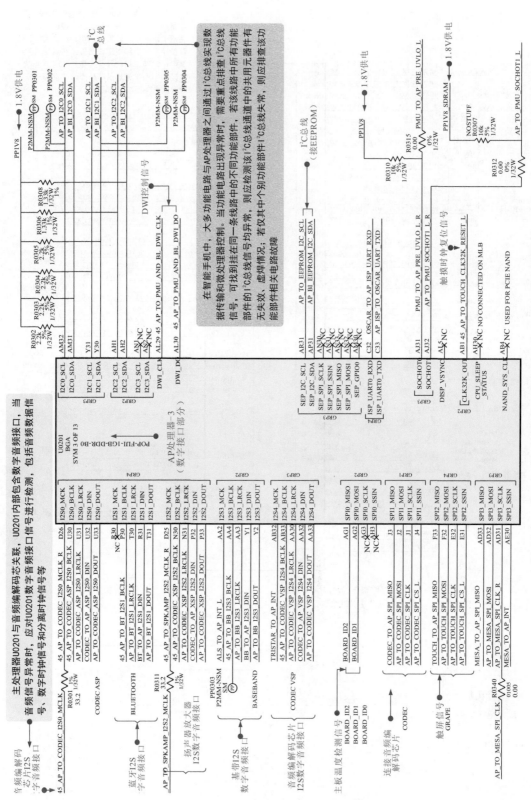

图 15-7　iPhone 6Plus 智能手机 AP 处理器电路故障的检修

15.2.4　iPhone 6Plus 智能手机基带电源电路的检修

图 15-8 为 iPhone 6Plus 智能手机中的基带电源电路，该电路是为该智能手机中的基带处理器及射频功放、天线开关等提供直流电压的电路（见 320 ～ 321 页）。

若基带电源电路故障，将引起智能手机语音通话功能失常，应重点检查供电线路中的元器件及上一级的电源电路。

15.3　iPhone 8Plus 智能手机的综合检修案例

15.3.1　iPhone 8Plus 智能手机电路板的芯片功能及检修要点

如图 15-9 所示，iPhone 8Plus 智能手机的各种电子元器件、功能部件等都安装或连接在电路板上。当智能手机出现故障时，应重点检测电路板上怀疑异常的部位。

15.3.2　iPhone 8Plus 智能手机 CPU 电路（I^2C 总线部分）的检修

图 15-10 为 iPhone 8Plus 智能手机中 CPU 电路的 I^2C 总线部分，CPU 芯片是一个超大规模的集成电路，芯片内部由多个功能模块构成，分别实现不同功能的控制、供电、接地等。其中 I^2C 总线是该智能手机中 CPU 与其他功能电路实现信息传输的主要功能部分（见 324 ～ 325 页）。

检修智能手机中 CPU 电路的 I^2C 总线部分，需要首先了解该部分电路各引脚所连接功能电路的类型，即了解引脚功能，根据引脚功能，找到电路关系，有利于排查故障。

15.3.3　iPhone 8Plus 智能手机铃声功放和听筒功放电路的检修

图 15-11（见 326 页）、图 15-12（见 327 页）分别为 iPhone 8Plus 智能手机铃声功放和听筒功放电路的检修。该智能手机的两个电路均采用了型号为 CS35L26B-A1 的功放芯片。若该芯片内部损坏将导致智能手机来电无铃声或听筒无声的故障。

检查 CS35L26B-A1 芯片是否正常时，一般先从其基本工作条件入手，满足供电、时钟、控制等信号正常的前提下，若输入侧信号正常，输出端无信号，则多为芯片内部损坏；若输出正常，则应顺信号传输线路逐一检查线路中可能损坏的元器件，如贴片电阻器、耦合电容器、滤波电感器等。

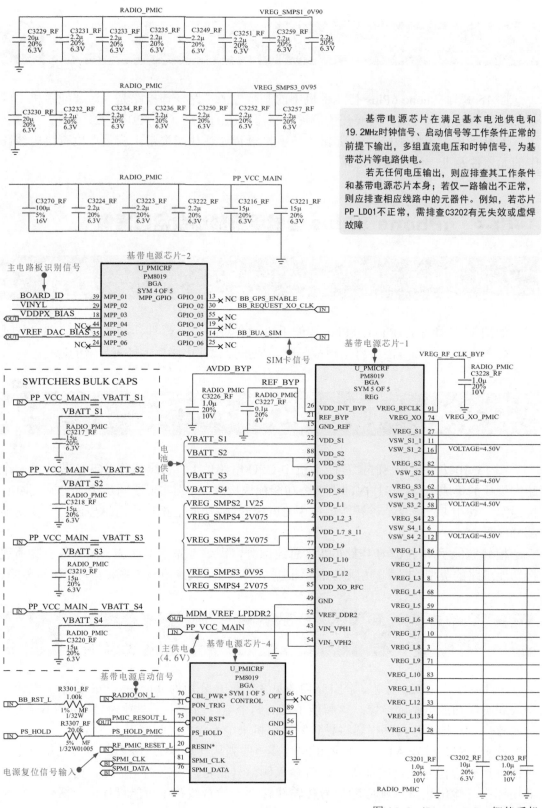

基带电源芯片在满足基本电池供电和19.2MHz时钟信号、启动信号等工作条件正常的前提下输出，多组直流电压和时钟信号，为基带芯片等电路供电。

若无任何电压输出，则应排查其工作条件和基带电源芯片本身；若仅一路输出不正常，则应排查相应线路中的元器件。例如，若芯片PP_LD01不正常，需排查C3202有无失效或虚焊故障

图 15-8　iPhone 6Plus 智能手机

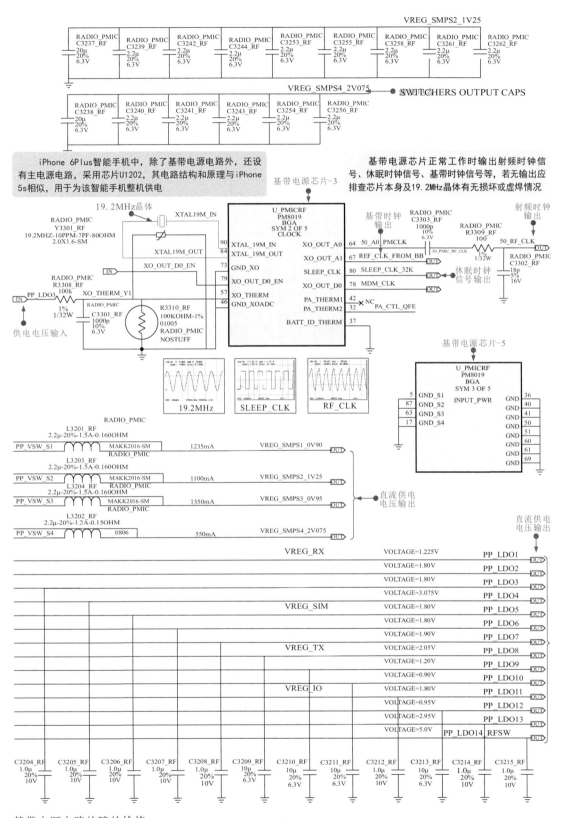

iPhone 6Plus智能手机中，除了基带电源电路外，还设有主电源电路，采用芯片U1202，其电路结构和原理与iPhone 5s相似，用于为该智能手机整机供电

基带电源芯片正常工作时输出射频时钟信号、休眠时钟信号、基带时钟信号等，若无输出应排查芯片本身及19.2MHz晶体有无损坏或虚焊情况

基带电源电路故障的检修

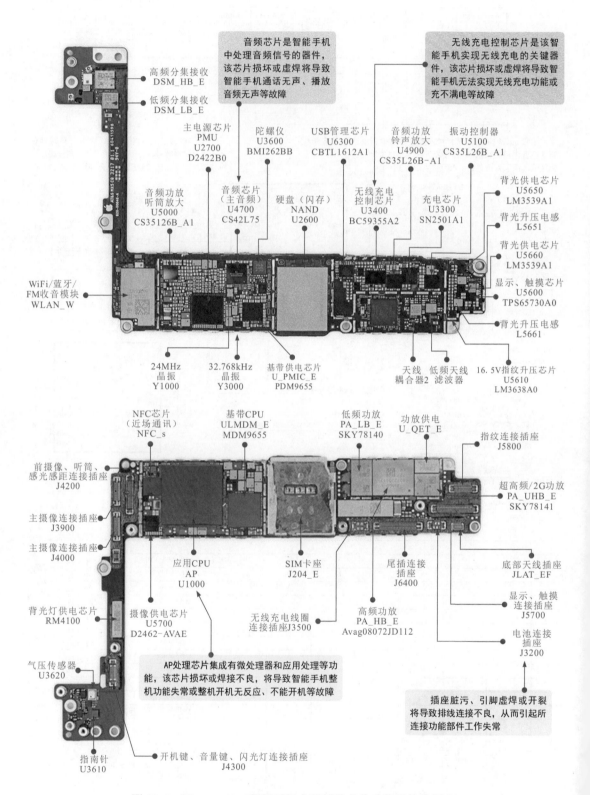

高频分集接收
DSM_HB_E

低频分集接收
DSM_LB_E

音频芯片是智能手机中处理音频信号的器件，该芯片损坏或虚焊将导致智能手机通话无声、播放音频无声等故障

无线充电控制芯片是该智能手机实现无线充电的关键器件，该芯片损坏或虚焊将导致智能手机无法实现无线充电功能或充不满电等故障

主电源芯片
PMU
U2700
D2422B0

陀螺仪
U3600
BMI262BB

USB管理芯片
U6300
CBTL1612A1

音频功放铃声放大
U4900
CS35L26B-A1

振动控制器
U5100
CS35L26B_A1

音频功放听筒放大
U5000
CS35126B_A1

音频芯片（主音频）
U4700
CS42L75

硬盘（闪存）
NAND
U2600

无线充电控制芯片
U3400
BC59355A2

充电芯片
U3300
SN2501A1

背光供电芯片
U5650
LM3539A1

背光升压电感
L5651

背光供电芯片
U5660
LM3539A1

显示、触摸芯片
U5600
TPS65730A0

WiFi/蓝牙/FM收音模块
WLAN_W

背光升压电感
L5661

24MHz
晶振
Y1000

32.768kHz
晶振
Y3000

基带供电芯片
U_PMIC_E
PDM9655

天线耦合器2

低频天线滤波器

16.5V指纹升压芯片
U5610
LM3638A0

NFC芯片（近场通讯）
NFC_s

基带CPU
ULMDM_E
MDM9655

低频功放
PA_LB_E
SKY78140

功放供电
U_QET_E

指纹连接插座
J5800

前摄像、听筒、感光感距连接插座
J4200

超高频/2G功放
PA_UHB_E
SKY78141

主摄像连接插座
J3900

主摄像连接插座
J4000

应用CPU
AP
U1000

SIM卡座
J204_E

尾插连接插座
J6400

底部天线插座
JLAT_EF

背光灯供电芯片
RM4100

显示、触摸连接插座
J5700

摄像供电芯片
U5700
D2462-AVAE

无线充电线圈连接插座J3500

高频功放
PA_HB_E
Avag08072JD112

电池连接插座
J3200

气压传感器
U3620

AP处理芯片集成有微处理器和应用处理等功能，该芯片损坏或焊接不良，将导致智能手机整机功能失常或整机开机无反应、不能开机等故障

插座脏污、引脚虚焊或开裂将导致排线连接不良，从而引起所连接功能部件工作失常

指南针
U3610

开机键、音量键、闪光灯连接插座
J4300

图 15-9　iPhone 8Plus 智能手机电路板的芯片功能及检修要点

15.3.4 iPhone 8Plus 智能手机无线充电电路的检修

图 15-13 为 iPhone 8Plus 智能手机无线充电电路的检修。该电路以无线充电芯片 BC59355A2 为电路核心，实现智能手机的无线充电功能（见 328 ～ 329 页）。

当智能手机无法进入无线充电模式充电时，应对该电路进行检查。可借助万用表或示波器重点检查该电路中无线充电接口送入的交流充电电压是否正常、总线控制信号是否可正常实现总线数据传送、无线充电自身产生的供电电压是否正常等。

15.4 iPhone X 智能手机的综合检修案例

15.4.1 iPhone X 智能手机电路板的芯片功能及检修要点

iPhone X 智能手机电路板集成度高，采用双层电路板设计，将两层电路板可借助 BGA 热风枪分离，图 15-14 为 iPhone X 智能手机电路板的结构形式。

如图 15-15 所示，iPhone X 智能手机的各种电子元器件、功能部件等都安装或连接在电路板上。当智能手机出现故障时，应重点检测电路板上怀疑异常的部位。

15.4.2 iPhone X 智能手机基带电路的检修

图 15-16、图 15-17、图 15-18 分别为 iPhone X 智能手机基带电源输出电路，基带电源时钟、信号电路，基带 CPU 供电电路部分。

若智能手机语音通话功能失常，怀疑基带电路异常时，可根据电路分析和线路连接关系检测电路主要线路中的电压、信号排查电路故障。

15.4.3 iPhone X 智能手机射频电路的检修

图 15-19 为 iPhone X 智能手机的射频电路。该电路用于接收和发射信号。

若智能手机出现语音通话功能失常或智能手机的通话信号质量差、无信号等故障时，应重点检查射频电路收发电路及供电、时钟等共用电路（可借助频谱分析仪检测送入和输出的射频信号）。

I2S总线（实际为I²S，这里为了与图纸统一，写作I2S）：音频传输总线，用于芯片之音数字音频的传输。

I2S总线有五条信号线：

MCLK：主时钟，用于同步CPU和音频的I2S模块工作频率，不一定全部使用

BCLK：串行时钟，与I2C总线中SCL作用相同，用来控制由CPU传输数据给音频的时机；也控制由音频传输数据给CPU的时间

LRCLK：帧时钟，用来控制切换左右声道的数据。

DIN和DOUT：串行数据信号，IN是输入，OUT是输出。

CPU到音频的这5条信号有一条虚焊或断线都会导致智能手机出现没声音，开机进界面卡顿故障

CPU到音频的主时钟信号

I2S_AP_TO_CODEC_MCLK1 〔OUT〕

01005 1% 1/32W MF R1460 33.2

I2S_AP_TO_CODEC_MCLK1_R AV23 — I2S0_MCK

CPU到音频的串行时钟信号 〔OUT〕 I2S_AP_TO_CODEC_ASP3_BCLK AW23 — I2S0_BCLK

CPU到音频的帧时钟信号 〔OUT〕 I2S_AP_TO_CODEC_ASP3_LRCLK AT24 — I2S0_LRCK

音频到CPU的串行数据信号 〔IN〕 I2S_CODEC_ASP3_TO_AP_DIN AT25 — I2S0_DIN

CPU到音频的串行数据信号 〔OUT〕 I2S_AP_TO_CODEC_ASP3_DOUT AT26 — I2S0_DOUT

U1000
TMIT78B1-C5
WLCSP
SYM 6 OF 16

CPU芯片

在手机通话过程中，送话时声音由麦克风采集后送给音频，音频通过I2S总线把声音发给CPU，CPU又通过I2S总线把声音发给基带，然后基带处理后发射出去。CPU到蓝牙之间也是用的I2S总线传输声间的。手机芯片之间的声音传输都是I2S

NC AH34 — I2S1_MCK
NC AG36 — I2S1_BCLK
NC AG35 — I2S1_LRCK
NC AH38 — I2S1_DIN
NC AG37 — I2S1_DOUT

CPU到听筒功放的主时钟信号

I2S_AP_TO_SPKRAMP_TOP_MCLK 〔OUT〕

01005 1% 1/32W MF R1464 33.2 ROOM=SOC

I2S_AP_TO_SPKRAMP_TOP_MCLK_R AT35 — I2S2_MCK

NC (Was BB_TO_AP_RESET_ACT_L) AT36 — I2S2_BCLK

CPU到快充芯片的SW总线数据信号 〔BI〕 AP_BI_CCG2_SWDIO AR36 — I2S2_LRCK

CPU到快充芯片的SW总线串行时钟信号 〔OUT〕 AP_TO_CCG2_SWCLK AR34 — I2S2_DIN

音频到CPU的中断信号 〔IN〕 CODEC_TO_AP_INT_L AR35 — I2S2_DOUT

NC AG4 — I2S3_MCK
AG5 — I2S3_BCLK

基带到CPU的串行时钟信号 〔IN〕 I2S_BB_TO_AP_BCLK AG5 — I2S3_BCLK

基带到CPU的帧时钟信号 〔IN〕 I2S_BB_TO_AP_LRCLK AH2 — I2S3_LRCK

基带到CPU的串行数据信号 〔IN〕 I2S_BB_TO_AP_DIN AH6 — I2S3_DIN

基带到CPU的串行数据信号 〔OUT〕 I2S_AP_TO_BB_DOUT AH4 — I2S3_DOUT

CPU到硬盘的启动配置信号 〔IN〕 SPI_S4E_TO_AP_MISO_BOOT_CONFIG2 AV22 — SPI0_MISO

〔IN〕 SPI_AP_TO_S4E_MOSI_BOOT_CONFIG1 BA21 — SPI0_MOSI

SPI_AP_TO_S4E_SCLK_BOOT_CONFIG0 〔IN〕 R1465 0.00 SPI_AP_TO_S4E_SCLK_BOOT_CONFIG0_R BA22 — SPI0_SCLK

1/32W MF 01005 ROOM=SOC

〔IN〕 BOARD_ID3 AU22 — SPI0_SSIN

#30765511:Add back R1461

触摸到CPU的SPI总线数据输入 〔IN〕 SPI_TOUCH_TO_AP_MISO AU23 — SPI1_MISO

CPU到触摸的SPI总线数据输出 〔OUT〕 SPI_AP_TO_TOUCH_MOSI AY22 — SPI1_MOSI

SPI_AP_TO_TOUCH_SCLK 〔OUT〕 SPI_AP_TO_TOUCH_SCLK_R AW22 — SPI1_SCLK

CPU到触摸的SPI总线串行时钟 0% 1/32W MF R1461 0.00 〔OUT〕 SPI_AP_TO_TOUCH_CS_L AT23 — SPI1_SSIN

01005 ROOM=SOC CPU到触摸的SPI片选信号

音频到CPU的SPI总线数据输入 〔IN〕 SPI_CODEC_TO_AP_MISO AE4 — SPI2_MISO

CPU到音频的SPI总线数据输出 〔OUT〕 SPI_AP_TO_CODEC_MOSI AE2 — SPI2_MOSI

SPI_AP_TO_CODEC_SCLK 〔OUT〕 SPI_AP_TO_CODEC_SCLK_R AD5 — SPI2_SCLK

CPU到音频的SPI总线串行时钟 1/32W MF R1462 0.00 〔OUT〕 SPI_AP_TO_CODEC_CS_L AE6 — SPI2_SSIN

01005 ROOM=SOC CPU到音频的SPI片选信号

指纹到CPU的SPI总线数据输入 〔IN〕 SPI_MESA_TO_AP_MISO AE38 — SPI3_MISO

CPU到指纹的SPI总线数据输出 〔OUT〕 SPI_AP_TO_MESA_MOSI AE35 — SPI3_MOSI

SPI_AP_TO_MESA_SCLK 〔OUT〕 SPI_AP_TO_MESA_SCLK_R AF38 — SPI3_SCLK

CPU到指纹的SPI总线串行时钟 0% 1/32W MF R1463 0.00 〔IN〕 MESA_TO_AP_INT AE37 — SPI3_SSIN

01005 ROOM=SOC CPU到指纹的SPI中断信号

图 15-10　iPhone 8Plus 智能手机

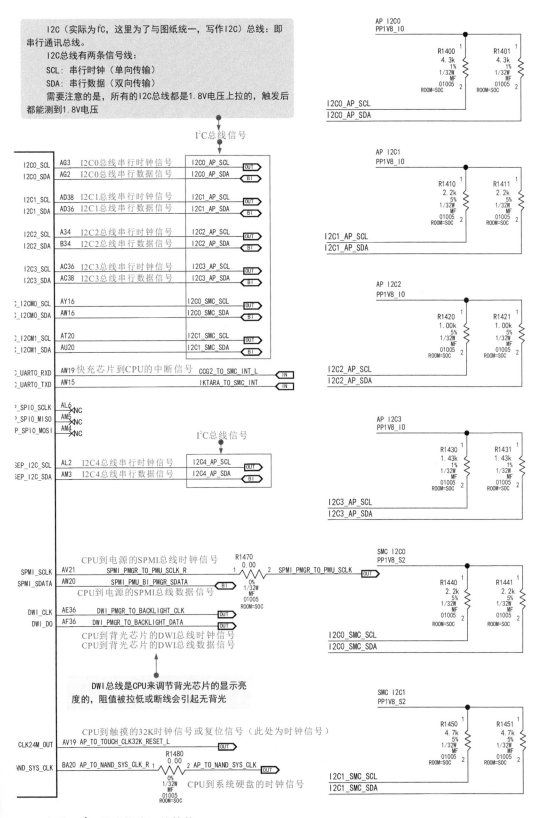

I2C（实际为I²C，这里为了与图纸统一，写作I2C）总线：即串行通讯总线。

I2C总线有两条信号线：

SCL：串行时钟（单向传输）

SDA：串行数据（双向传输）

需要注意的是，所有的I2C总线都是1.8V电压上拉的，触发后都能测到1.8V电压

CPU 电路（I²C 总线部分）的检修

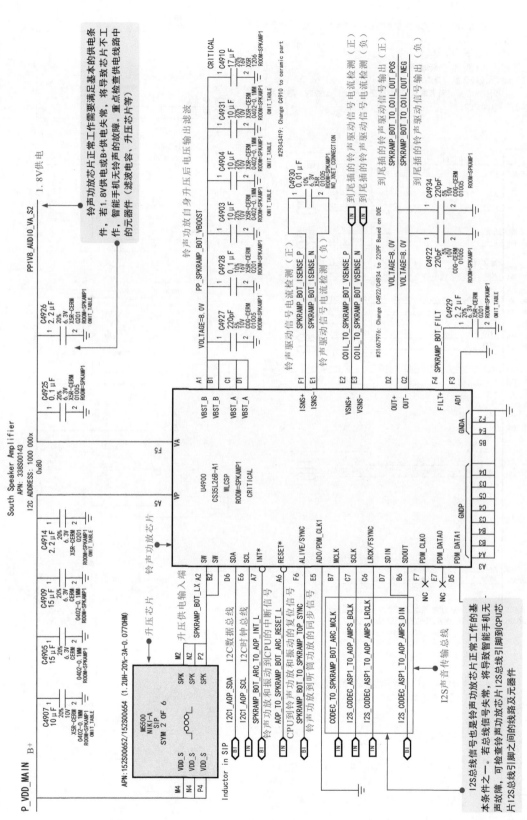

图 15-11 iPhone 8Plus 智能手机铃声功放电路的检修

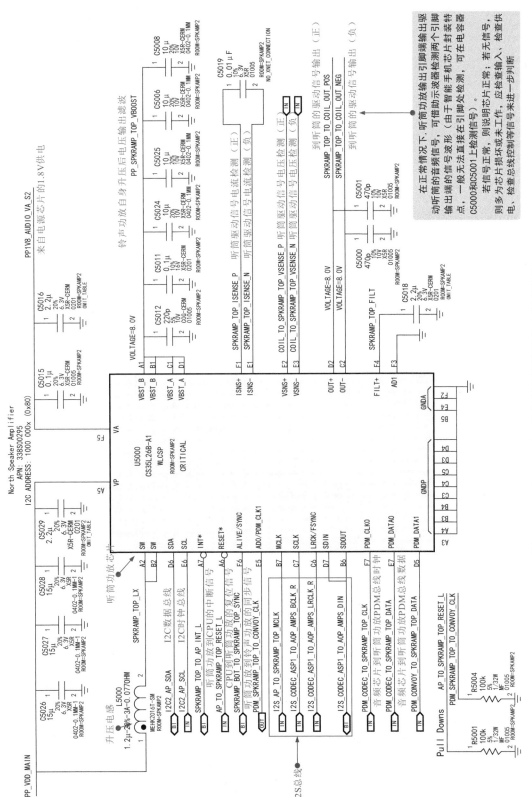

图 15-12 iPhone 8Plus 智能手机听筒功放电路的检修

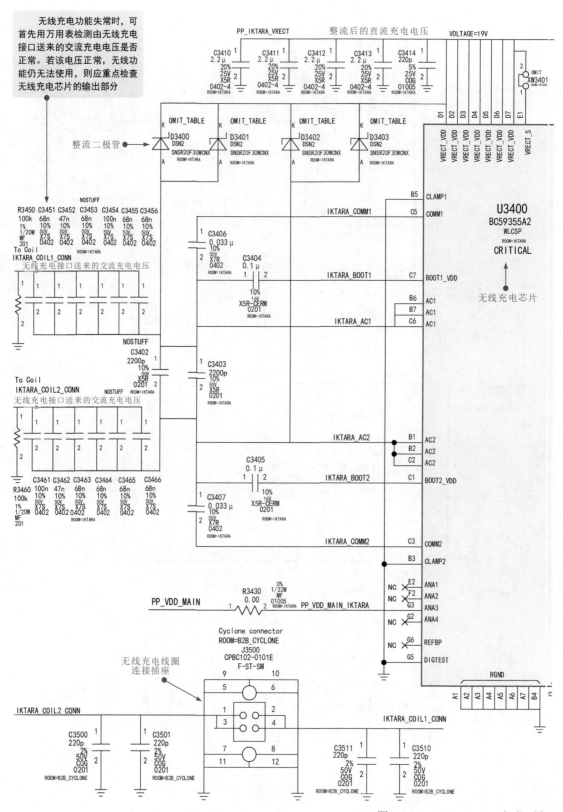

图 15-13 iPhone 8Plus 智能手机

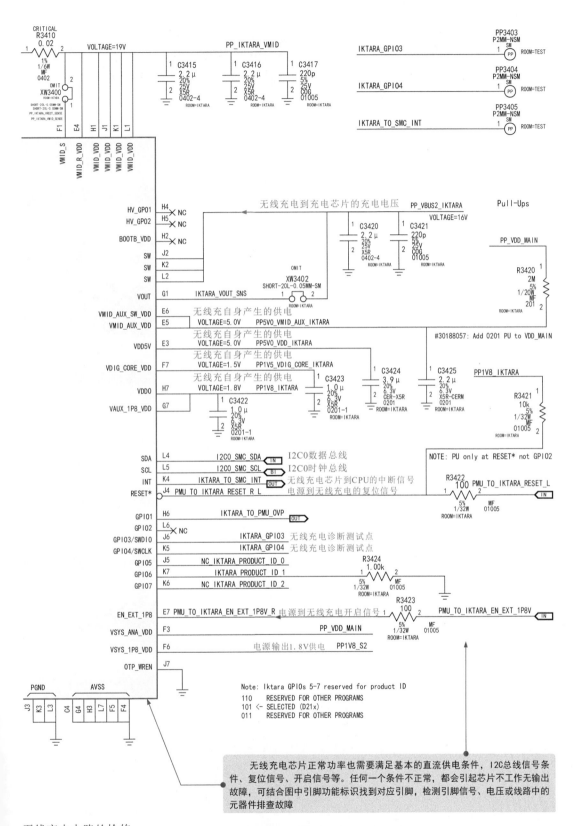

无线充电电路的检修

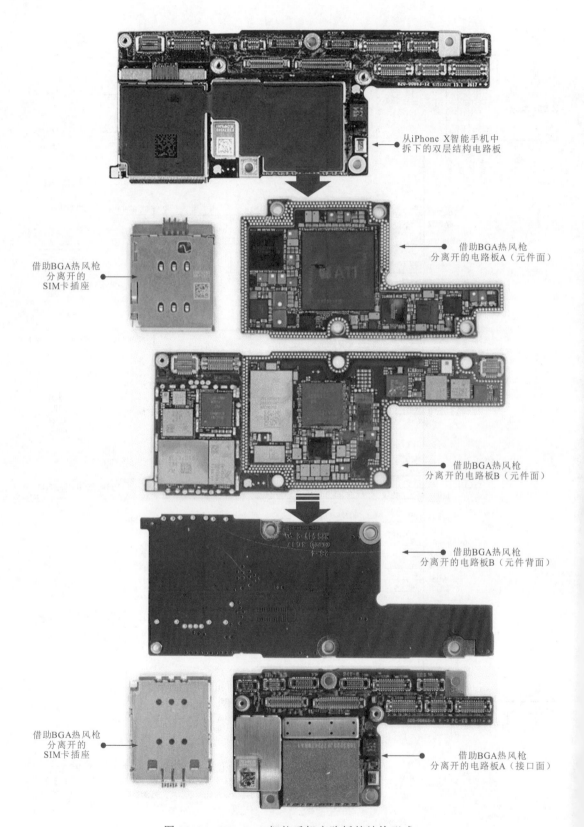

从iPhone X智能手机中
拆下的双层结构电路板

借助BGA热风枪
分离开的电路板A（元件面）

借助BGA热风枪
分离开的
SIM卡插座

借助BGA热风枪
分离开的电路板B（元件面）

借助BGA热风枪
分离开的电路板B（元件背面）

借助BGA热风枪
分离开的
SIM卡插座

借助BGA热风枪
分离开的电路板A（接口面）

图 15-14　iPhone X 智能手机电路板的结构形式

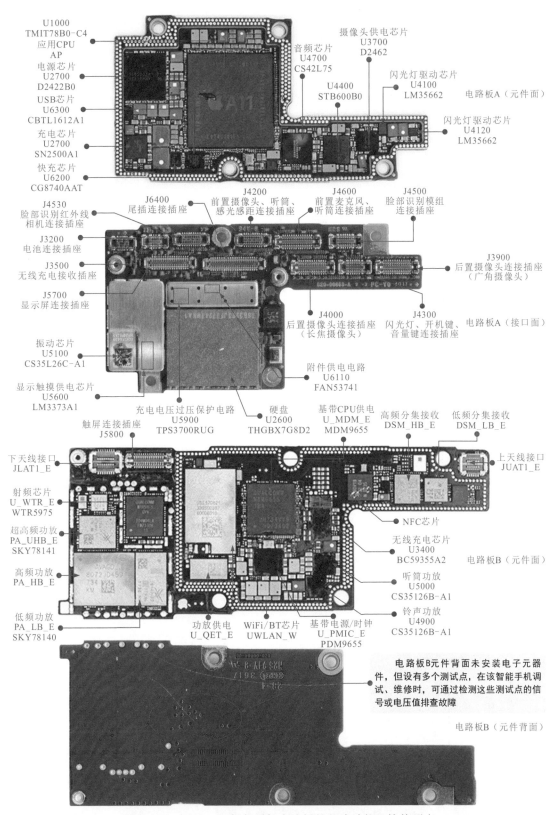

图 15-15　iPhone X 智能手机电路板的芯片功能及检修要点

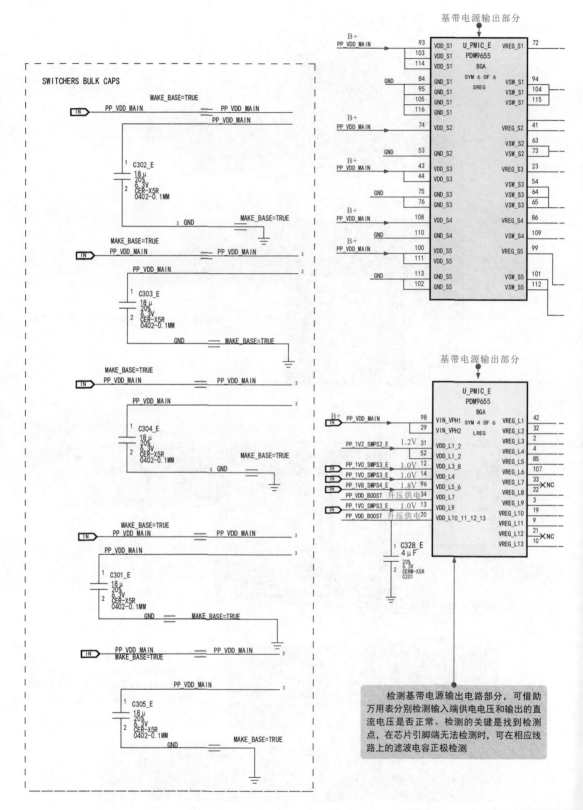

图 15-16　iPhone X 智能手机

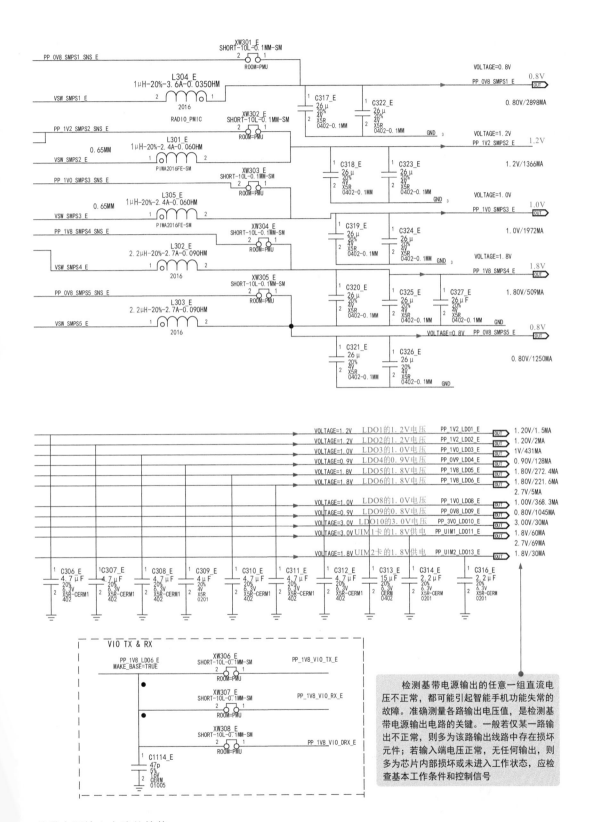

基带电源输出电路的检修

检测基带电源输出的任意一组直流电压不正常，都可能引起智能手机功能失常的故障。准确测量各路输出电压值，是检测基带电源输出电路的关键。一般若仅某一路输出不正常，则多为该路输出线路中存在损坏元件；若输入端电压正常，无任何输出，则多为芯片内部损坏或未进入工作状态，应检查基本工作条件和控制信号

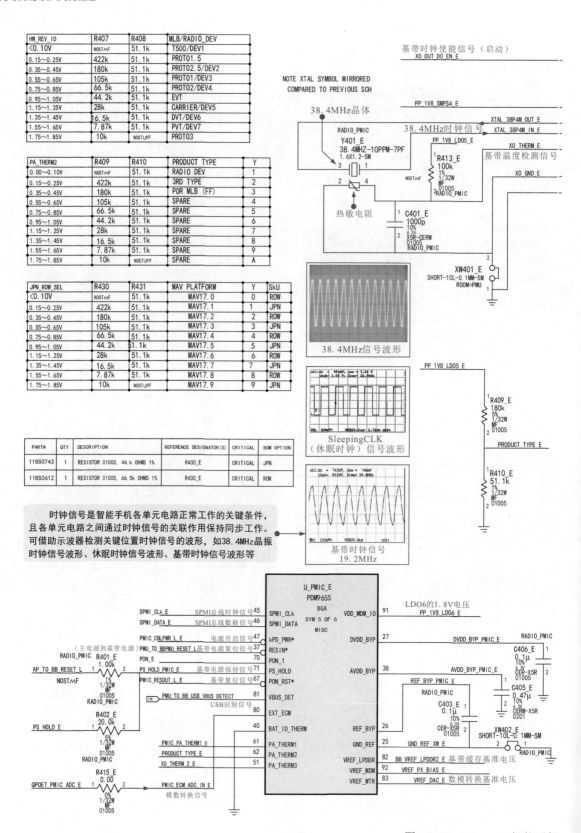

HW_REV_ID	R407	R408	MLB/RADIO_DEV
<0.10V	NOSTMF	51.1k	T500/DEV1
0.15~0.25V	422k	51.1k	PROT01.5
0.35~0.45V	180k	51.1k	PROT02.5/DEV2
0.55~0.65V	105k	51.1k	PROT01/DEV3
0.75~0.85V	66.5k	51.1k	PROT02/DEV4
0.95~1.05V	44.2k	51.1k	EVT
1.15~1.25V	28k	51.1k	CARRIER/DEV5
1.35~1.45V	16.5k	51.1k	DVT/DEV6
1.55~1.65V	7.87k	51.1k	PVT/DEV7
1.75~1.85V	10k	NOSTUFF	PROT03

PA_THERM2	R409	R410	PRODUCT TYPE	Y
0.00~0.10V	NOSTMF	51.1k	RADIO DEV	1
0.15~0.25V	422k	51.1k	3RD TYPE	2
0.35~0.45V	180k	51.1k	POR MLB (FF)	3
0.55~0.65V	105k	51.1k	SPARE	4
0.75~0.85V	66.5k	51.1k	SPARE	5
0.95~1.05V	44.2k	51.1k	SPARE	6
1.15~1.25V	28k	51.1k	SPARE	7
1.35~1.45V	16.5k	51.1k	SPARE	8
1.55~1.65V	7.87k	51.1k	SPARE	9
1.75~1.85V	10k	NOSTUFF	SPARE	A

JPN_ROW_SEL	R430	R431	MAV PLATFORM	Y	SkU
<0.10V	NOSTMF	51.1k	MAV17.0	0	ROW
0.15~0.25V	422k	51.1k	MAV17.1	1	JPN
0.35~0.45V	180k	51.1k	MAV17.2	2	ROW
0.55~0.65V	105k	51.1k	MAV17.3	3	JPN
0.75~0.85V	66.5k	51.1k	MAV17.4	4	ROW
0.95~1.05V	44.2k	51.1k	MAV17.5	5	JPN
1.15~1.25V	28k	51.1k	MAV17.6	6	ROW
1.35~1.45V	16.5k	51.1k	MAV17.7	7	JPN
1.55~1.65V	7.87k	51.1k	MAV17.8	8	ROW
1.75~1.85V	10k	NOSTUFF	MAV17.9	9	JPN

PART#	QTY	DESCRIPTION	REFERENCE DESIGNATOR(S)	CRITICAL	BOM OPTION
118S0743	1	RESISTOR 01005, 44.k OHMS 1%	R430_E	CRITICAL	JPN
118S0612	1	RESISTOR 01005, 66.5k OHMS 1%	R430_E	CRITICAL	ROW

时钟信号是智能手机各单元电路正常工作的关键条件，且各单元电路之间通过时钟信号的关联作用保持同步工作。可借助示波器检测关键位置时钟信号的波形，如38.4MHz晶振时钟信号波形、休眠时钟信号波形、基带时钟信号波形等

基带时钟使能信号（启动）
X0_OUT_D0_EN_E

NOTE XTAL SYMBOL MIRRORED
COMPARED TO PREVIOUS SCH

38.4MHz晶体

PP_1V8_SMPS4_E

XTAL_38P4M_OUT_E
38.4MHz时钟信号 XTAL_38P4M_IN_E

RADIO_PMIC
Y401_E
38.4MHZ-10PPM-7PF
1.6X1.2-SM

PP_1V8_LD05_E
R413_E
100k
1/32W
MF
01005
RADIO_PMIC

X0_THERM_E
基带温度检测信号
X0_GND_E

热敏电阻

C401_E
1000p
10%
6.3V
X5R-CERM
01005
RADIO_PMIC

XW401_E
SHORT-10L-0.1MM-SM
ROOM=PMU

38.4MHz信号波形

SleepingCLK
（休眠时钟）信号波形

PP_1V8_LD05_E

R409_E
180k
5%
1/32W
MF
01005

PRODUCT_TYPE_E

R410_E
51.1k
1%
1/32W
MF
01005

基带时钟信号
19.2MHz

U_PMIC_E
PDM9655
BGA
SYM 5 OF 6
MISC

SPMI_CLk_E   SPMI总线时钟信号 45   SPMI_CLk   VDD_MDM_IO 91   LDO6的1.8V电压
PP_1V8_LD06_E
SPMI_DATA_E   SPMI总线数据信号 46   SPMI_DATA

PMIC_CBLPWR_L_E 电源开启信号 47   kPD_PWR*   DVDD_BYP 27   DVDD_BYP_PMIC_E   RADIO_PMIC
（主电源到基带电源）PMU_TO_BBPMU_RESET_L 基带电源复位信号 37 RESIN*   C406_E
RADIO_PMIC R401_E   PON_E 70   PON_1   0.1μ
AP_TO_BB_RESET_L 1.00k   PS_HOLD_PMIC_E 基带电源保持信号 71 PS_HOLD   AVDD_BYP 38   AVDD_BYP_PMIC_E   6.3V CER-X5R
NOSTMF   PMIC_RESOUT_L_E 基带复位信号 67 PON_RST*   C405_E
1%   0.47μ
1/32W   PMU_TO_BB_USB_VBUS_DETECT 81 VBUS_DET REF_BYP_E 10%
01005   RADIO_PMIC   CERM-X5R
RADIO_PMIC   USB识别信号 80   EXT_ECM   C403_E   0201
R402_E   40   BAT_ID_THERM   0.1μ   REF_BYP 26
PS_HOLD_E 20.0k   10%
5%   PMIC_PA_THERM1_E 61 PA_THERM1   6.3V   GND_REF 25   GND_REF_XW_E   XW402_E
1/32W   PRODUCT_TYPE_E 62 PA_THERM2   CER-X5R   SHORT-10L-0.1MM-SM
01005   XO_THERM_2_E 51 PA_THERM3   01005   VREF_LPDDR 82 BB_VREF_LPDDR2_E 基带缓存基准电压
RADIO_PMIC   RADIO_PMIC   VREF_MDM 92   VREF_PX_BIAS_E
R415_E   VREF_WTR 83   VREF_DAC_E 数模转换基准电压
QPOET_PMIC_ADC_E 0.00 PMIC_ECM_ADC_IN_E
0%
1/32W   模数转换信号
MF
01005

图15-17 iPhone X 智能手机

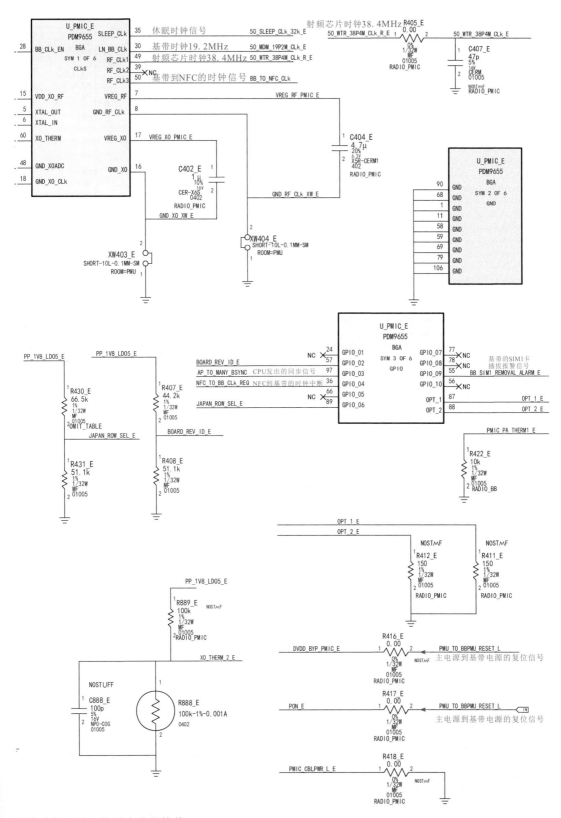

基带电源时钟、信号电路的检修

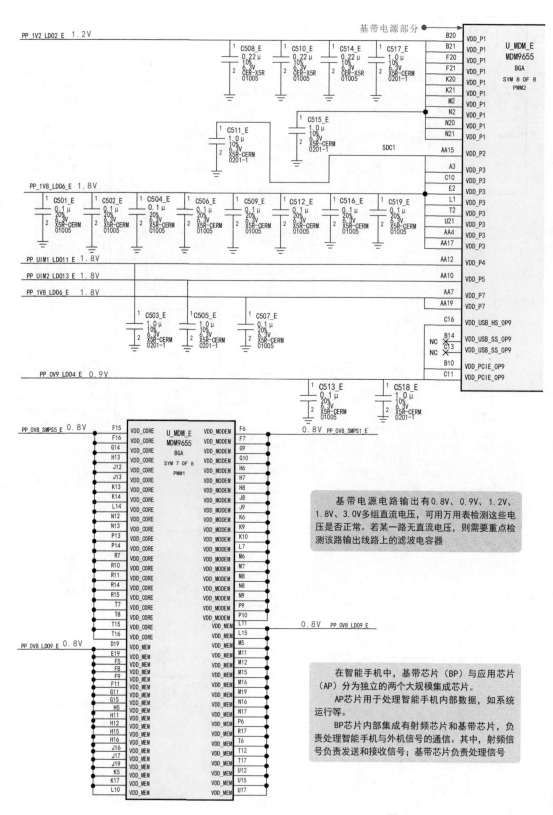

基带电源部分

在基带电源电路输出有0.8V、0.9V、1.2V、1.8V、3.0V多组直流电压，可用万用表检测这些电压是否正常。若某一路无直流电压，则需要重点检测该路输出线路上的滤波电容器

在智能手机中，基带芯片（BP）与应用芯片（AP）分为独立的两个大规模集成芯片。

AP芯片用于处理智能手机内部数据，如系统运行等。

BP芯片内部集成有射频芯片和基带芯片，负责处理智能手机与外机信号的通信。其中，射频信号负责发送和接收信号；基带芯片负责处理信号

图 15-18   iPhone X 智能手机

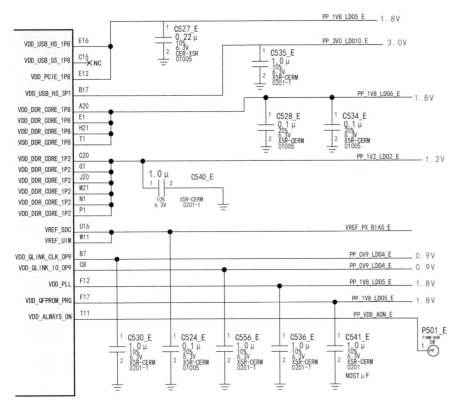

LAYOUT: C530_RF CLOSE TO MDM_RF PIN B7

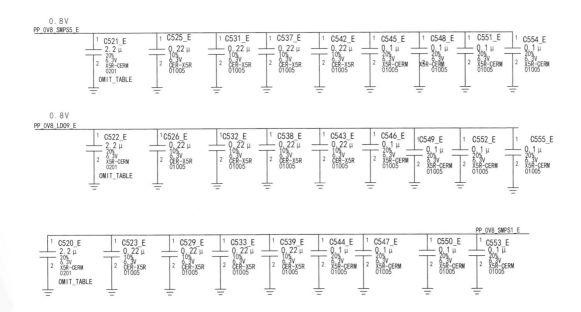

基带 CPU 供电电路的检修

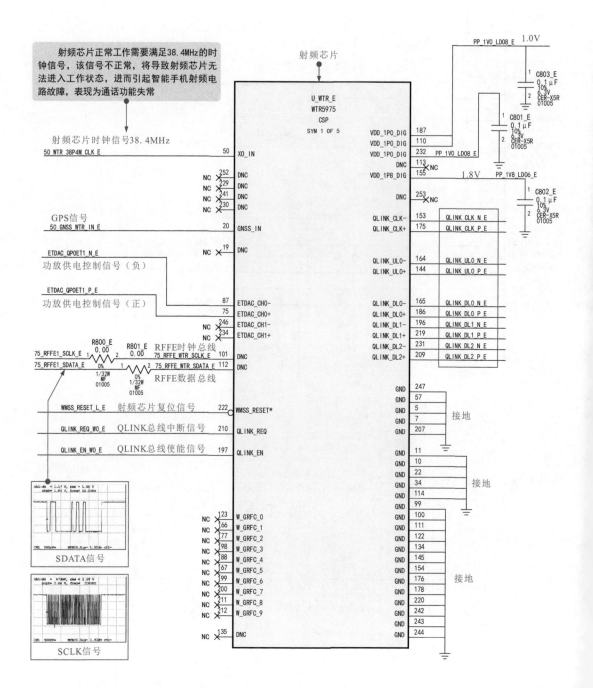

射频芯片正常工作需要满足38.4MHz的时钟信号，该信号不正常，将导致射频芯片无法进入工作状态，进而引起智能手机射频电路故障，表现为通话功能失常

射频芯片时钟信号38.4MHz

50 WTR 38P4M CLK E

GPS信号
50 GNSS WTR IN E

ETDAC QPOET1 N E
功放供电控制信号（负）

ETDAC QPOET1 P E
功放供电控制信号（正）

R800 E 0.00   R801 E 0.00   RFFE时钟总线
75 RFFE1 SCLK E   75 RFFE WTR SCLK E
75 RFFE1 SDATA E   75 RFFE WTR SDATA E
RFFE数据总线

WMSS RESET L E   射频芯片复位信号

QLINK REQ WO E   QLINK总线中断信号

QLINK EN WO E   QLINK总线使能信号

SDATA信号

SCLK信号

射频芯片

U_WTR_E
WTR5975
CSP
SYM 1 OF 5

PP_1V0_LD08_E   1.0V

PP_1V0_LD08 E

1.8V   PP_1V8_LD06_E

接地

接地

接地

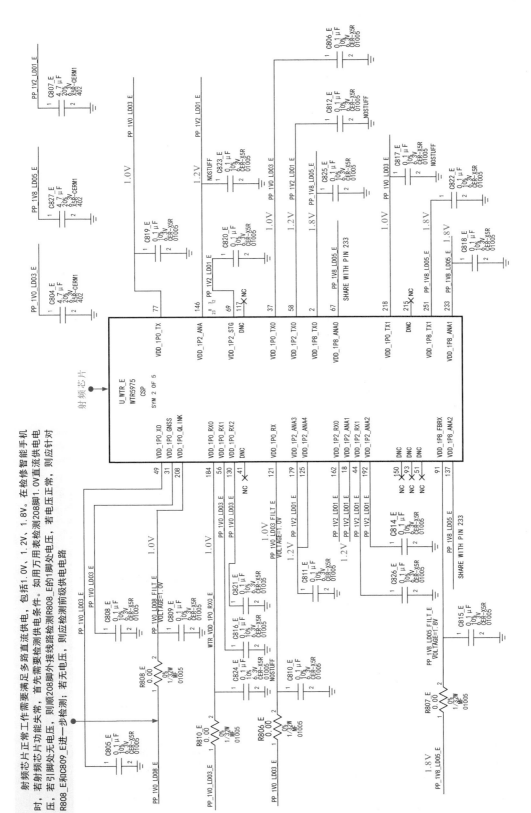

图 15-19

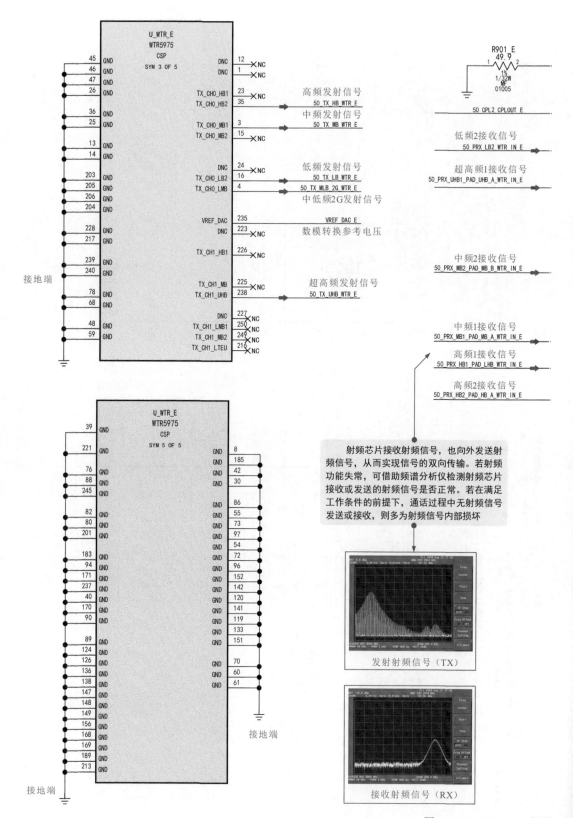

图 15-19　iPhone X 智能

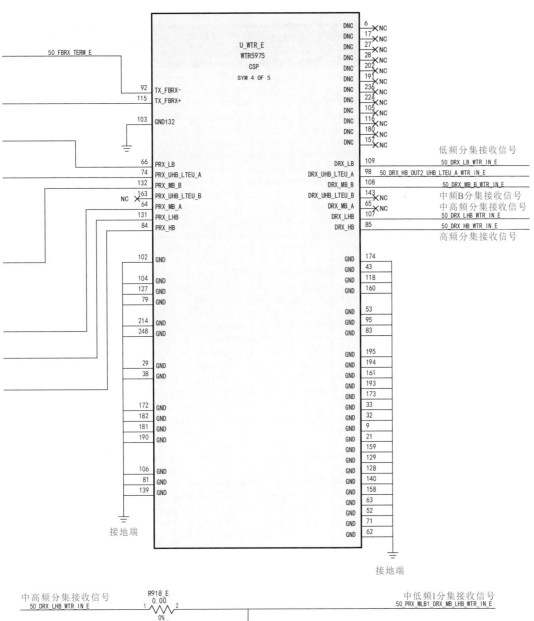

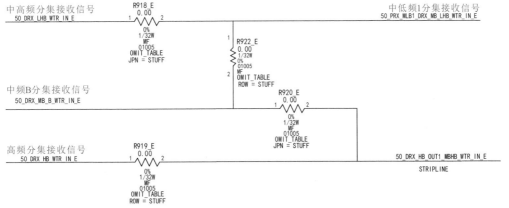

手机射频电路的检修

15.4.4　iPhone X 智能手机 WiFi/ 蓝牙的检修

图 15-20 为 iPhone X 智能手机的 WiFi/ 蓝牙电路。当智能手机出现 WiFi 或蓝牙功能失常故障时，应排查该电路中的工作条件、WiFi/ 蓝牙芯片及外界元器件有无损坏。

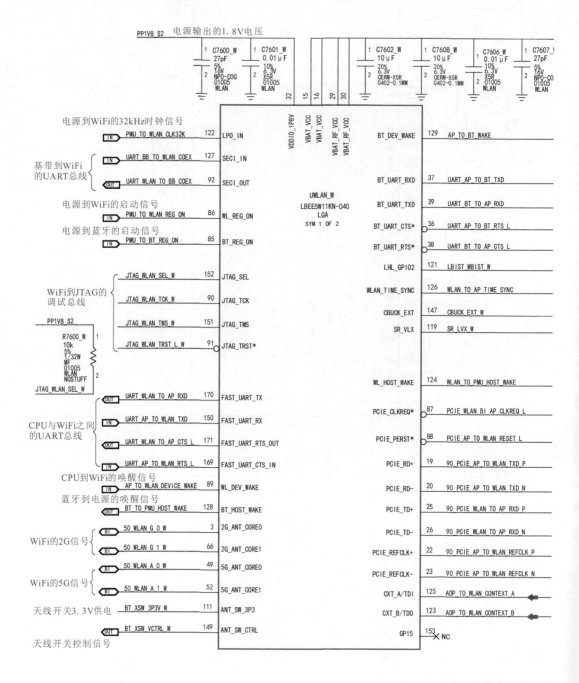

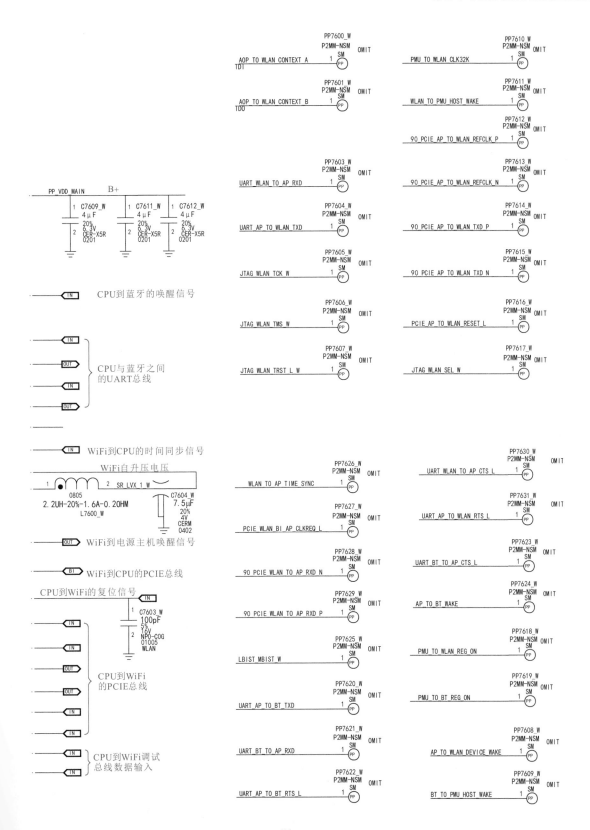

图 15-20

343

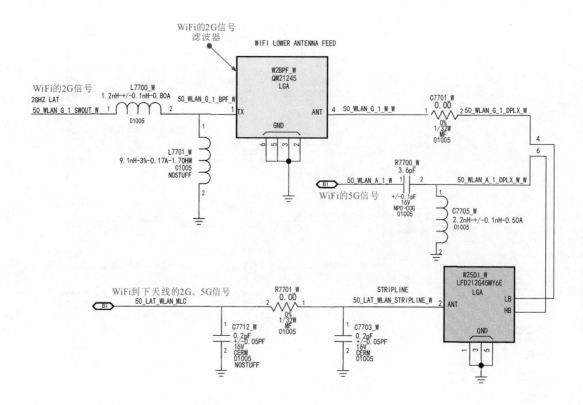

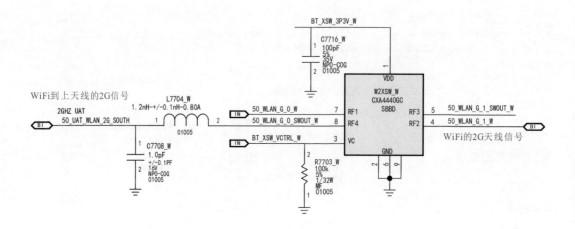

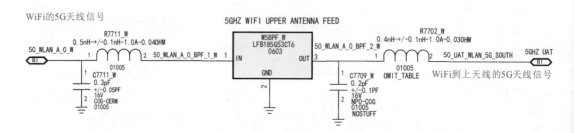

图 15-20 iPhone X 智能手机 WiFi/ 蓝牙电路的检修

第16章

OPPO、红米智能手机的综合检修案例

16.1 OPPO R9 智能手机的综合检修案例

16.1.1 OPPO R9 智能手机电路板的芯片功能及检修要点

如图 16-1 所示，OPPO R9 智能手机的各种电子元器件、功能部件等都安装或连接在电路板上。当该智能手机出现故障时，应重点检测电路板上怀疑异常的部位。

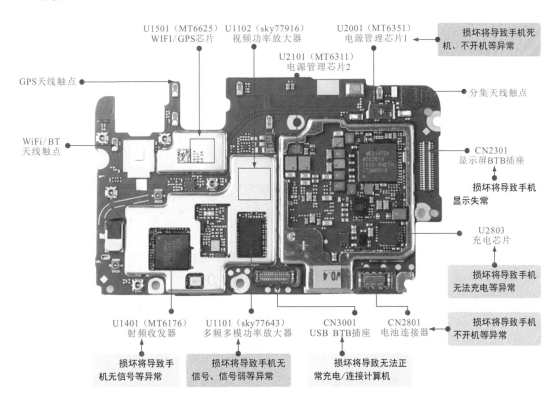

U1501（MT6625）WIFI/GPS芯片　U1102（sky77916）视频功率放大器　U2001（MT6351）电源管理芯片1　损坏将导致手机死机、不开机等异常

U2101（MT6311）电源管理芯片2

GPS天线触点

WiFi/BT 天线触点

分集天线触点

CN2301 显示屏BTB插座　损坏将导致手机显示失常

U2803 充电芯片　损坏将导致手机无法充电等异常

U1401（MT6176）射频收发器　损坏将导致手机无信号等异常

U1101（sky77643）多频多模功率放大器　损坏将导致手机无信号、信号弱等异常

CN3001 USB BTB插座　损坏将导致无法正常充电/连接计算机

CN2801 电池连接器　损坏将导致手机不开机等异常

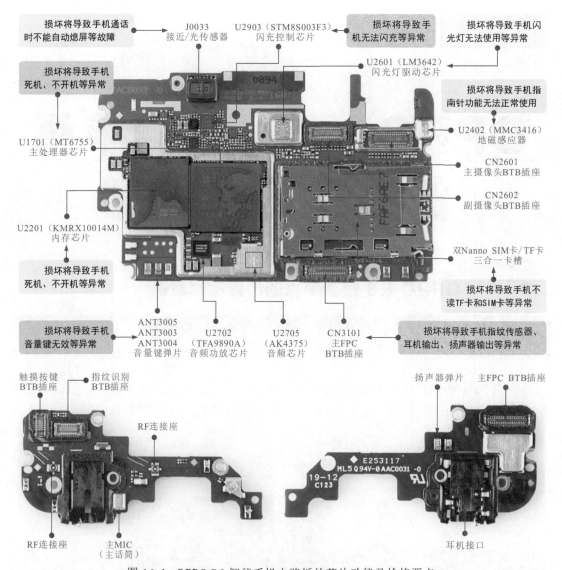

损坏将导致手机通话时不能自动熄屏等故障

J0033 接近/光传感器

U2903（STM8S003F3）闪充控制芯片

损坏将导致手机无法闪充等异常

损坏将导致手机闪光灯无法使用等异常

U2601（LM3642）闪光灯驱动芯片

损坏将导致手机死机、不开机等异常

损坏将导致手机指南针功能无法正常使用

U1701（MT6755）主处理器芯片

U2402（MMC3416）地磁感应器

CN2601 主摄像头BTB插座

CN2602 副摄像头BTB插座

U2201（KMRX10014M）内存芯片

双Nanno SIM卡/TF卡三合一卡槽

损坏将导致手机死机、不开机等异常

损坏将导致手机不读TF卡和SIM卡等异常

损坏将导致手机音量键无效等异常

ANT3005 ANT3003 ANT3004 音量键弹片

U2702（TFA9890A）音频功放芯片

U2705（AK4375）音频芯片

CN3101 主FPC BTB插座

损坏将导致手机指纹传感器、耳机输出、扬声器输出等异常

触摸按键 BTB插座

指纹识别 BTB插座

扬声器弹片

主FPC BTB插座

RF连接座

RF连接座

主MIC（主话筒）

耳机接口

图 16-1　OPPO R9 智能手机电路板的芯片功能及检修要点

16.1.2　OPPO R9 智能手机整机电路检修要点

图 16-2 为 OPPO R9 智能手机的整机电路框图，根据框图可以了解该智能手机的基本电路结构和主要的信号关系，对检修智能手机电路故障很有帮助。

16.1.3　OPPO R9 智能手机射频电路的检修

如图 16-3 所示，OPPO R9 智能手机射频电路是实现智能手机通话功能的关键电路，该电路异常将导致智能手机无信号的故障。

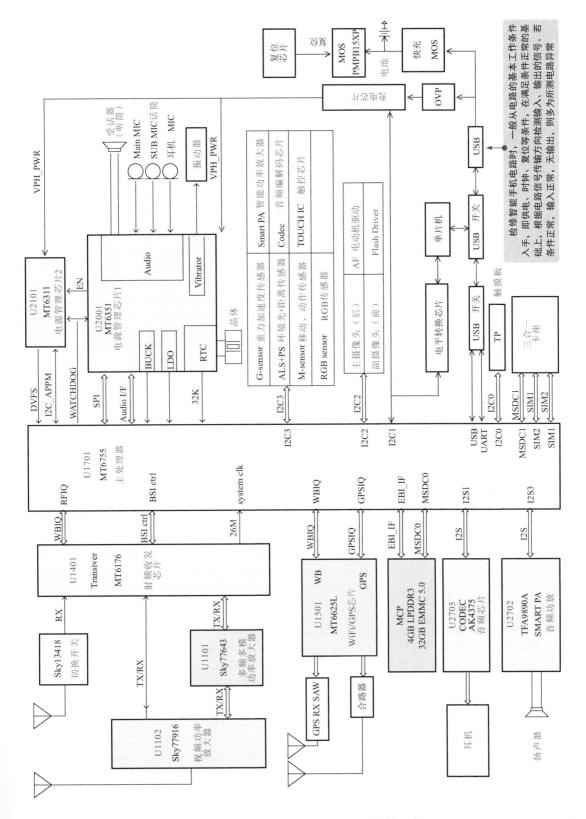

图 16-2　OPPO R9 智能手机整机电路检修要点

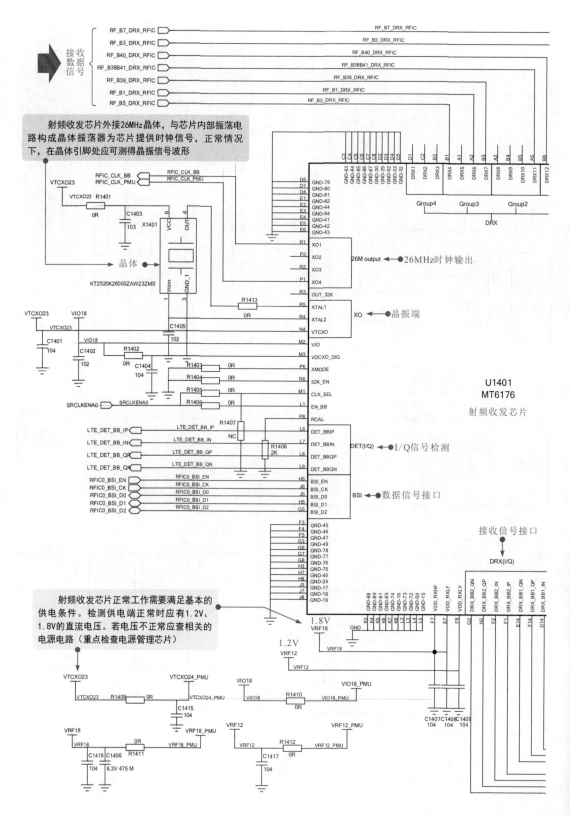

图 16-3　OPPO R9 智能

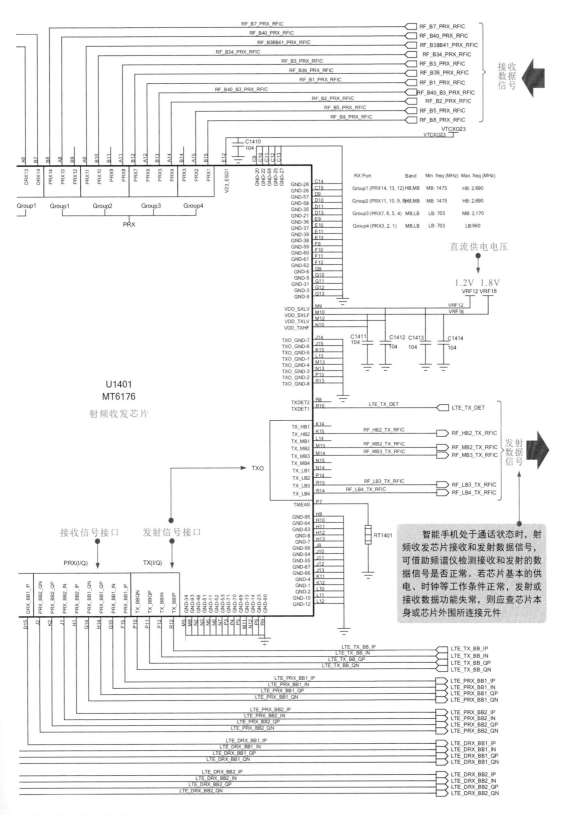

手机射频电路的检修

16.1.4 OPPO R9 智能手机微处理器电路的检修

如图 16-4 所示，OPPO R9 智能手机的微处理器电路是智能手机整机控制核心，该电路异常将导致手机死机、不开机等异常。

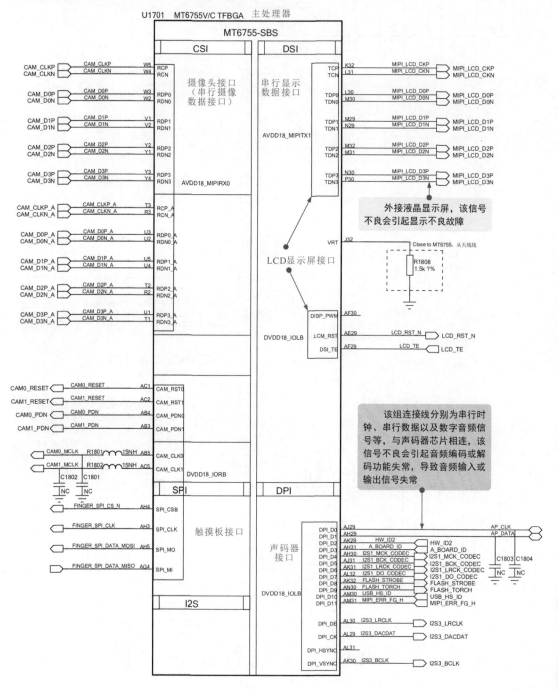

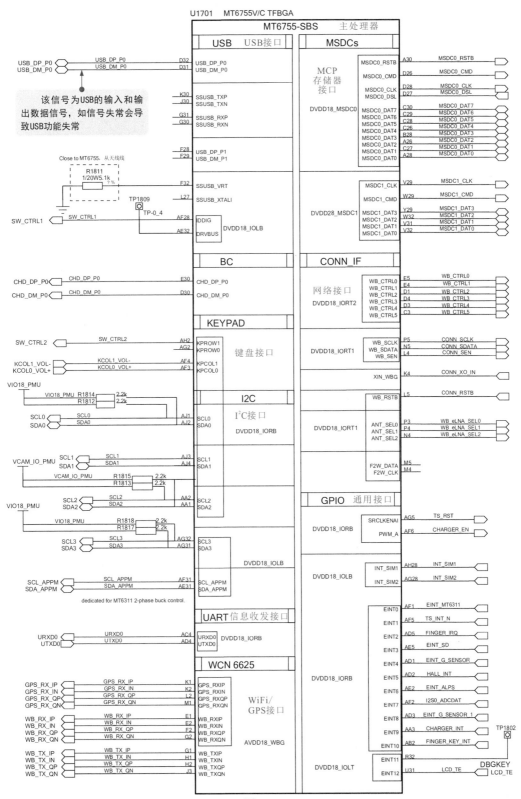

图 16-4

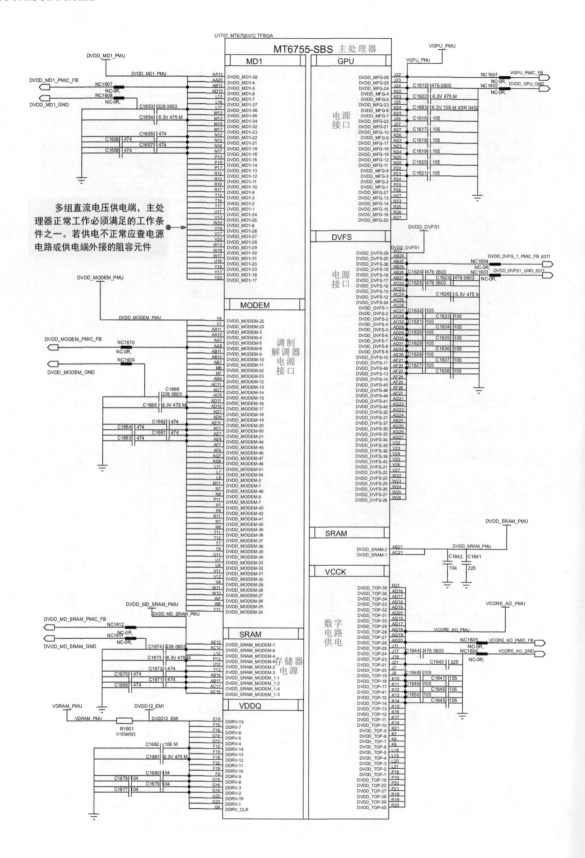

多组直流电压供电端，主处理器正常工作必须满足的工作条件之一。若供电不正常应查电源电路或供电端外接的阻容元件

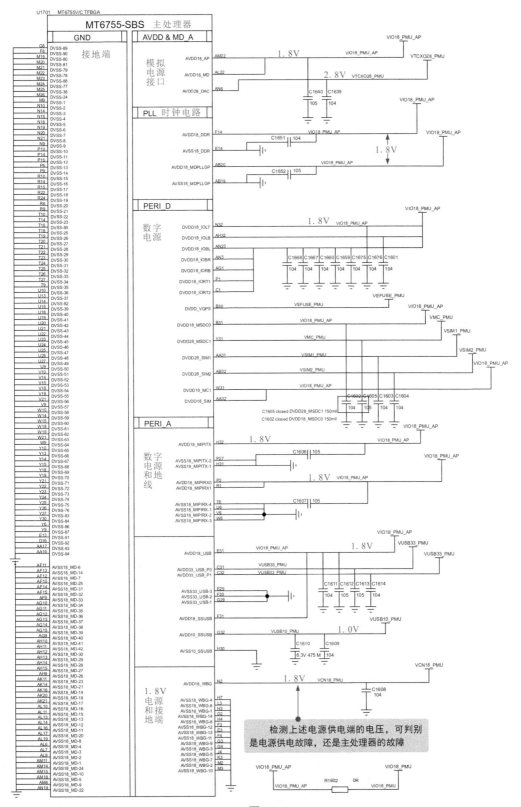

图 16-4

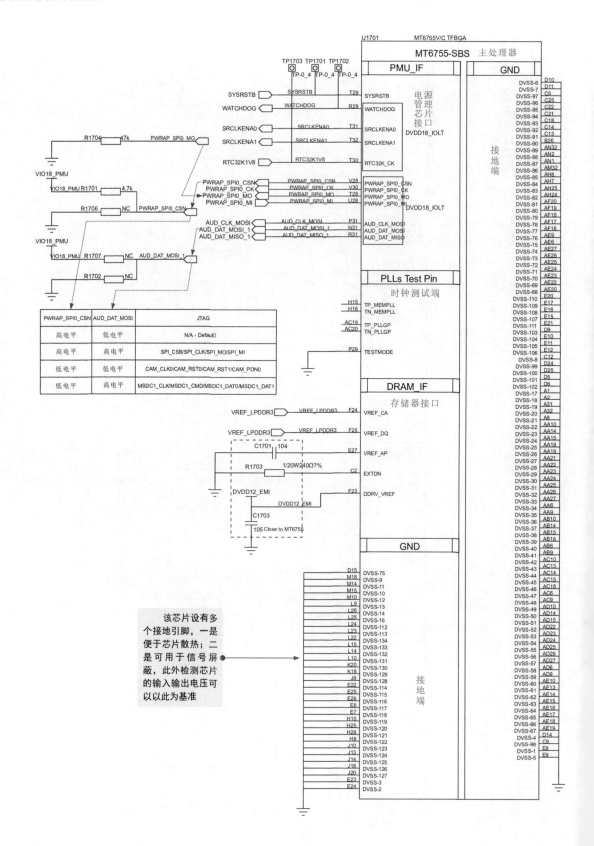

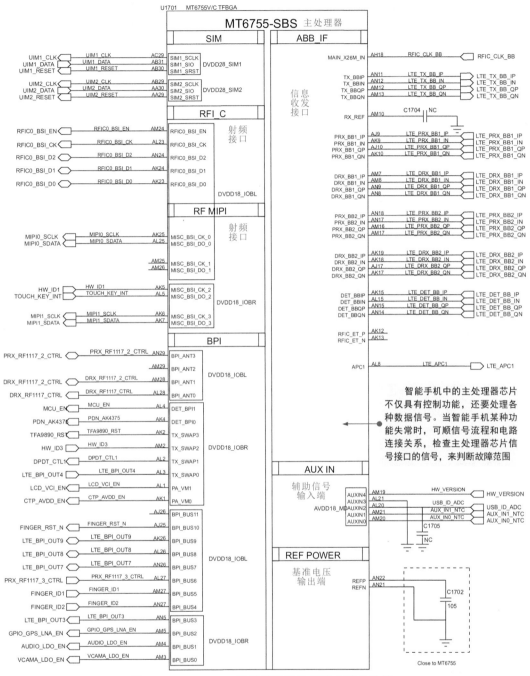

图 16-4　OPPO R9 智能手机微处理器电路的检修

16.1.5　OPPO R9 智能手机电源电路的检修

　　如图 16-5 所示，OPPO R9 智能手机的电源电路是智能手机整机的供电来源，该电路异常将引起智能手机死机、不开机等故障。

开/关机键信号是主电源管理芯片启动工作的关键条件，当芯片识别到正常的开/关机信号后，将电池直流电压进行分配处理。若电源电路无任何输出，查该信号是否正常十分关键

主电源管理芯片在满足基本电池供电和32.768kHz时钟信号、启动信号等工作条件正常的前提下输出，多组直流电压和时钟信号，为微处理器等电路供电。

若无任何电压输出，则应排查其工作条件和主电源管理芯片本身；若仅一路输出不正常，则应排查相应线路中的元器件。例如，若调制解调器供电端（DVDD_MODEM_PMU），正常应为0.5~1.4V/1.2A，若检测无该电压值，需排查L2003有无失效或虚焊故障

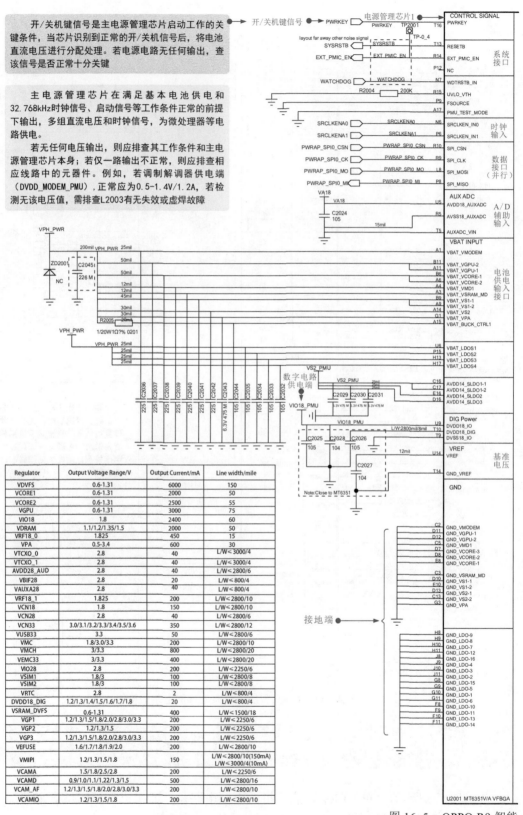

Regulator	Output Voltage Range/V	Output Current/mA	Line width/mile
VDVFS	0.6-1.31	6000	150
VCORE1	0.6-1.31	2000	50
VCORE2	0.6-1.31	2500	55
VGPU	0.6-1.31	3000	75
VIO18	1.8	2400	60
VDRAM	1.1/1.2/1.35/1.5	2000	50
VRF18_0	1.825	450	15
VPA	0.5-3.4	600	30
VTCXO_0	2.8	40	L/W≤3000/4
VTCXO_1	2.8	40	L/W≤3000/4
AVDD28_AUD	2.8	40	L/W≤2800/6
VBIF28	2.8	20	L/W≤800/4
VAUXA28	2.8	40	L/W≤2800/6
VRF18_1	1.825	200	L/W≤2800/10
VCN18	1.8	150	L/W≤2800/10
VCN28	2.8	40	L/W≤2800/6
VCN33	3.0/3.1/3.2/3.3/3.4/3.5/3.6	350	L/W≤2800/12
VUSB33	3.3	50	L/W≤2800/6
VMC	1.8/3.0/3.3	200	L/W≤2800/10
VMCH	3/3.3	800	L/W≤2800/20
VEMC33	3/3.3	400	L/W≤2800/10
VIO28	2.8	200	L/W≤2250/6
VSIM1	1.8/3	100	L/W≤2800/8
VSIM2	1.8/3	100	L/W≤2800/8
VRTC	2.8	2	L/W≤800/4
DVDD18_DIG	1.2/1.3/1.4/1.5/1.6/1.7/1.8	20	L/W≤800/4
VSRAM_DVFS	0.6-1.31	400	L/W≤1500/18
VGP1	1.2/1.3/1.5/1.8/2.0/2.8/3.0/3.3	200	L/W≤2250/6
VGP2	1.2/1.3/1.5	200	L/W≤2250/6
VGP3	1.2/1.3/1.5/1.8/2.0/2.8/3.0/3.3	200	L/W≤2250/6
VEFUSE	1.6/1.7/1.8/1.9/2.0	200	L/W≤2800/10
VMIPI	1.2/1.3/1.5/1.8	150	L/W≤2800/10(150mA) L/W≤3000/4(10mA)
VCAMA	1.5/1.8/2.5/2.8	200	L/W≤2250/6
VCAMD	0.9/1.0/1.1/1.22/1.3/1.5	500	L/W≤2800/16
VCAM_AF	1.2/1.3/1.5/1.8/2.0/2.8/3.0/3.3	200	L/W≤2800/10
VCAMIO	1.2/1.3/1.5/1.8	200	L/W≤2800/10

图 16-5　OPPO R9 智能

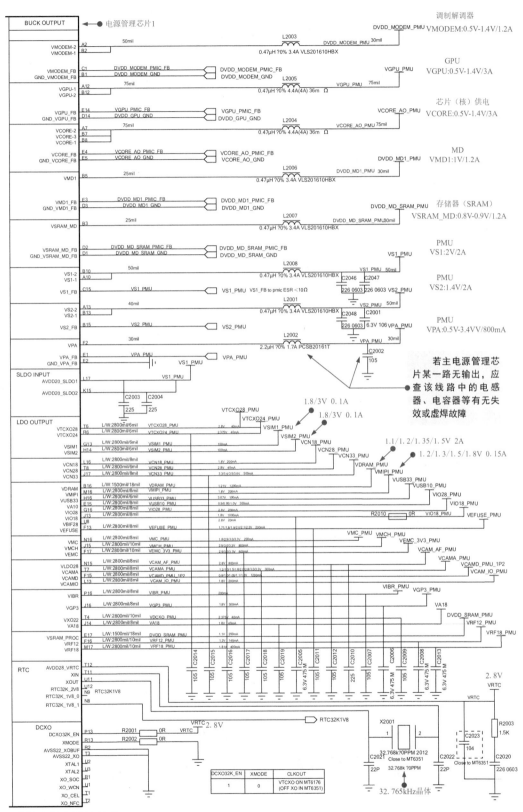

手机电源电路的检修

16.2 红米note3智能手机的综合检修案例

16.2.1 红米note3智能手机电路板的芯片功能及检修要点

如图16-6所示，红米note3智能手机的各种电子元器件、功能部件等都安装或连接在电路板上。当该智能手机出现故障时，应重点检测电路板上怀疑异常的部位。

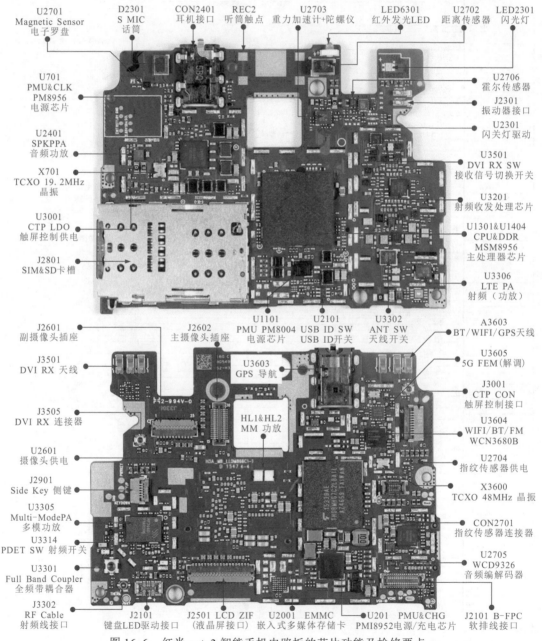

图16-6 红米note3智能手机电路板的芯片功能及检修要点

16.2.2 红米 note3 智能手机整机电路检修要点

图 16-7 为红米 note3 智能手机的整机电路框图，根据框图明确电路关系和检修点。

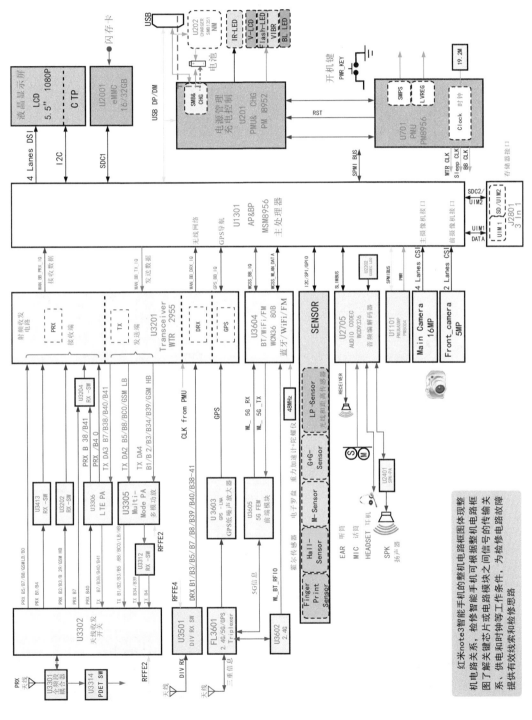

图 16-7 红米 note3 智能手机的整机电路维修要点

16.2.3 红米 note3 智能手机射频信号收发处理电路的检修

如图 16-8 所示，红米 note3 智能手机的射频信号收发电路是实现手机通话功能的关键电路，该电路故障将导致手机通话功能失常的故障。

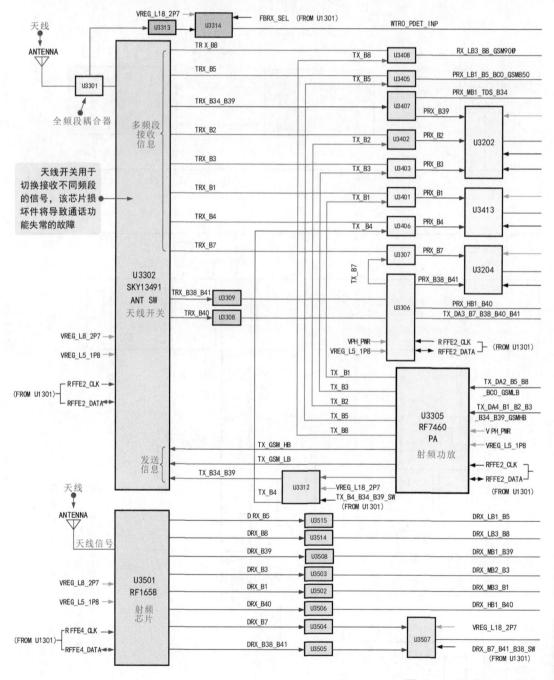

图 16-8　红米 note3 智能

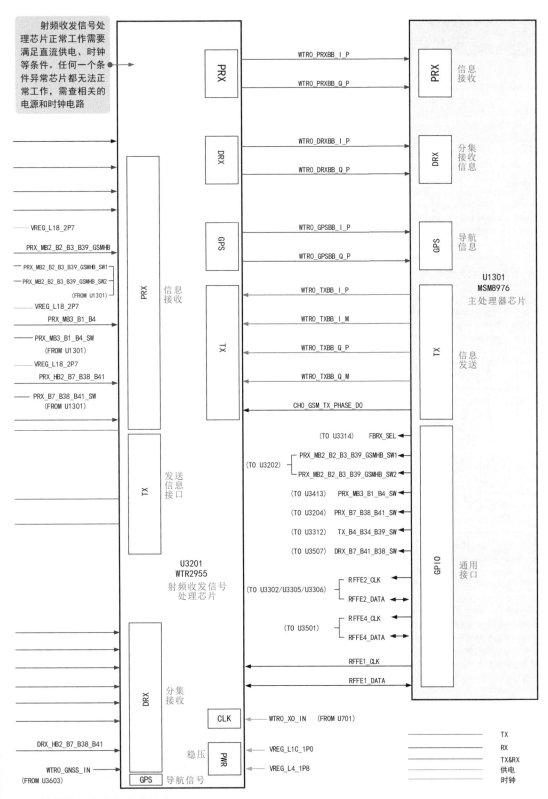

手机射频信号收发电路的检修

16.2.4 红米 note3 智能手机主处理器和控制电路的检修

如图 16-9 所示，红米 note3 智能手机的主处理器和控制电路是实现智能手机信号处理和控制功能的电路，该电路故障将导致手机死机或不开机故障。

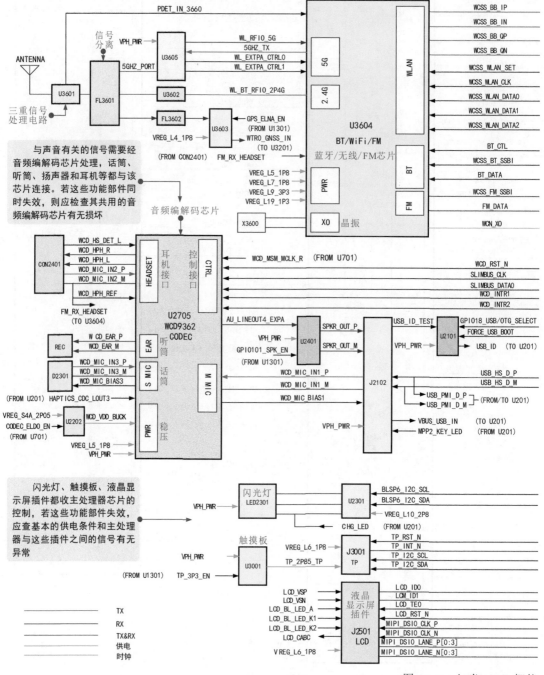

图 16-9　红米 note3 智能

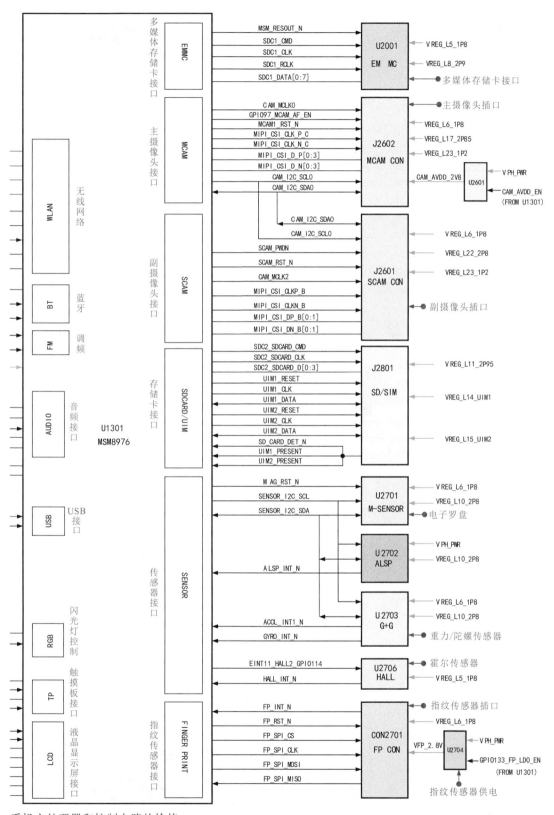

手机主处理器和控制电路的检修

16.2.5　红米 note3 智能手机电源管理、充电和时钟电路的检修

如图 16-10 所示，红米 note3 智能手机的主处理器和控制电路是实现智能手机信号处理和控制功能的电路，该电路故障将导致手机死机或不开机故障。

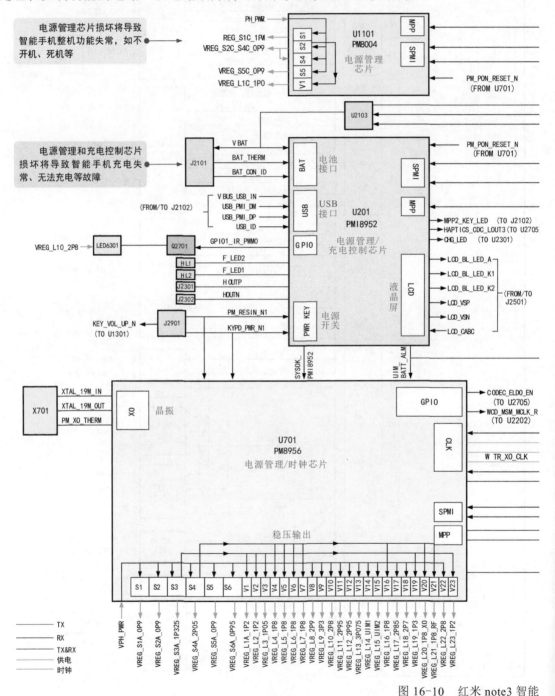

图 16-10　红米 note3 智能

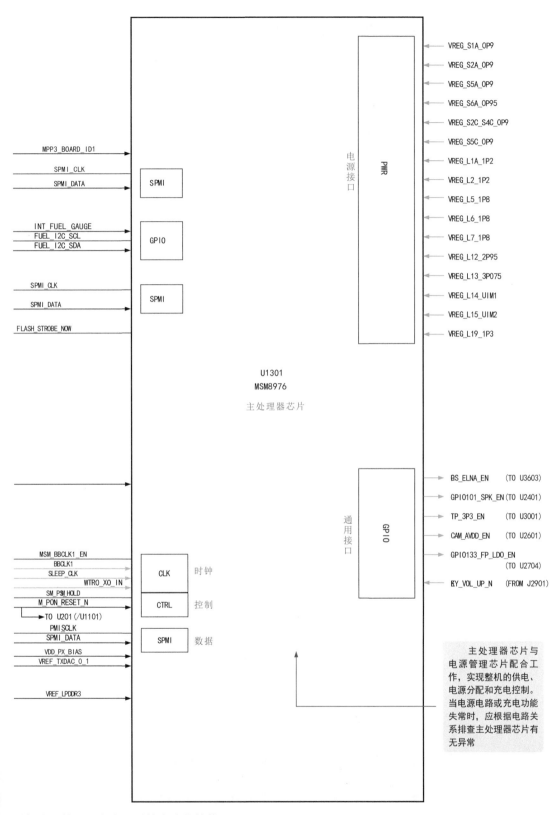

手机电源管理、充电和时钟电路的检修